计算机科学与技术丛书

Linux Ubuntu 操作系统

原理、架构与开发

蒋洪波 程坤 冯新宇◎编著

清华大学出版社
北京

内 容 简 介

本书主要介绍 Linux Ubuntu 操作系统的原理、架构与开发方法。

全书分为三篇。第一篇为 Ubuntu 操作系统基础，包括 Ubuntu 操作系统特性、Ubuntu 操作系统应用、Ubuntu 操作系统常用应用软件；第二篇为系统管理，介绍文件系统管理及应用、用户和组管理、软件包管理、进程管理、网络管理与服务器搭建等内容，帮助读者更好地管理和使用系统；第三篇为编程与开发，介绍 Shell 编程、Linux C 编程和 Java 编程，帮助读者深入理解系统和掌握开发知识，掌握开发过程中所需的技能和工具。本书在讲解过程中插入 500 余道同步练习题，读者可以反复训练，以达到掌握知识点的目的。部分同步练习的知识点在书中没有讲解，读者可通过自学的方式完成，提升自身的学习能力。

本书适合作为高等院校理工类专业本科生和各类培训机构的相关课程教材，也可作为其他专业和行业的工程技术人员的计算机软件开发及工程应用自学入门参考读物。

图书在版编目（CIP）数据

Linux Ubuntu 操作系统 ：原理、架构与开发 / 蒋洪波，程坤，冯新宇编著. -- 北京 ：清华大学出版社，2024. 12. --（计算机科学与技术丛书）. -- ISBN 978-7-302-67677-5

Ⅰ. TP316.85

中国国家版本馆 CIP 数据核字第 2024HE7653 号

策划编辑：盛东亮
责任编辑：吴彤云
封面设计：李召霞
责任校对：时翠兰
责任印制：刘　菲

出版发行：清华大学出版社
网　　址：https://www.tup.com.cn，https://www.wqxuetang.com
地　　址：北京清华大学学研大厦 A 座　　**邮　　编**：100084
社 总 机：010-83470000　　**邮　　购**：010-62786544
投稿与读者服务：010-62776969，c-service@tup.tsinghua.edu.cn
质量反馈：010-62772015，zhiliang@tup.tsinghua.edu.cn
课件下载：https://www.tup.com.cn，010-83470236
印 装 者：三河市君旺印务有限公司
经　　销：全国新华书店
开　　本：186mm×240mm　**印　张**：17　**字　　数**：384 千字
版　　次：2024 年 12 月第 1 版　**印　　次**：2024 年 12 月第 1 次印刷
印　　数：1～1500
定　　价：59.00 元

产品编号：102612-01

前言

FOREWORD

Linux 操作系统在当今计算机行业中占据了重要的地位，随着云计算、大数据、人工智能等领域的快速发展，Linux 操作系统的应用范围和市场份额也越来越大。而 Ubuntu 作为使用最广泛的 Linux 操作系统之一，以其简单易用、界面美观、软件丰富等优势，成为众多用户和开发者的首选。本书详细介绍了 Ubuntu 操作系统的基础知识和常用应用，旨在帮助初学者快速入门并深入掌握 Ubuntu 操作系统的操作以及开发所需的知识和技能。

本书从 Ubuntu 操作系统的特性、安装、登录和注销等基础操作开始介绍，让读者对 Ubuntu 操作系统有更全面的认识和理解。通过详细介绍 Ubuntu 操作系统桌面应用窗口和菜单的使用，以及如何自定义桌面和外观等内容，帮助读者快速熟悉并掌握各种实用应用的使用方法。同时，书中附带 500 余道同步练习题，进一步强化学习的内容，提升了学习效果。

第一篇重点介绍 Ubuntu 操作系统基础，包括 Ubuntu 操作系统特性、Ubuntu 操作系统应用、Ubuntu 操作系统常用应用软件。

第二篇介绍文件系统管理及应用、用户和组管理、软件包管理、进程管理、网络管理与服务器搭建等内容，帮助读者更好地管理和使用 Ubuntu 操作系统。对于具有开发需求的用户，本书第 5～8 章系统讲解了 Ubuntu 操作系统的管理方法。

第三篇讲解 Shell 编程、Linux C 编程以及 Java 编程，帮助读者深入理解系统和开发知识，掌握开发过程中所需的技能和工具。

本书配套资料有教学演示 PPT、习题参考答案、教学大纲等，方便读者学习和教师授课。

总的来说，本书旨在为初学者提供系统的、全面的学习材料，使其可以迅速熟悉和掌握 Ubuntu 操作系统的使用方法以及开发所需的知识和技能，并为具有一定开发基础的用户提供更深入的学习体验。无论是想要学习 Ubuntu 操作系统的常用应用，还是对于 Linux 开发感兴趣的读者，本书都将是有益的参考资料。

本书第 1 章由冯新宇编写，第 2～6 章由程坤编写，第 7～11 章由蒋洪波编写。在编写过程中，何明刚、柴侨峥、付志伟、韩力、周脉勇、韩国平、王社新、李轩、祝永涛等参与了部分代码的仿真整理工作。本书在编写过程中得到了“极薄煤层开采智能控制技术和装备研究”（项目编号：2021ZXJ02A02）的支持。

由于时间仓促，书中难免存在疏漏之处，恳请读者批评指正。

编　者

2024 年 5 月

知识结构

CONTENT STRUCTURE

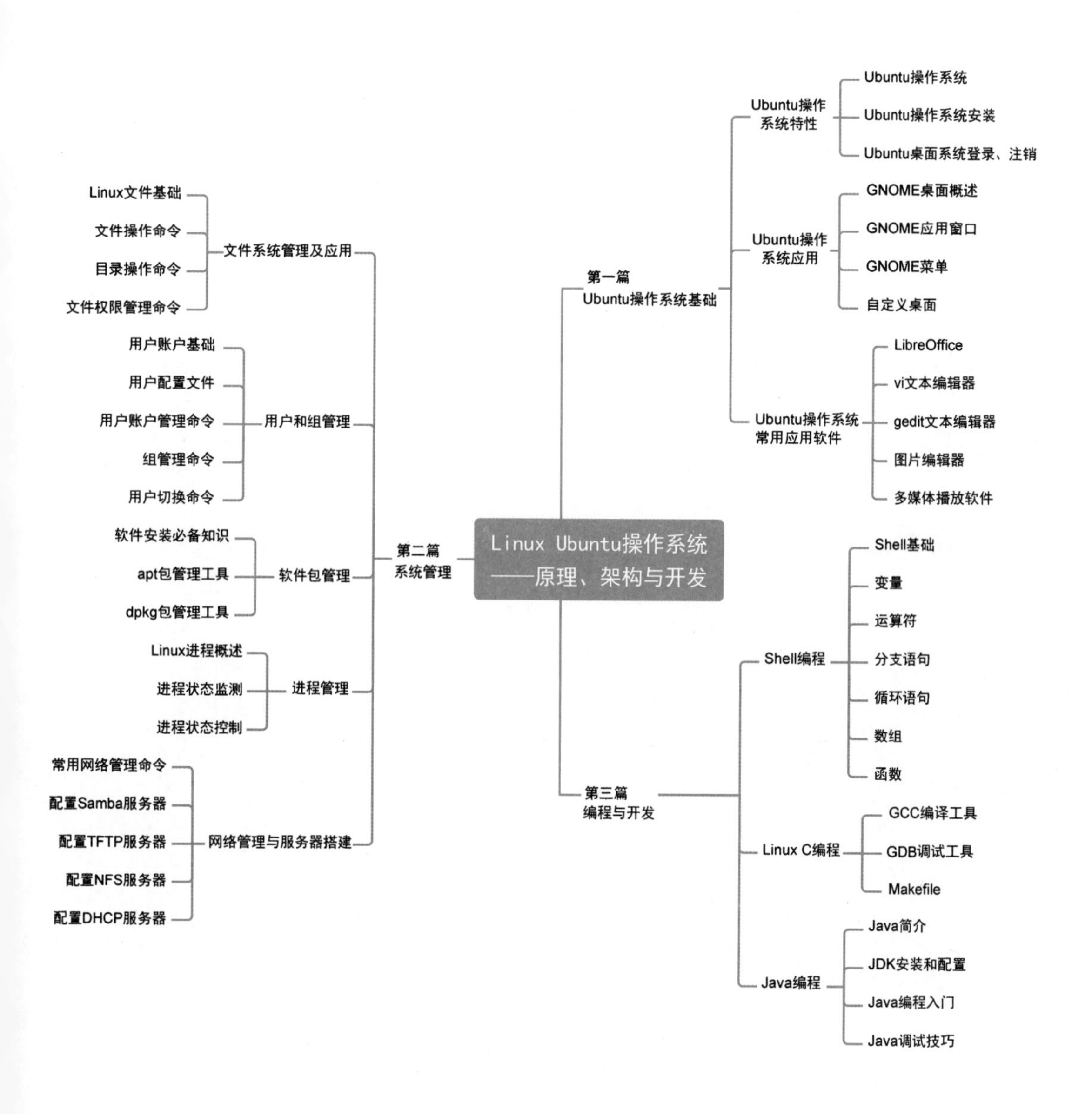

目录

CONTENTS

第一篇　Ubuntu 操作系统基础

第二篇 系统管理

第三篇 编程与开发

实例目录

EXAMPLE CONTENTS

视频目录

VIDEO CONTENTS

视频名称	时长/min	位　　置
第1集 Ubuntu操作系统概述	15	1.1节
第2集 VMware安装步骤	4	1.2.1节
第3集 Ubuntu操作系统安装	9	1.2.2节
第4集 Ubuntu桌面系统登录注销	6	1.3节
第5集 Ubuntu桌面概述	8	2.1节
第6集 GNOME菜单及自定义桌面	19	2.3节
第7集 LibreOffice	17	3.1节
第8集 vi	35	3.2.4节
第9集 Linux文件基础	13	4.1节
第10集 文件操作命令	34	4.2节
第11集 目录操作命令	13	4.3节
第12集 文件权限管理命令	11	4.4节
第13集 用户配置文件	10	5.2节
第14集 用户账户管理命令	7	5.3节
第15集 组管理及用户切换命令	7	5.4节
第16集 apt包管理工具	8	6.2节
第17集 dpkg包管理工具	12	6.3节
第18集 进程概述	19	7.1节
第19集 进程管理及控制	16	7.2节
第20集 网络管理命令	25	8.1节
第21集 Samba配置	34	8.2节
第22集 Samba配置多机操作	5	8.2节
第23集 TFTP服务器	6	8.3节
第24集 NFS服务器	16	8.4节
第25集 NFS服务器多机操作	5	8.4节
第26集 脚本编程1	31	9.1节
第27集 脚本编程2	28	9.3节
第28集 GCC	3	10.1节
第29集 GDB	22	10.2节
第30集 Makefile	20	10.3节
第31集 Java入门	25	11.1节

第一篇　Ubuntu操作系统基础

本篇主要介绍 Ubuntu 操作系统特性、Ubuntu 操作系统应用；与 Windows 和 macOS 类似，重点学习 Ubuntu 操作系统的常规应用配置和应用软件。具体包括以下章节：

第1章

Ubuntu 操作系统特性

基于 Ubuntu 社区以及 Linux 本身多年的发展，Ubuntu 操作系统已成为全球数以千计的开发团队必不可少的得力助手。作为非常可靠、安全和功能多的操作环境之一，Ubuntu 具有无与伦比的自由度和可控性。

了解使用 Ubuntu 操作系统，可使开发人员受益良多。主要益处如下。

(1) Ubuntu 提供无比全面的硬件和软件支持。

(2) Ubuntu 是人工智能(Artificial Intelligence，AI)和计算机视觉领域最新前沿研究的首选平台。

(3) 开发人员可以在 Ubuntu 操作系统上使用与目标生产环境完全相同的软件包。

第1集
微课视频

(4) Snap 和 Snap Store 提供了一种在云、个人计算机和物联网(Internet of Things，IoT)设备上分发面向 Linux 系统的应用程序的简单方式。

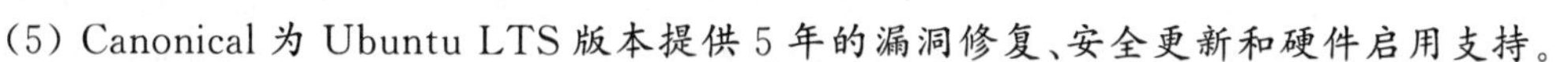

(5) Canonical 为 Ubuntu LTS 版本提供 5 年的漏洞修复、安全更新和硬件启用支持。

(6) Ubuntu 社区始终从教育、故障排除和思路探讨等方面为用户提供帮助。

(7) Canonical 提供 Ubuntu Advantage，这是一种企业支持包，可帮助用户从其 Ubuntu 部署中获得更多价值。

1.1 Ubuntu 操作系统

Ubuntu 作为全球排名第一的 Linux 操作系统，已被 200 多个国家/地区的政府、企业和消费者广泛使用。Ubuntu 适用于各种应用程序(如机器人技术、人工智能、全栈 Web 开发和嵌入式设备)开发，它具有强大的吸引力，很多技术领先的公司都在使用 Ubuntu。开发人员纷纷选择 Ubuntu 操作系统，主要原因如下。

1. 人工智能和机器学习的首选

Ubuntu 是许多新兴技术尤其是人工智能(AI)、机器学习(Machine Learning，ML)和深度学习(Deep Learning，DL)的首选操作系统。

深度学习是一个正吸引巨额投资的成长型市场，谷歌、亚马逊和微软等公司也在争相投资构建与深度学习有关的专用工具。就 AI、ML 和 DL 而言，没有哪个操作系统能够在资源库、教程和示例的深度和广度上与 Ubuntu 匹敌，也没有哪个操作系统能够像 Ubuntu 一样提供新版本的免费开源平台和软件支持。这就是 Ubuntu 成为许多最流行框架（包括 OpenCV、TensorFlow、Theano、Keras 和 PyTorch）首选操作系统的原因。

在已经用图形处理单元（Graphics Processing Unit，GPU）改变了 AI 面貌的基础上，NVIDIA 又开始在 Linux 上开发计算统一设备体系结构（Compute Unified Device Architecture，CUDA），以期释放其最新研发的显卡在通用计算领域的强大功能。这些显卡可通过主板上的传统周边元件扩展接口（Peripheral Component Interconnection，PCI）插槽或通过外部 Thunderbolt 适配器添加至 Ubuntu，从而实现向小型笔记本电脑以及更大型的机架式计算机组件或接口添加一系列处理容量较大的硬件。

此外，Canonical 还与谷歌合作开发了 Kubeflow——一种用于快速构建组件化、可移植、可扩展的机器学习堆栈的解决方案。Kubeflow 简化并加速了 AI 工具和框架的安装过程，尤其是使 NVIDIA 的通用图形处理器变得更加易于使用。构建可用于生产环境的堆栈是一项复杂的任务，且经实践证明普遍会对机器学习的采用构成阻碍，但是开发人员可通过在 Ubuntu 操作系统中使用 Kubeflow 消除这种阻碍。

当前，几乎每个行业的人都在开发数不胜数的深度学习应用程序，无论是实时监测、财务欺诈还是了解遗传密码。而从硅谷到华尔街，Ubuntu 始终如一地支持着这些项目。仅在自动驾驶汽车领域，Ubuntu 支持的公司就有英特尔、NVIDIA、三星和百度等。

2. 跨越多个平台提供一致的操作系统体验

可以说，在 Ubuntu 操作系统上进行开发的最大优势在于用户能够在操作系统上使用到与在服务器、云和 IoT 设备上进行开发时所用的系统完全相同的基础操作系统。所有版本的 Ubuntu 均配备了相同的软件包，以及同样直观简洁的用户界面，从而确保了开发人员在整个项目过程中能够在不同平台轻松切换。一个典型的跨平台示例如图 1-1 所示。

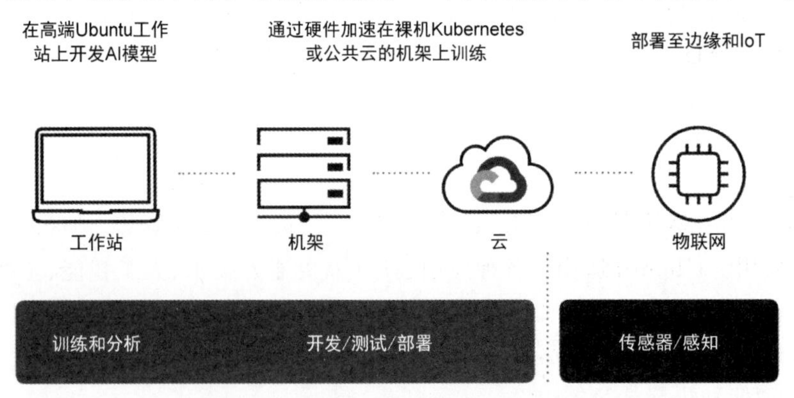

图 1-1 一个典型的跨平台示例

这种一致的 Ubuntu 操作系统体验使得全球部署之前的本地测试过程变得更加容易。得益于此，开发人员能够在 Ubuntu 操作系统和目标生产环境上运行相同的软件，从而实现从开发到生产的平滑过渡。

在AI、ML及DL项目中，开发人员通常先在个人计算机上构建模型，随后再使用服务器进行大多数的实时数据处理。通过使用Ubuntu操作系统和Ubuntu服务器，开发人员的桌面环境与服务器环境完全一致。这种一致性使AI模型上的迭代速度大大加快，从而为这一通常涉及反复试错的构建模型领域节省了大量时间。

同样，构建物联网(IoT)解决方案的用户可以在构建并无缝部署至运行Ubuntu Core的IoT硬件之前，使用其首选的工具在Ubuntu操作系统上快速、轻松地开发和调试软件。即使在IoT部署之后，IoT解决方案通常还需要与其他设备进行交互，以执行测试或脱机计算，因此，在整个环境中运行同一类基础操作系统对于确保系统之间的顺利集成越发重要。

3. 通过Snap简化分发过程

对于面向Linux的开发人员，Snap提供了一种打包和分发应用程序的理想方法。Snap是运行于个人计算机、云和IoT设备之上的容器化应用程序，易于创建和安装，并能够安全运行和自动更新。而且，由于Snap与其依赖的所有应用程序是打包在一起的，因此它们无须经过修改即可在所有主要的Linux系统上运行。

开发人员可以使用Snapcraft命令行工具构建Snap，从而极大地简化历来复杂的打包工作。Snapcraft使开发人员能够自动向用户发布其应用程序的新版本，并提供与用户群有关的重要见解。例如，Canonical进行的研究表明，在IoT设备领域，69%的客户都不会手动更新其互联设备，因此，自动更新对于确保用户掌握最新信息和保证用户安全至关重要。这种自动化功能有助于带来顺畅的用户体验，并使开发人员免于为较早版本的产品提供支持。

Snap的自动更新功能减轻了软件供应商的维护工作，因为通过这一功能，供应商可以将整个用户群迁移到当前版本，而无须实施干预，从而大大减少了管理的支持请求。同时，用户也将在服务不中断的情况下享受到最新版本的好处。在涉及用户群庞大且基于网络的服务(如Skype和Slack)时，此功能对于提供无缝体验而言极为有用。

在发布Snap时，Snap Store为开发人员提供了一种完美的方法，使开发人员可以在同一处发布针对多种架构或多种发行版本的免费或付费应用程序。并且，Snap Store实现了开发人员通过不同渠道(如稳定版、候选版、测试版和边缘版)发布应用程序的可能性。通过这些渠道，开发人员可先发布稳定性稍低的版本，为用户提供提前使用新功能的选项，以此来大规模测试所做的更改。

4. 硬件和软件自由度

Ubuntu操作系统由Canonical的工程师团队基于商业供应商、Ubuntu社区和Linux生态系统等多方面的贡献生产而成。在Canonical汇集最佳Linux操纵系统发行版的同时，还确保Ubuntu提供无与伦比的全面硬件支持。

工程师团队会定期从各个层面检查和认证设备堆栈，并重点关注音频、蓝牙、输入设备、显示适配器、FireWire、网络、电源管理、存储设备等。这意味着Ubuntu用户可以自由地升级其硬件，还可以添加额外的内存、存储设备、GPU和其他组件，而不会受到操作系统的任何限制。这使得Ubuntu成为具备多元化硬件基础设施或特定硬件要求的公司的理想之选。

同样，Canonical致力于确保Ubuntu操作系统开发人员可以最大限度地访问海量的软件开发工具库，并确保这些工具始终处于最新版本。由于Ubuntu会定期发布更新，因而其工具库中的工具始终处于最新版本，得益于此，开发人员无须费尽心思寻找所需的最新工具便可轻松地始终走在行业前沿。

此外，用户还可利用众多的编程语言编译器、集成开发环境（Integrated Development Environment，IDE）和工具链从Ubuntu操作系统对接Intel、ARM、Power、s390x和其他专用环境。

这一层面的硬件和软件支持对于确保开发过程的顺利进行至关重要。若离开了这种支持，开发人员可能不得不花费大量时间解决兼容性问题，甚至可能无法在其应用程序上取得进展。Ubuntu的灵活性将有助于提高它的兼容性并加快开发人员的开发速度，消除选择组件和解决方案时可能出现的问题。

5. 来自Canonical和Ubuntu社区的广泛支持

无论一个操作系统的功能多么引人注目，如果它无法为开发人员带来稳定性、安全性和持续更新，那也无济于事。正因如此，Canonical推出Ubuntu LTS（长期支持）版本，承诺在5年内免费提供包括关键漏洞修复、安全更新和硬件启用在内的一系列支持。LTS版本可享受定期的硬件启用更新，该更新可对所有最新处理器和硬件提供支持。同时，这些更新也提供了发布全新动态编译链接的机会，该链接已包含所有安全和性能修复程序，意味着一旦安装这些更新，用户便可更快地准备就绪。

借助Canonical的Livepatch服务，Ubuntu用户甚至还可以在不重启系统的情况下应用关键的内核安全修复程序，该服务有助于在确保合规性和安全性的同时最大限度地减少停机时间。

在使用Ubuntu桌面系统时，获取帮助也非常容易。Ubuntu拥有庞大的开发人员和应用程序生态系统，并拥有众多论坛，可处理涵盖新用户帮助及技术和软件开发讨论在内的所有内容。无论涉及哪个主题，Ubuntu社区都能用其渊博的知识体系为用户提供丰富的建议。

若用户希望为其Ubuntu部署带来增值，并想要获得更大程度的支持和安心，还可选择使用Canonical提供的商业支持包——Ubuntu Advantage。Ubuntu Advantage涵盖Canonical专家提供的全天候电话和网络支持服务、对世界一流知识库的独家访问权、可选的专职服务工程师，以及更多其他支持。

6. 经认证的硬件

Canonical与全球领先的硬件合作伙伴合作，使Ubuntu可以在各种台式机和笔记本电脑上进行预加载和预测试。客户可以从数百种个人计算机配置中进行选择，并直接从戴尔、惠普、联想等公司购买。

经认证的软件旨在满足依靠Ubuntu进行开发的企业、政府、公共和教育部门的各个组织的需求。当使用经认证的硬件时，客户可确信自己的个人计算机能立即与Ubuntu完美契合，而无须花费时间进行安装。这些经认证的设备可带来各种好处，包括工厂级质量保证标准、全面支持以及与基本输入输出系统（Basic Input/Output System，BIOS）、组件和板级认证的紧密集成。

同步练习

1-1　Ubuntu 操作系统体验使得________之前的本地测试过程变得更加容易。

1-2　Ubuntu 提供了直观、强大的________，方便用户进行操作。

1-3　Ubuntu 操作系统支持多个________，允许用户在不同的工作区间切换。

1-4　Ubuntu 操作系统内置了________，方便用户安装和管理软件。

1-5　Ubuntu 操作系统具有灵活的________，可根据用户的偏好进行定制。

1-6　Ubuntu 操作系统是基于哪个桌面环境的？

1-7　Ubuntu 操作系统提供何种类型的用户界面？

1-8　Ubuntu 操作系统是否支持多个工作区？

1-9　Ubuntu 操作系统的系统设置是否具有灵活性？

1.2　Ubuntu 操作系统安装

个人计算机可以安装独立的 Ubuntu 操作系统，也可以采用虚拟机的方式在 Windows 平台上安装 Ubuntu 操作系统。本书介绍在虚拟机上安装 Ubuntu 操作系统。

1.2.1　虚拟机安装

第 2 集
微课视频

本书采用的虚拟机为 VMware Workstation Pro 17 版本，该软件安装与一般软件安装无异，可以从官网获取试用版本，官方网址为 https://www.vmware.com/cn/products/workstation-pro/workstation-pro-evaluation.html。安装完成后，双击 VMware Workstation Pro 17 图标打开虚拟机，会出现如图 1-2 所示的虚拟机启动界面。

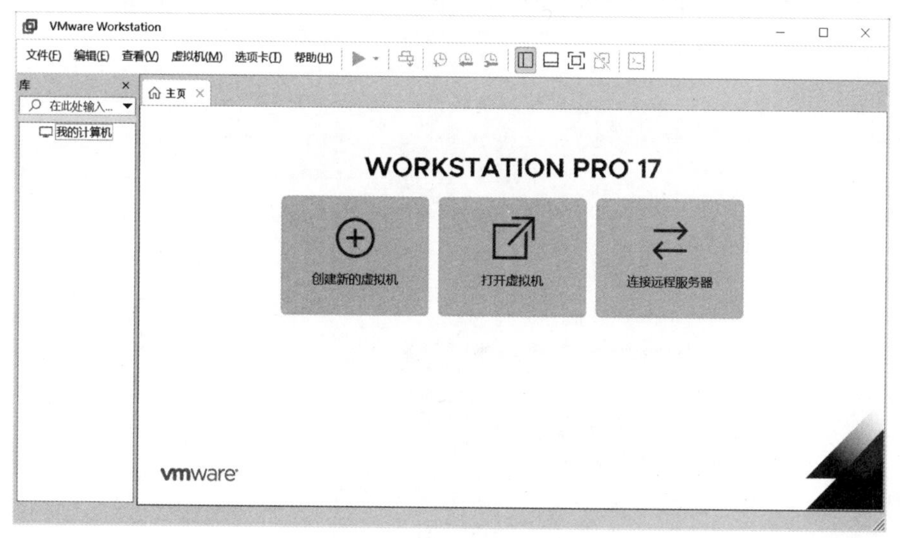

图 1-2　虚拟机启动界面

1.2.2 在虚拟机上安装 Ubuntu 操作系统

Ubuntu 操作系统的安装步骤如下。

(1) 在虚拟机启动界面执行“文件”→“新建虚拟机”菜单命令,或在主界面中单击“创建新的虚拟机”按钮,进入新建虚拟机向导,如图 1-3 所示。默认有两个选项:典型配置和自定义配置。典型配置是软件已经完成了虚拟机相关的大部分硬件配置,用户仅需要简单设置就可以完成安装。用户也可以根据自身的计算机配置情况选择自定义方式安装。

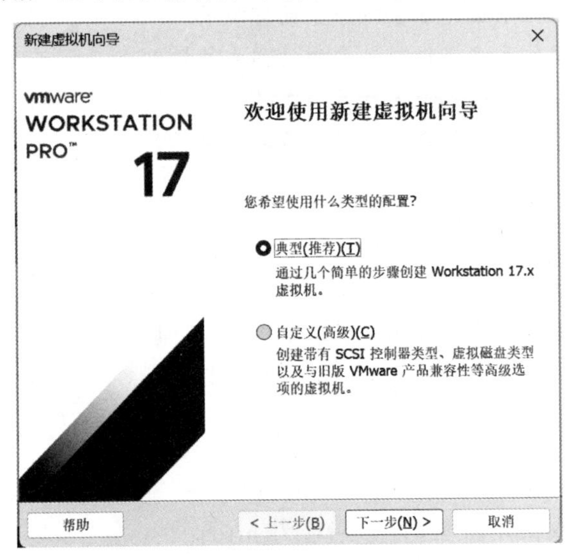

图 1-3 新建虚拟机向导

(2) 单击“下一步”按钮,配置虚拟机安装路径,如图 1-4 所示。位置①是操作系统的安

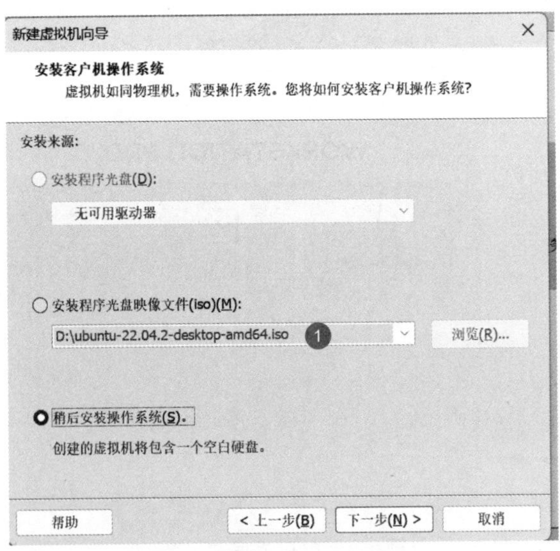

图 1-4 配置虚拟机安装路径

装包位置，如本书为 D:\ubuntu-22.04.2-desktop-amd64.iso。读者可以从官网(https://cn.ubuntu.com/download)免费获取各种版本的操作系统。选择"稍后安装操作系统"，即稍后安装操作系统。

(3) 单击"下一步"按钮，选择客户机操作系统，如图 1-5 所示。位置①和位置②为默认信息，如果安装信息不匹配，用户可以修改。

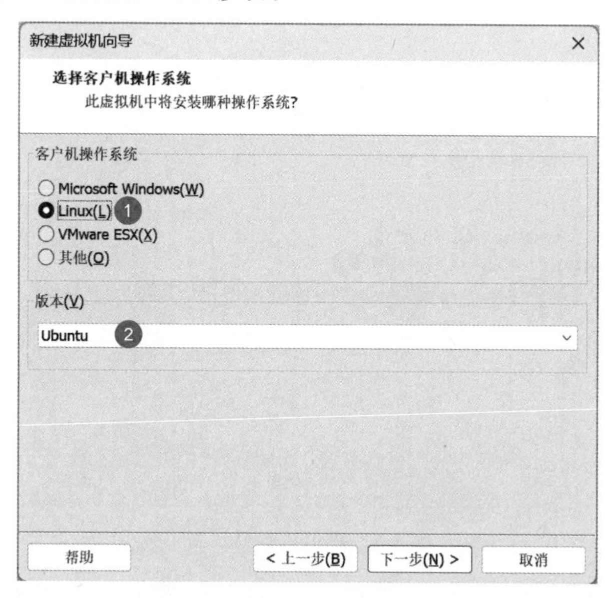

图 1-5　选择客户机操作系统

(4) 单击"下一步"按钮，设置虚拟机名称和虚拟机安装位置，如图 1-6 所示。

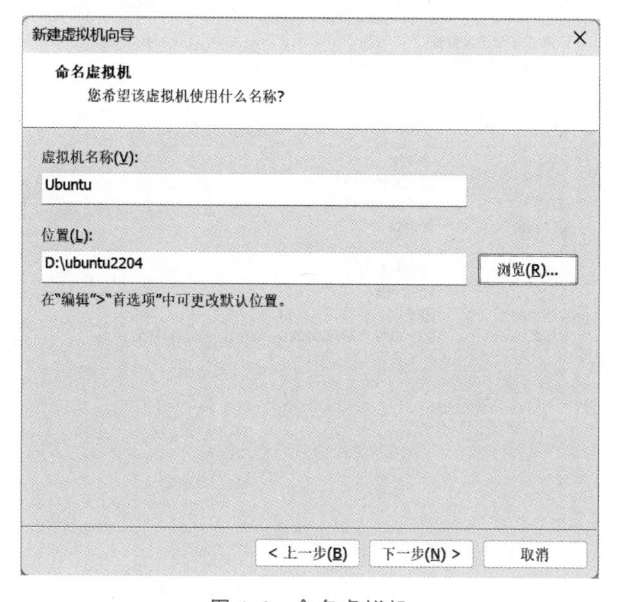

图 1-6　命名虚拟机

（5）单击“下一步”按钮，选择要安装系统的最大磁盘大小。如图 1-7 所示，位置①选择 40GB；位置②为系统存储形式，可以选择“将虚拟磁盘存储为单个文件”或“将虚拟磁盘拆分成多个文件”，这里选择默认地将虚拟磁盘拆分为多个文件。

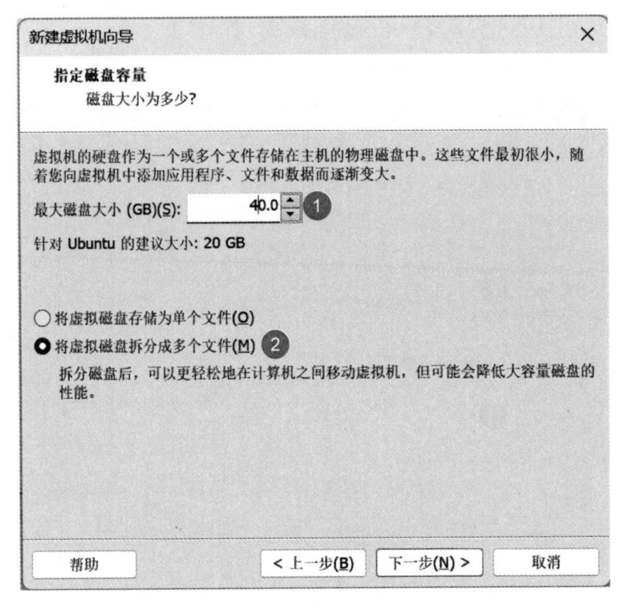

图 1-7　虚拟机存储设置

（6）单击“下一步”按钮，如图 1-8 所示，已准备好创建虚拟机，单击“自定义硬件”按钮可以配置硬件。

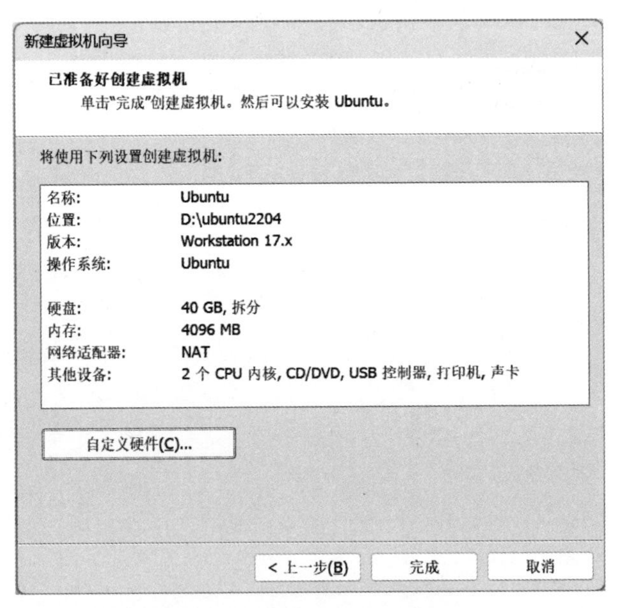

图 1-8　已经准备好创建虚拟机

（7）单击“自定义硬件”按钮，主要配置 ISO 映像文件位置，如图 1-9 中位置①所示，单击“关闭”按钮，返回图 1-8 所示界面，单击“完成”按钮。

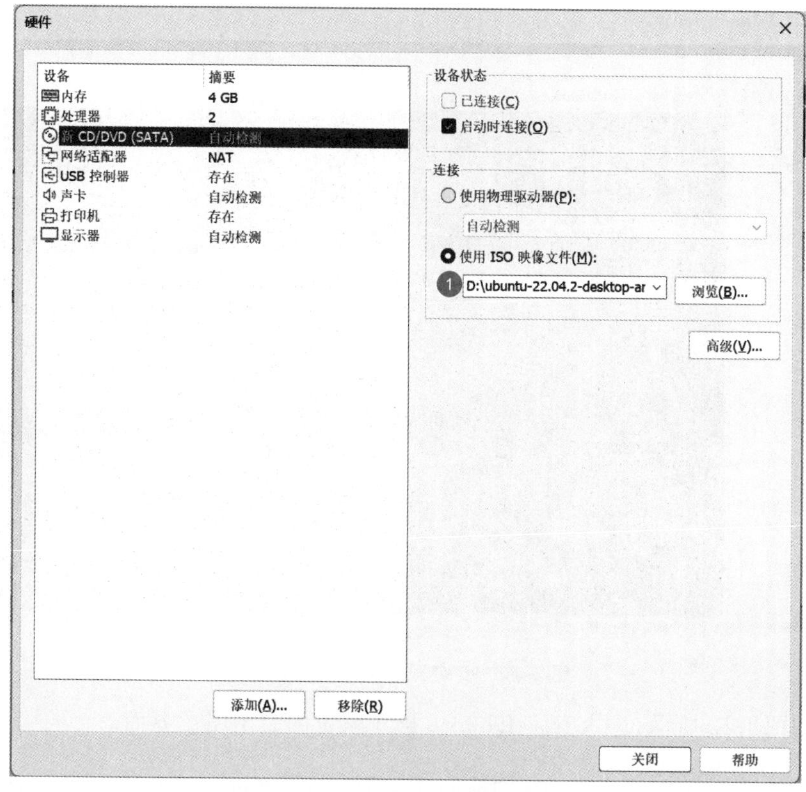

图 1-9　虚拟机硬件配置

（8）如图 1-10 所示，单击“开启此虚拟机”按钮，在虚拟机中开始安装 Ubuntu 操作系统。

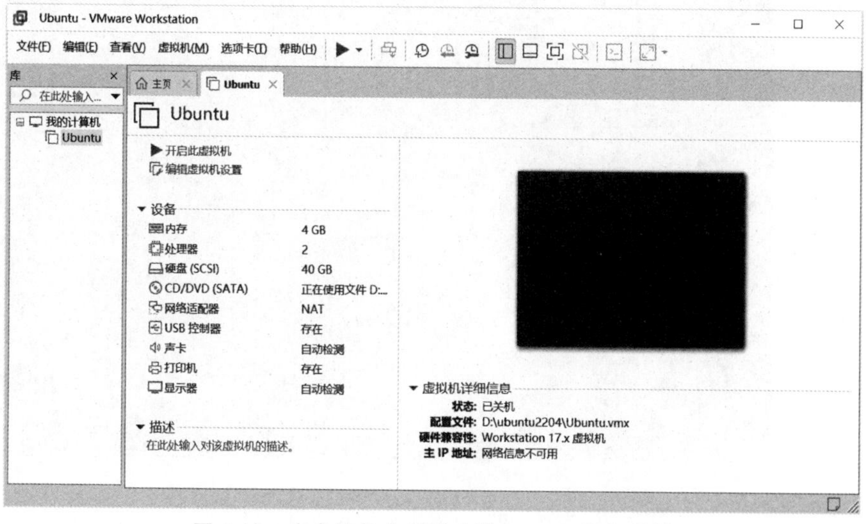

图 1-10　在虚拟机中开始安装 Ubuntu 操作系统

(9) 如图 1-11 所示，Ubuntu 操作系统开始安装，共有 4 个选项，选择 Try or Install Ubuntu，按 Enter 键，虚拟机开始安装。

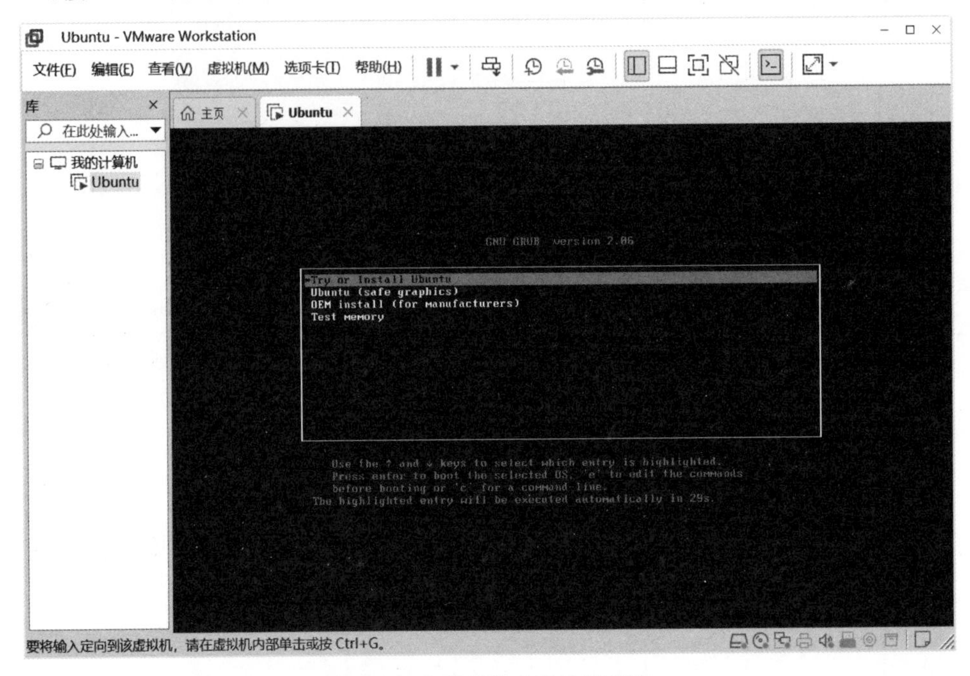

图 1-11 安装开始启动选择界面

(10) 如图 1-12 所示，进入安装 Ubuntu 操作系统的起始图形界面。

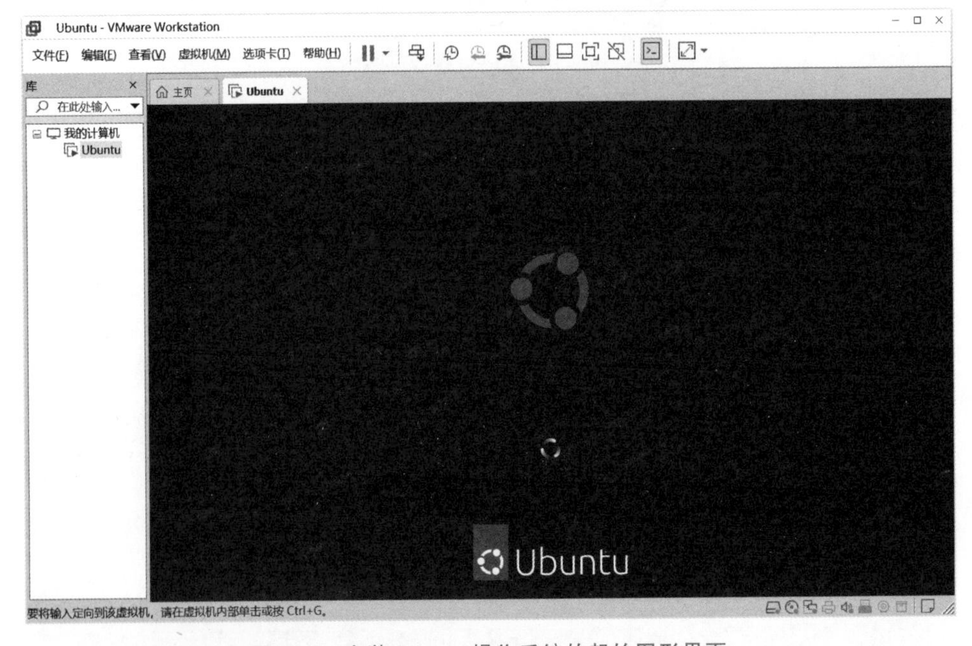

图 1-12 安装 Ubuntu 操作系统的起始图形界面

（11）Ubuntu 操作系统安装语言选择界面如图 1-13 所示。选择“中文(简体)”选项，单击“安装 Ubuntu”按钮。

图 1-13　Ubuntu 操作系统安装语言选择界面

（12）如图 1-14 所示，提示选择键盘布局。选择中文键盘布局(Chinese)，单击“继续”按钮进入下一步。

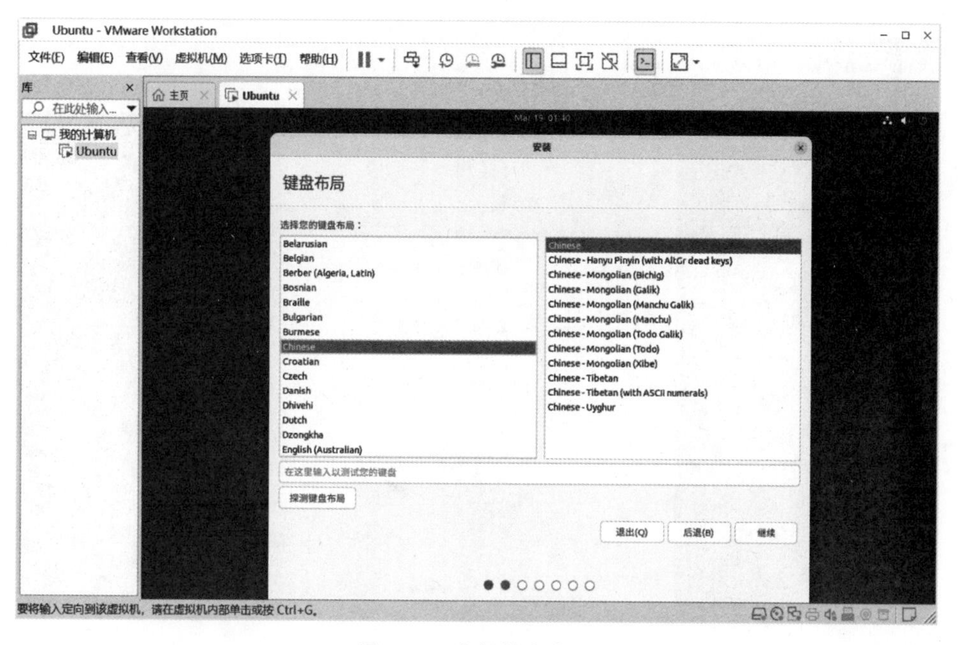

图 1-14　选择键盘布局

(13) 安装系统更新和其他软件界面如图 1-15 所示，默认选择“正常安装”和“安装 Ubuntu 时下载更新”选项，单击“继续”按钮进入下一步。

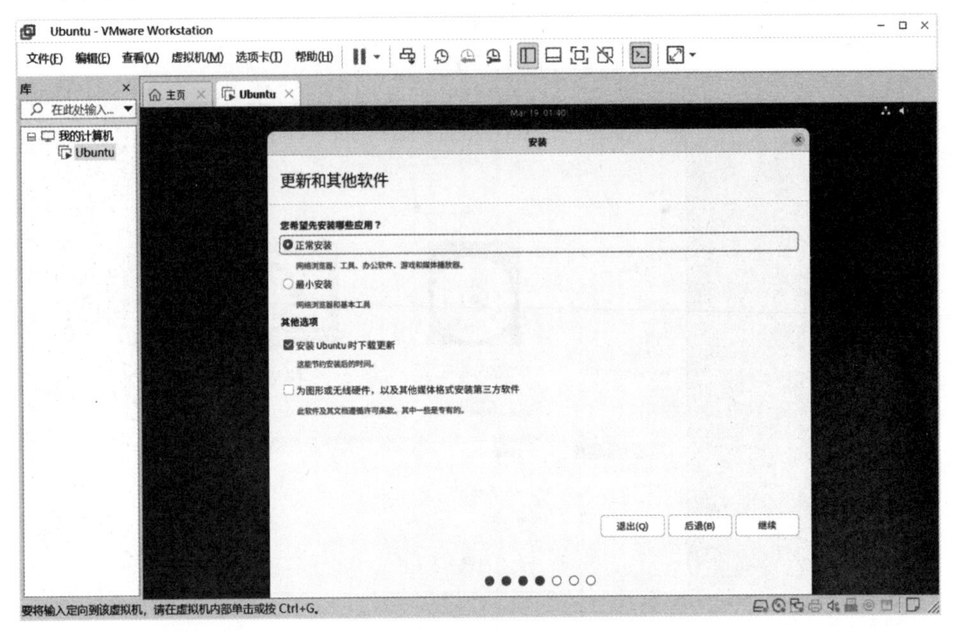

图 1-15 安装系统更新和其他软件界面

(14) 系统安装类型选择界面如图 1-16 所示，第 1 次空操作系统选择“清除整个磁盘并安装 Ubuntu”。单击“现在安装”按钮进入下一步。

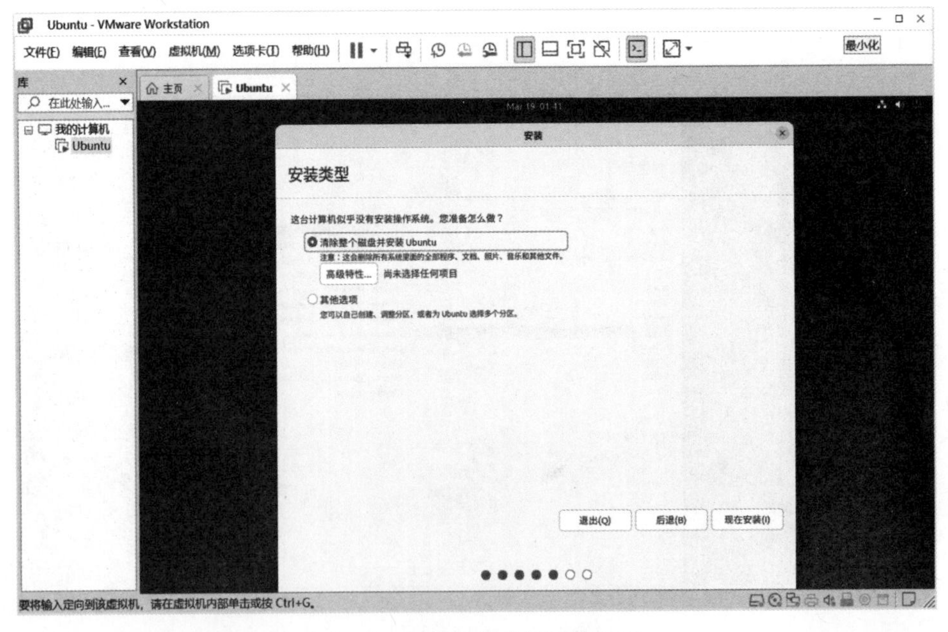

图 1-16 系统安装类型选择界面

(15) 系统设备分区界面如图 1-17 所示,更新安装系统,系统设备重新分区。单击“继续”按钮进入下一步。

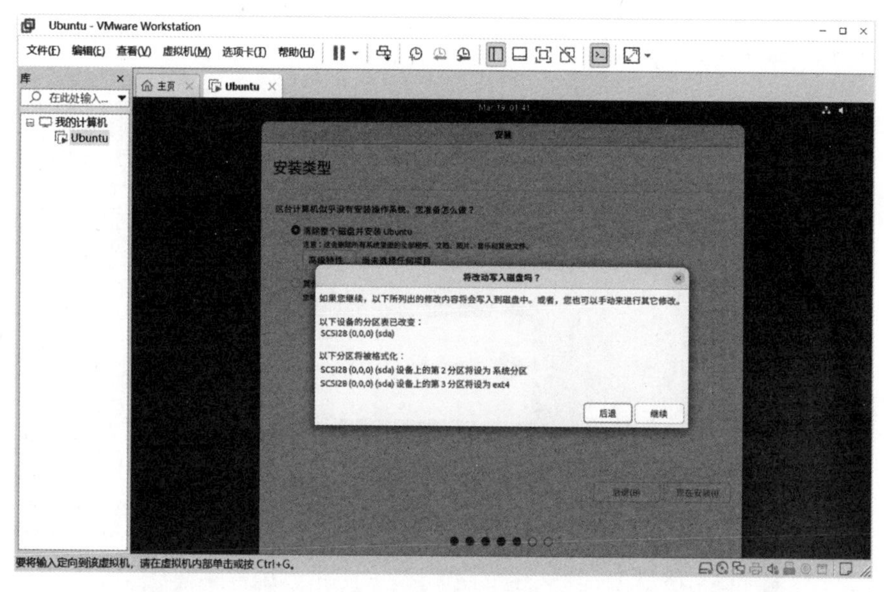

图 1-17　系统设备分区界面

(16) 接下来进入时区选择界面,选择合适的时区,让操作系统同步本地时区,单击“继续”按钮进入下一步。

(17) 如图 1-18 所示,输入操作系统的用户名(如 linux)、密码(如 123456)和确认密码(如 123456),计算机名和其他名称是系统自动匹配的,单击“继续”按钮进入下一步,系统开始安装。

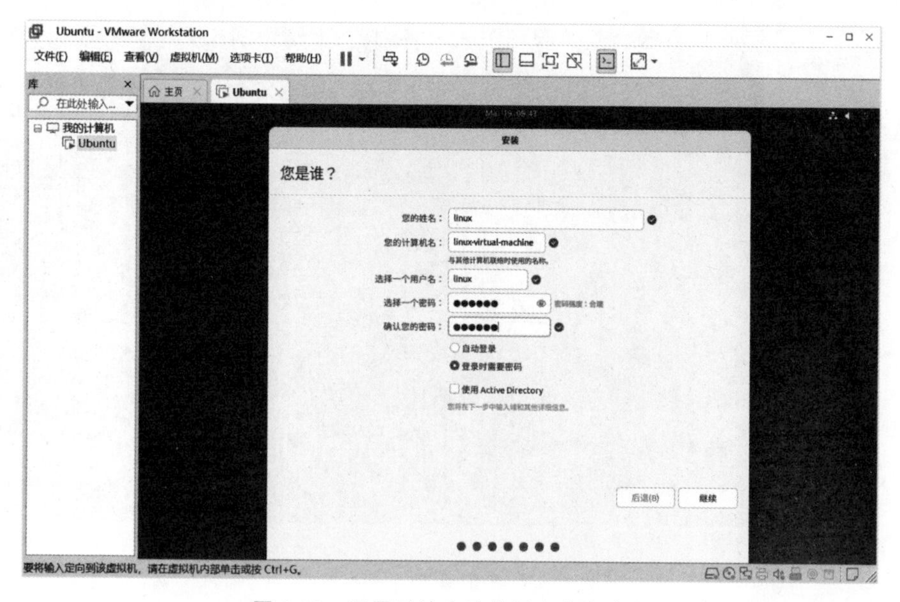

图 1-18　设置系统启动的用户名和密码

(18) 操作系统根据计算机配置的不同，安装时间的长短也不同。如图 1-19 所示，安装结束后会提示用户重新启动系统，单击“现在重启”按钮，系统重新启动。

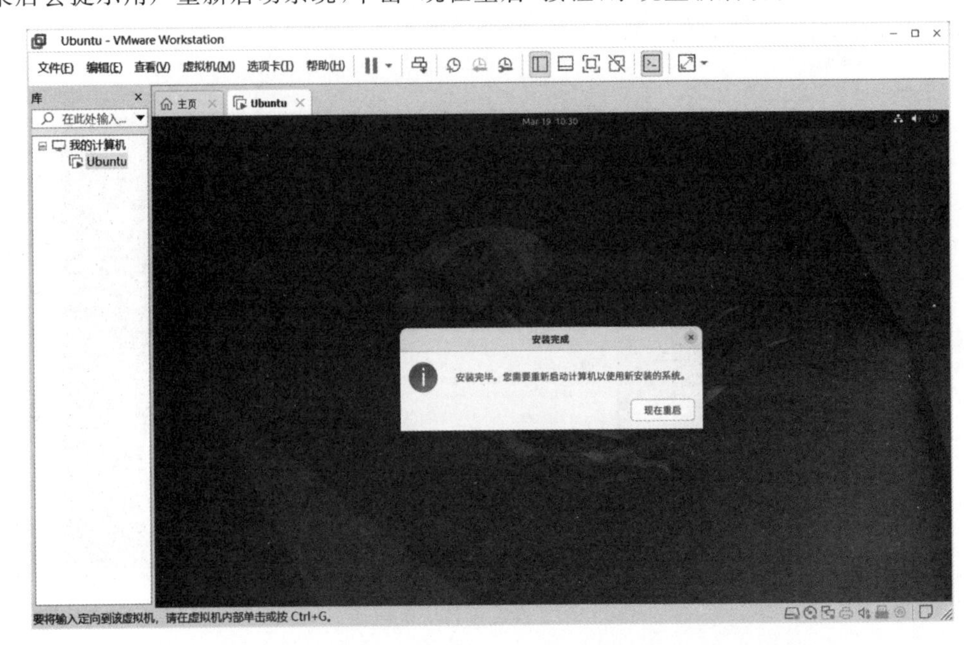

图 1-19　系统安装完毕重新启动

(19) 如图 1-20 所示，系统重新启动后，已经有了用户名，输入密码即可。

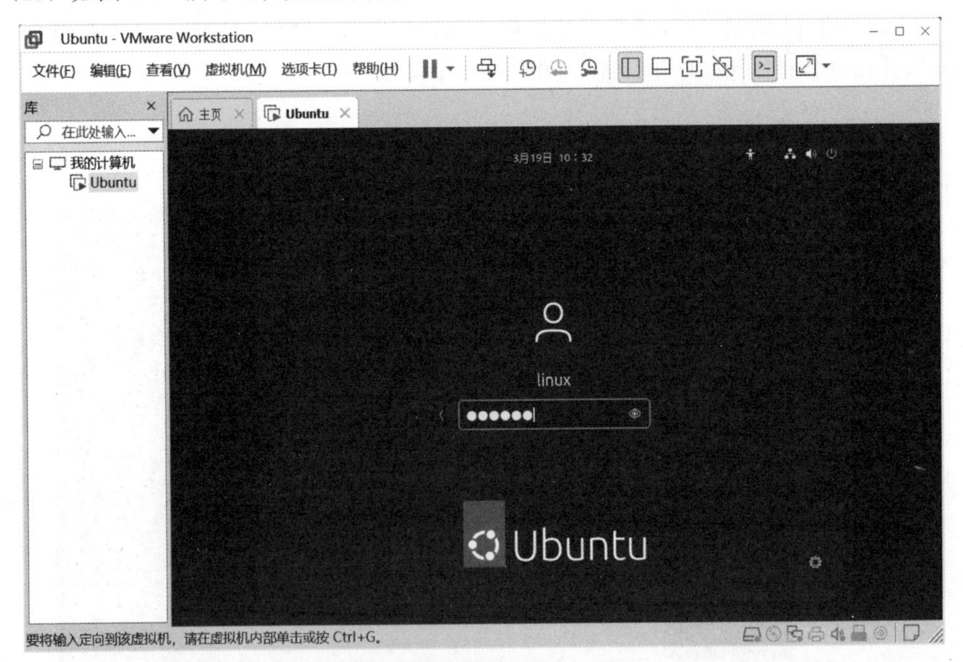

图 1-20　系统重启后输入密码

(20) Ubuntu桌面系统启动界面如图1-21所示，接下来就可以开始Ubuntu操作系统的学习了。

图 1-21 Ubuntu桌面系统启动界面

同步练习

1-10 Ubuntu是一种基于________的操作系统。

1-11 Ubuntu可以在________和________上运行。

1-12 在Ubuntu操作系统上安装软件通常使用________或________进行。

1-13 VMware是一款常用的________软件。

1-14 使用VMware，用户可以在一台计算机上________多个操作系统。

1-15 Ubuntu的作用是什么？

1-16 如何在Ubuntu操作系统上安装软件？

1-17 VMware的作用是什么？

1-18 为什么使用VMware？

1-19 安装VMware需要购买授权吗？

1.3 Ubuntu 桌面系统登录、注销

Ubuntu是一种基于Linux的操作系统，它以易于使用的特性和安全性而闻名。一旦用户成功登录到Ubuntu桌面系统，就可以使用各种应用程序、浏览互联网，以及处理各种任务。在Ubuntu操作系统中，用户可以创建多个用户账户，这些账户可以是用户自己的，也可以是其他人的。登录不同的账户可以帮助用户隔离和保护数据，并控制访问权限。

要登录Ubuntu操作系统，用户需要提供正确的用户名和密码。如果用户是系统上唯一的用户，则可以直接输入密码登录。如果系统有多个用户账户，则必须输入相应的用户名和密码才能登录到系统。

在Ubuntu操作系统中，注销用户是一个简单的过程。只需按照以下步骤操作即可注销当前登录的用户。

(1) 单击桌面右上角的Ubuntu账户图标，选择"关机/注销"选项。

(2) 在系统设置列表中选择"注销"选项。

(3) 系统会立即注销当前用户，并返回登录界面。

第4集
微课视频

Linux的安全性是其吸引力之一。用户可以使用文件和文件夹的权限限制用户对数据的访问，这为多用户环境提供了额外的保护。用户还可以设置登录屏幕锁屏的时间限制，以确保在用户离开计算机时，没有人可以访问用户的桌面。尽管Ubuntu操作系统相对于其他操作系统在全世界的市场份额较小，但是由于其安全性和易用性等特点，有越来越多的用户选择Ubuntu替代其他操作系统。

总之，Ubuntu的登录和注销操作非常简单，只需要几个简单的步骤就可以完成。如果用户遇到登录问题，可以检查用户名和密码是否正确，或者是否有其他步骤需要完成。如果用户有任何问题，请参考Ubuntu的在线文档，或者寻求技术支持。

同步练习

1-20 在Ubuntu操作系统中，用户可以使用________和________进行登录。

1-21 在Ubuntu操作系统中，注销操作将用户从当前会话________并返回到登录界面。

1-22 在Ubuntu登录界面，用户可以选择不同的________进行登录。

1-23 在Ubuntu操作系统中，通过单击屏幕右上角的________，可以访问注销功能。

1-24 用户如何进行登录操作?

1-25 注销操作会导致用户从哪里退出?

1-26 在 Ubuntu 登录界面,可以选择哪些桌面环境?

1-27 Ubuntu 中注销和关机有什么区别?

1-28 在 Ubuntu 登录界面,如何切换登录到其他用户?

第 2 章

Ubuntu 操作系统应用

Linux 系统的 GNOME(GNU Network Object Model Environment)桌面是一个开源的、用户友好的图形化桌面环境,它是许多 Linux 发行版的默认桌面环境之一。GNOME 的目标是提供一个简洁、直观和易于使用的工作环境,以满足各种用户的需求,具有以下特点和功能。

(1) 用户界面:GNOME 采用现代的平铺式设计,提供直观的用户界面。它具有任务栏、应用程序启动器、系统托盘等常见的桌面元素,用户可以轻松访问和管理应用程序。

(2) 应用程序:GNOME 附带一系列核心应用程序,如文件管理器、文本编辑器、终端仿真器、图像查看器等。这些应用程序提供高效和功能丰富的工具,满足日常计算需求。

第 5 集
微课视频

(3) 扩展性:GNOME 支持扩展和自定义,用户可以通过 GNOME Shell 扩展改变桌面外观和行为。还有许多第三方扩展和主题可供选择,以满足个性化需求。

(4) 通知中心:GNOME 桌面具有一个集成的通知中心,用于显示系统通知、应用程序通知和其他重要信息。这使得用户可以方便地查看和管理通知。

(5) 系统设置:GNOME 提供了一个集中的系统设置面板,使用户可以轻松地调整桌面环境的各种设置,如外观、声音、网络、电源管理等。

(6) 支持多任务处理:GNOME 具有多工作区支持,允许用户在不同的工作区之间切换和组织应用程序。这有助于提高工作效率和组织性。

2.1 GNOME 桌面概述

首次登录 Ubuntu 操作系统时,默认 GNOME 桌面如图 2-1 所示。从 Ubuntu 操作系统 11.04 版本后,Ubuntu 操作系统开始使用 Unity 作为其默认的桌面环境。Unity 是基于 GNOME 桌面环境的用户界面,由 Canonical 公司开发,目前主要用于 Ubuntu 操作系统。GNOME 桌面左侧有一个 Dock 栏,由各种应用程序启动器、任务管理面板以及活动窗口菜单栏组成。

同步练习

2-1 常见的 Linux 桌面环境有哪些?Ubuntu 采用的桌面环境是什么?

2-2 GNOME 的缩写是什么?其真正意义是什么?

图 2-1 默认 GNOME 界面

2.2 GNOME 应用窗口

GNOME 应用窗口是指在 GNOME 桌面环境下运行的应用程序窗口，如图 2-2 所示。在 GNOME 中，应用窗口采用了现代用户界面(User Interface)设计的原则，具有简洁美观、易于使用、提升用户体验等特点。

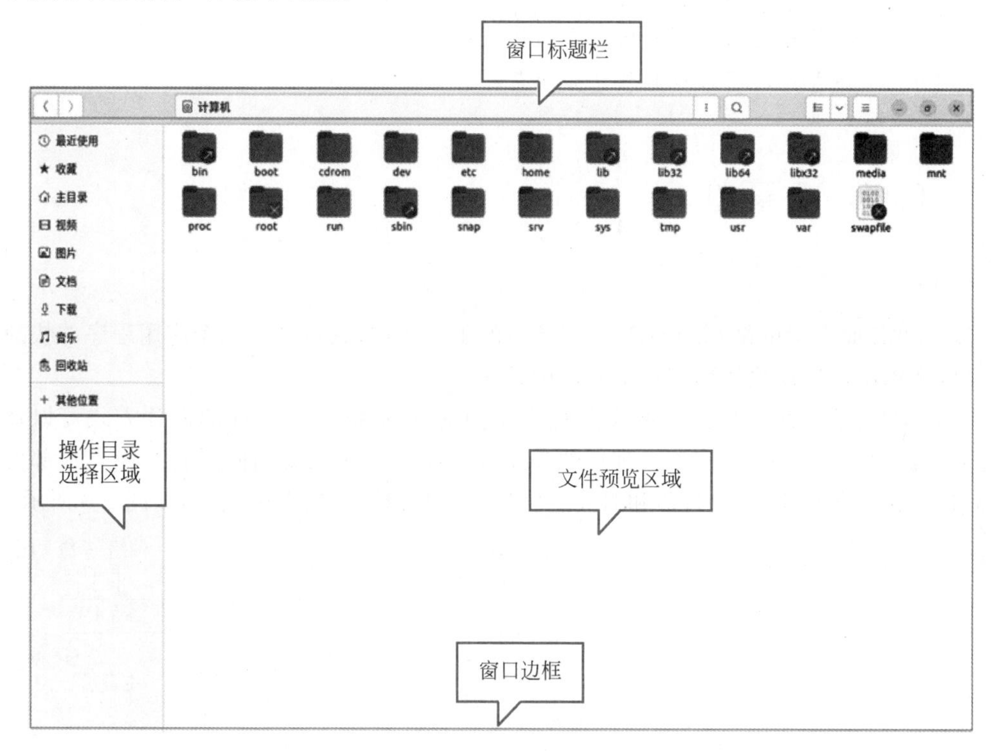

图 2-2 GNOME 应用窗口

GNOME 应用窗口包括以下几部分。

(1) 窗口标题栏：每个应用窗口都有一个标题栏，标题栏包括当前窗口名称以及对窗口最小化、最大化以及关闭操作。

(2) 窗口边框：应用窗口的边框非常纤细，包括上、下、左、右 4 条边框，这种设计风格保证了窗口桌面环境整体的视觉美感。

(3) 窗口布局：GNOME 将窗口布局设计得比较合理。将关闭按钮放在标题栏的最右侧，避免与最小化和最大化按钮混淆使用。与此同时，窗口最左侧为操作目录选择区域，右侧为与之对应某一操作目录的文件预览区域。这样的布局设计使得操作更加方便和直观。

综上所述，GNOME 应用窗口体验更加现代、美观，易于使用，可帮助用户更加高效地完成工作。

同步练习

2-3 在 GNOME 中，应用窗口的最小化、最大化和关闭按钮位于________之上。

2-4 在 GNOME 中，当应用窗口最大化时，会占据整个________。

2-5 在 GNOME 中，应用窗口可以通过________调整大小。

2-6 在 GNOME 中，可以使用________快捷键切换应用窗口。

2-7 在 GNOME 中，可以使用________加数字键快速切换和定位应用窗口。

2-8 GNOME 应用窗口有哪些常用快捷键？

2-9 GNOME 应用窗口的默认布局是怎样的？

第 6 集
微课视频

2.3 GNOME 菜单

2.3.1 面板菜单

GNOME 面板菜单是 GNOME 桌面环境的重要组件，它包含了多个应用程序的快捷方式，可以帮助用户快速地找到和启动所需的程序。

在 GNOME 桌面环境中，面板菜单位于桌面的顶部和左部，这样的设计方式可以让用户方便地启动应用程序、管理正在进行的程序以及在多个虚拟桌面间进行切换。顶部面板(Top Panel)包含活动任务、日历和时间、网络、主音量以及系统关闭选项，如图 2-3 所示。

图 2-3 顶部面板

左部面板(Lift Panel)如图 2-4 所示。从上到下依次为 Firefox 浏览器、Thunderbird 邮件和新闻程序、文件管理器、Rhythmbox 音乐播放器、LibreOffice Writer 文档处理软件、Ubuntu Software 软件中心、帮助中心、回收站以及显示应用程序。

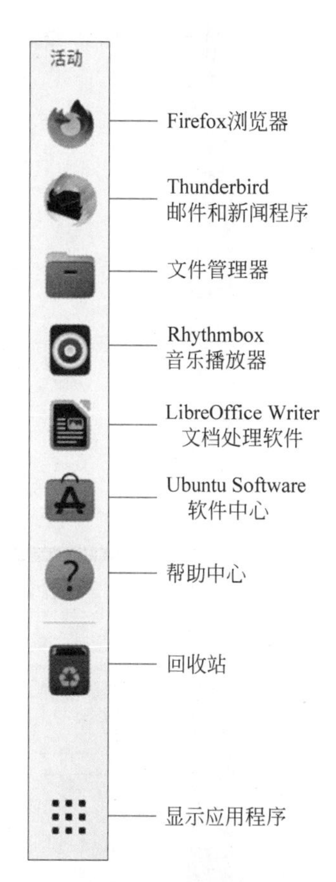

图 2-4 左部面板

1. 文件管理器

单击左部面板第 3 个图标,打开文件管理器,如图 2-5 所示。文件管理器默认打开当前用户主目录,其功能与 Windows 下的资源管理器基本类似,但 Linux 文件系统与 Windows 文件系统具有显著差别。在该界面中,并没有像 Windows 中常见的 C:\、D:\等盘符。

2. 常用其他软件

Ubuntu 内置了一些其他常用软件,如浏览器、办公软件、多媒体软件、游戏软件等。单击图 2-4 左部面板第 1 个图标,打开 Firefox 浏览器,如图 2-6 所示。单击左侧第 2 个图标,打开 Thunderbird 邮件和新闻程序,如图 2-7 所示。单击左侧第 4 个图标,打开 Rhythmbox 音乐播放器,如图 2-8 所示。单击左侧第 5 个图标,打开 LibreOffice Writer 文档处理软件,该软件的功能与 Windows 中的 Word 相同,并与之兼容,如图 2-9 所示。如果需要查看更多本机已安装的应用程序,可以单击左侧面板中第 9 个图标"显示应用程序"选项,如图 2-10 所示。

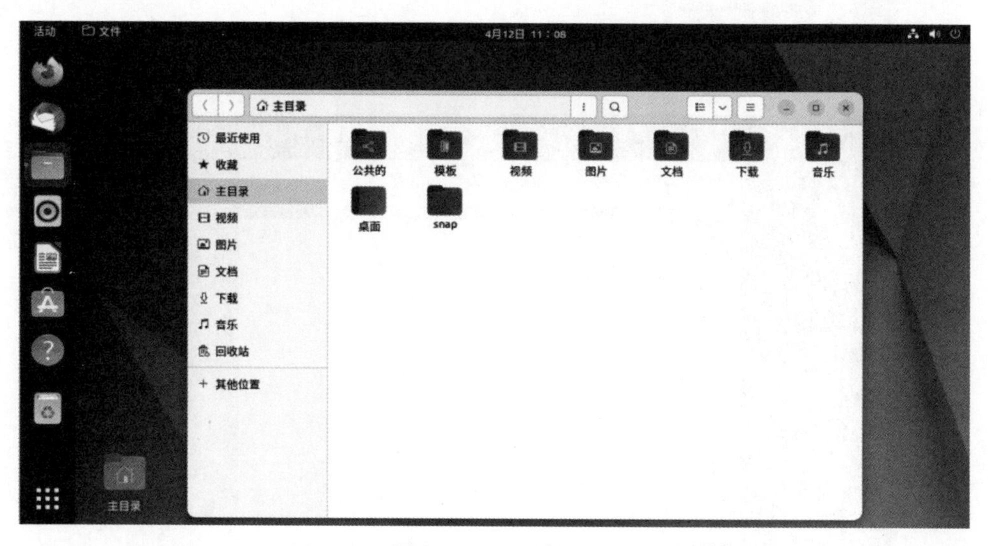

图 2-5 文件管理器

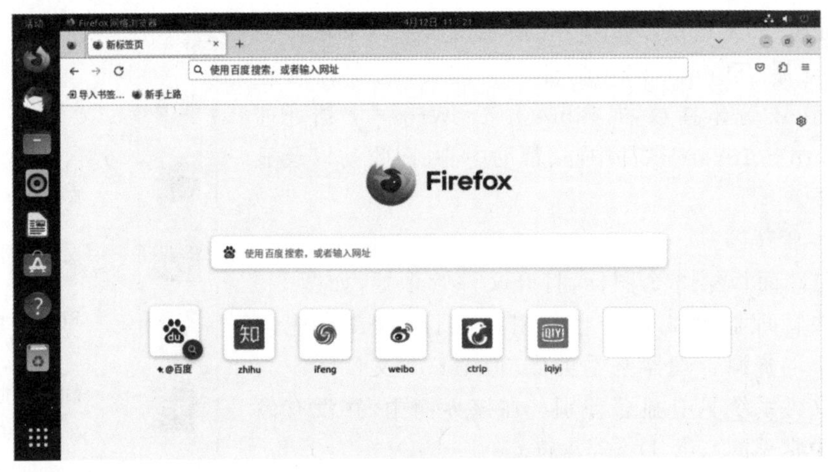

图 2-6 Firefox 浏览器

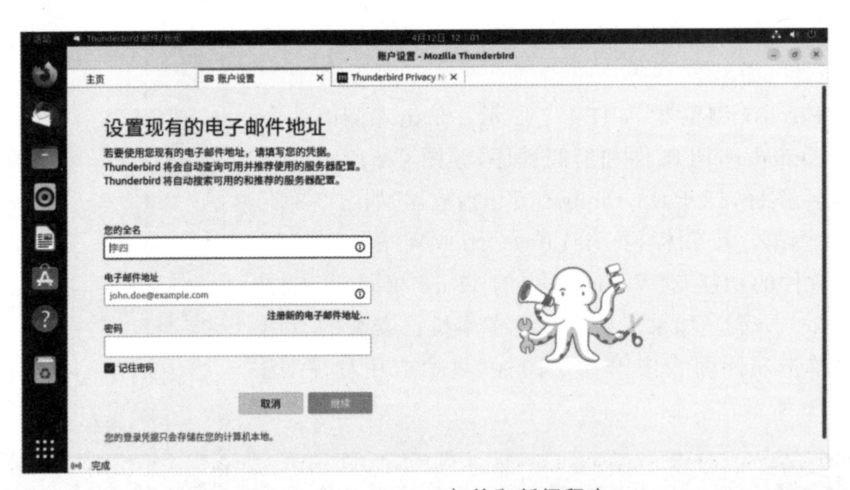

图 2-7 Thunderbird 邮件和新闻程序

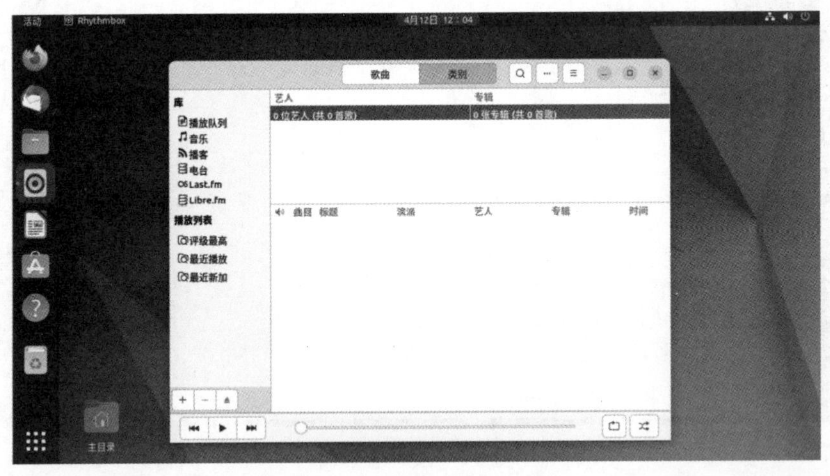

图 2-8 Rhythmbox 音乐播放器

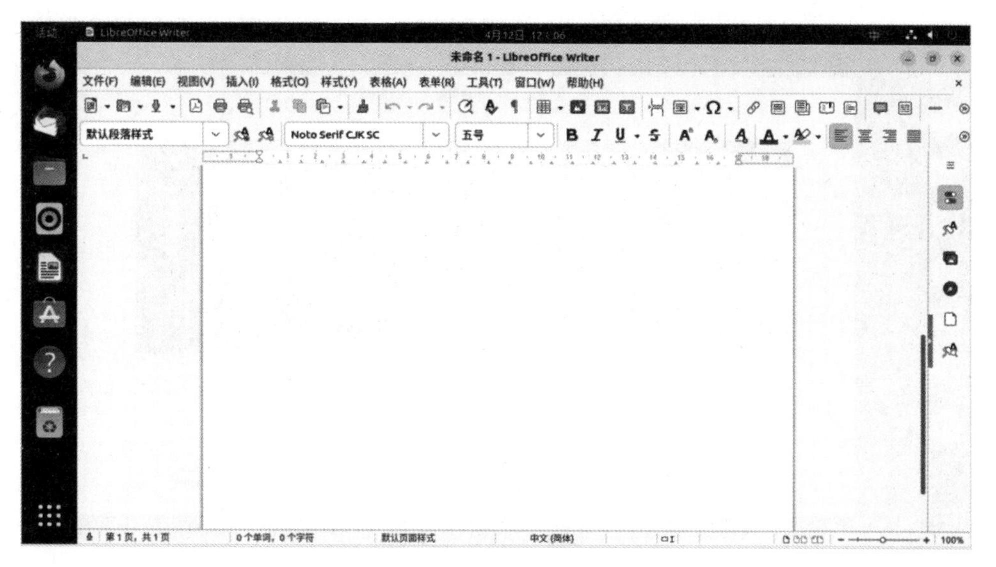

图 2-9 LibreOffice Writer 文档处理软件

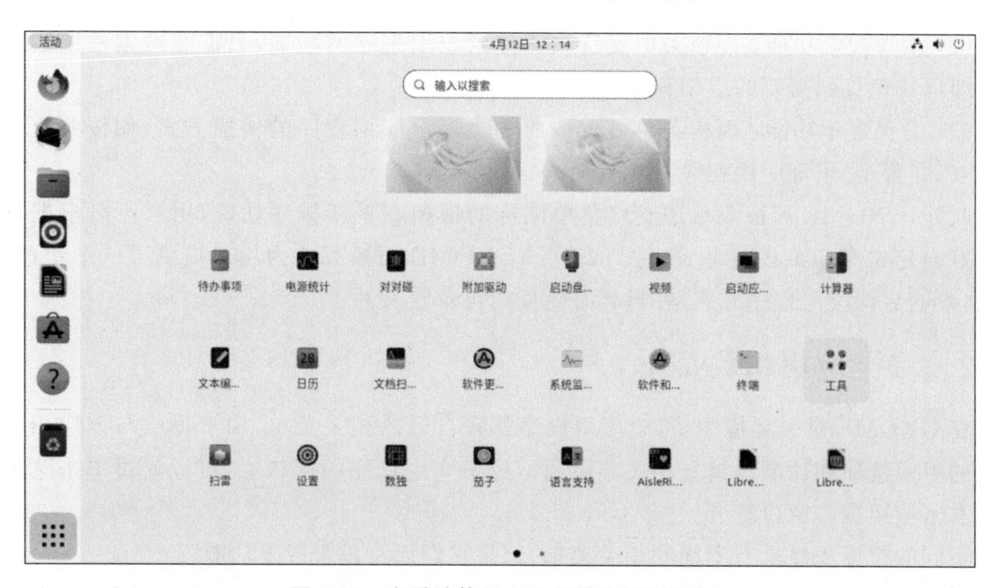

图 2-10 查看计算机上已安装的其他程序

3. 软件中心

Ubuntu 操作系统提供了一个专用的软件中心。单击左部面板第 6 个图标，可以打开软件中心，如图 2-11 所示。可以在这里进行免费软件的安装，并且所提供的软件都是图形界面的，易于使用操作。

综上所述，面板菜单还具有以下特点。

(1) 单击和双击功能：用户可以单击菜单中的图标启动一个应用程序，也可以双击图标打开应用程序的主窗口。

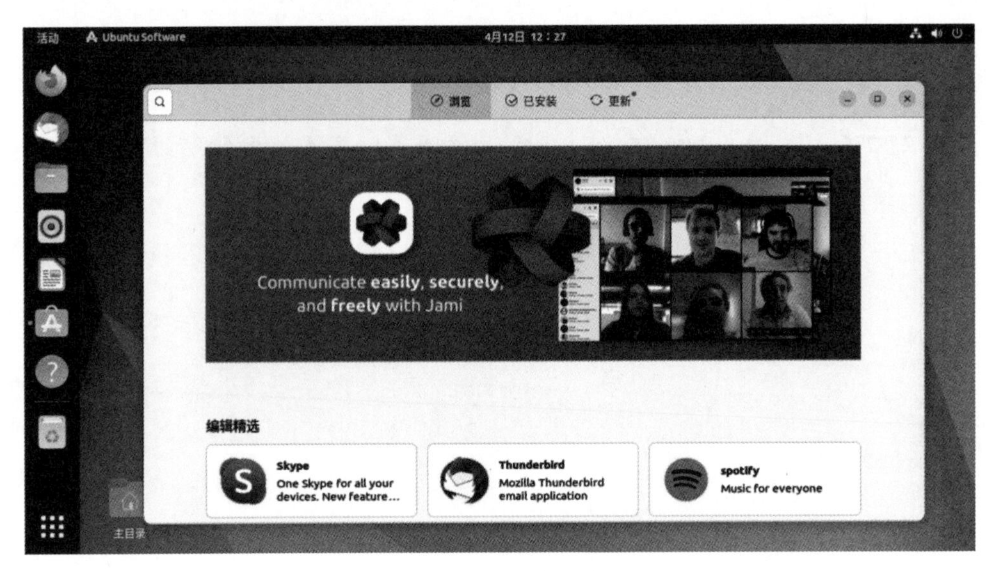

图 2-11 Ubuntu 软件中心

(2) 快速搜索功能：面板菜单支持快速搜索应用程序的功能，只需在搜索框中输入关键字即可快速找到需要的应用程序。

(3) 分类展示功能：面板菜单可以按照分类展示应用程序的快捷方式，如按照分类显示游戏、办公、娱乐等应用程序。

此外，GNOME 面板菜单还支持菜单图标的拖拽和重新排序功能，用户可以根据自己的喜好自定义菜单的图标顺序。总的来说，GNOME 面板菜单为用户提供了一个快速、便捷、高效的启动应用程序方式，并且具有高度的可自定义性。

2.3.2 应用相关菜单

在 GNOME 桌面环境中，每个应用程序都有自己的相关菜单，用于提供与该应用程序相关的更多选项和功能。这些相关菜单通常位于应用程序的窗口栏，可以通过单击菜单图标或右击应用程序窗口打开。

不同的应用程序具有不同的相关菜单，但是它们通常包含以下功能。

(1) 文件操作：包括打开、保存、另存为和关闭文件，具体操作取决于应用程序的类型。

(2) 编辑功能：包括剪切、复制、粘贴、撤销等。

(3) 查看选项：包括更改应用程序窗口的外观和布局，如全屏、分栏、视图缩放等。

(4) 工具选项：包括应用程序的设置、选项、插件等。

(5) 帮助：提供有关应用程序的帮助文件或指南。

除了上述功能外，某些应用程序的相关菜单还可以提供其他特定于应用程序的选项。例如，图像编辑器可以提供照片滤镜选项；音乐播放器可以提供音效调节选项。与 GNOME 面板菜单一样，应用程序的相关菜单也可以进行自定义和重新排序，以满足用户的特定需求。

同步练习

2-10 在GNOME中，菜单栏位于________的左侧。

2-11 GNOME菜单分为________、________和________3个主要部分。

2-12 在GNOME菜单的“应用”部分，可以找到已安装应用程序的________。

2-13 在GNOME菜单的“地点”部分，可以访问文件系统中的________。

2-14 在GNOME菜单中，可以通过________快速查找和启动应用程序。

2-15 在GNOME菜单中，可以使用________对菜单进行自定义和编辑。

2-16 在GNOME菜单中，可以________进行添加、删除或修改。

2-17 在GNOME菜单的“最近使用”部分，可以查看最近打开过的________。

2-18 在GNOME菜单中，可以通过________访问菜单项。

2.4 自定义桌面

2.4.1 自定义鼠标

在Ubuntu操作系统中，可以通过以下步骤自定义鼠标。

(1) 打开设置。单击顶部面板右侧区域，可以查看“设置”选项，如图2-12所示；或者按键盘上的Super键(Windows键)并搜索“设置”，如图2-13所示。

图2-12 “设置”选项打开方式(1)

(2) 定位鼠标设置：在左侧“设置”列表中，可以看到一个“鼠标和触摸板”选项。单击该选项，如图2-14所示。

(3) 自定义鼠标设置：在鼠标设置窗口中可以设置鼠标常规使用方式，即主按钮的选定，同时也可针对鼠标速度和自然滚动进行设置。

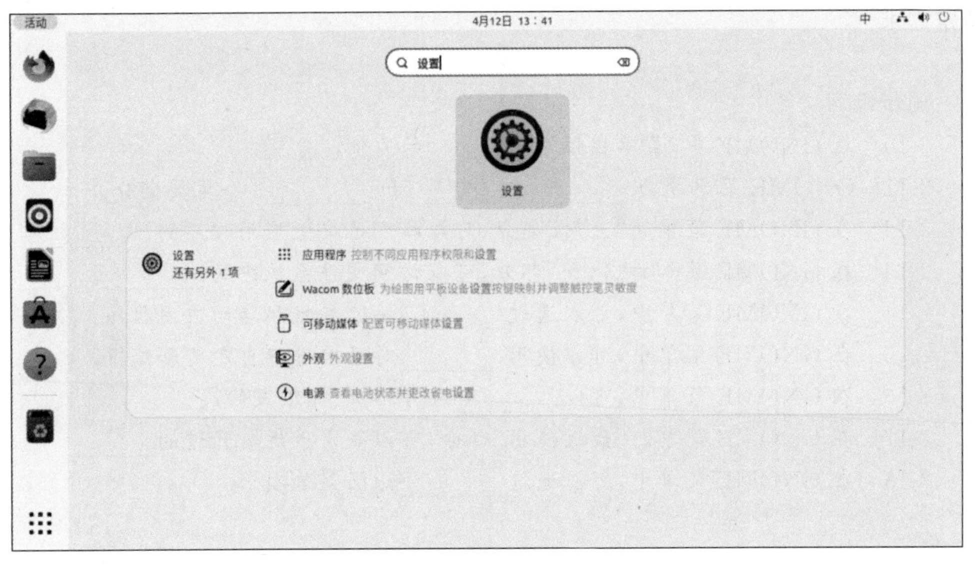

图 2-13 “设置”选项打开方式(2)

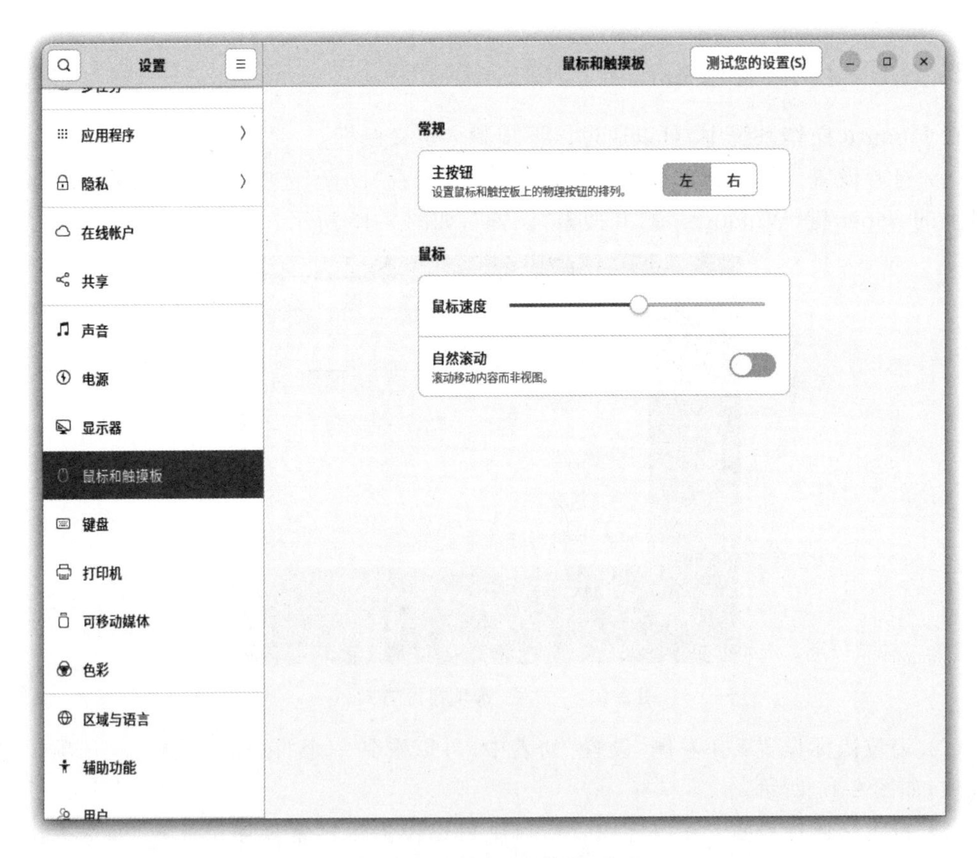

图 2-14 “鼠标和触摸板”选项

2.4.2 自定义显示分辨率

在 Ubuntu 操作系统中，可以通过以下步骤自定义显示分辨率。

(1) 打开设置。

(2) 进入显示菜单：在左侧“设置”列表中单击“显示器”选项，如图 2-15 所示。

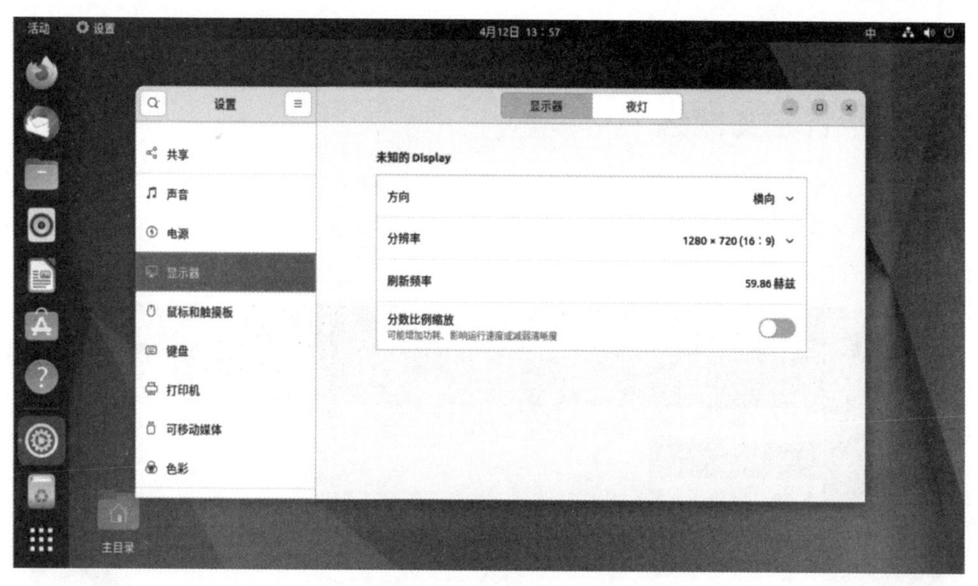

图 2-15 “显示器”选项

(3) 单击“分辨率”下拉列表，即可根据实际情况选择适合自己计算机显示器的分辨率，如图 2-16 所示。

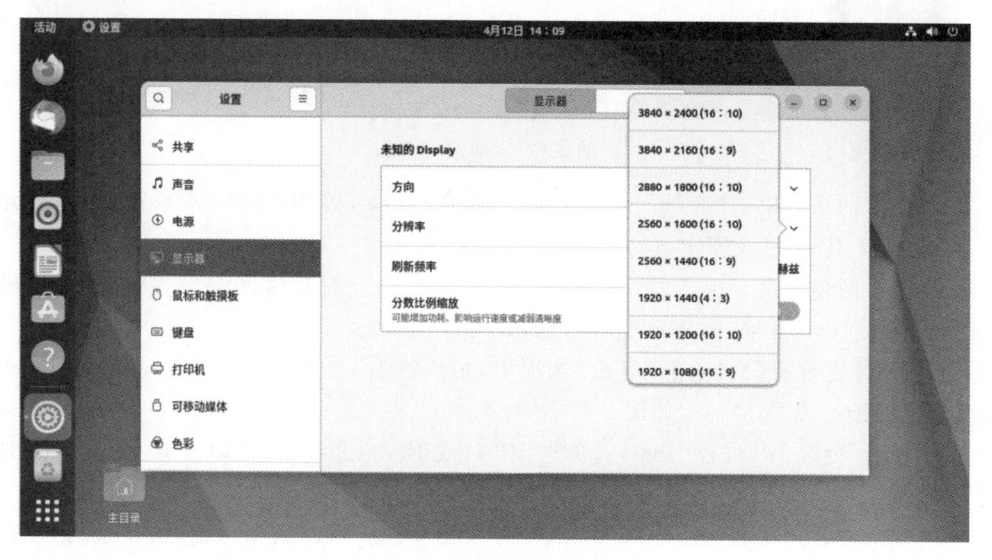

图 2-16 “分辨率”下拉列表

注意，不是所有硬件设备都支持所有分辨率选项，如果尝试使用一个不受支持的分辨率，可能会导致显示问题。在自定义分辨率时，建议将输入设备设置为已经测试过的标准分辨率值。

同步练习

2-19 如何修改屏幕分辨率？

2.4.3 自定义网络

在 Ubuntu 操作系统中，可以通过以下步骤自定义网络。

(1) 打开设置，单击"网络"选项。在网络设置中，可以对有线连接、VPN 以及网络代理进行设置，如图 2-17 所示。

图 2-17 "网络"选项

(2) 更改网络。单击"有线"网络右侧"设置"按钮，弹出"有线"对话框，可对详细信息、身份、IPv4、IPv6 以及安全进行设定，如图 2-18 所示。

(3) 查看网络信息。单击"详细信息"选项卡，可以查看具体网络设置信息，如链路速度、IPv4 地址、IPv6 地址、硬件地址等信息，如图 2-18 所示。

(4) 查看/更改身份。单击"身份"选项卡，可以查看/更改当前网络连接的名称、MAC 地址、克隆的地址以及 MTU，如图 2-19 所示。

(5) 查看/更改 IPv4(或 IPv6)。单击 IPv4(或 IPv6)选项卡，可以查看/更改当前 IPv4(或 IPv6)网络信息。IPv4 设置信息如图 2-20 所示，IPv6 设置信息如图 2-21 所示。

(6) 安全设置。单击"安全"选项卡，可对 802.1X(访问控制和认证)协议进行设置，如图 2-22 所示。

图 2-18 “有线”对话框

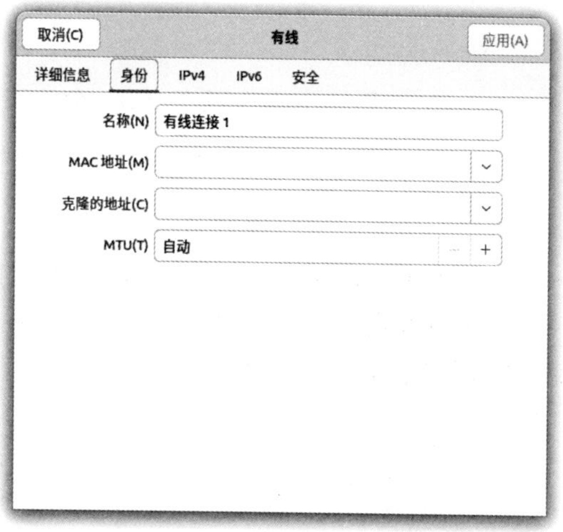

图 2-19 “身份”设置

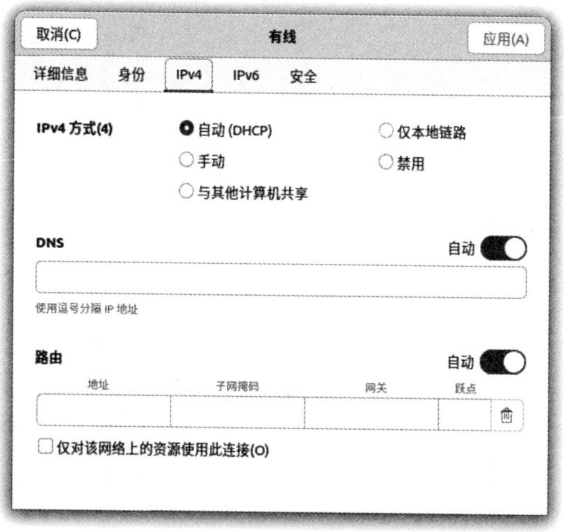

图 2-20 IPv4 设置

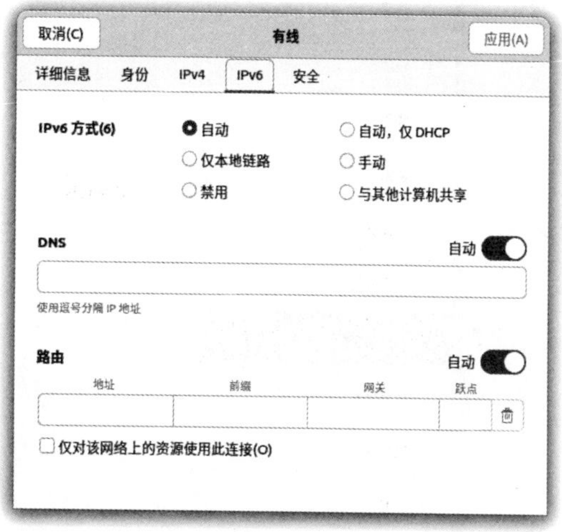

图 2-21 IPv6 设置

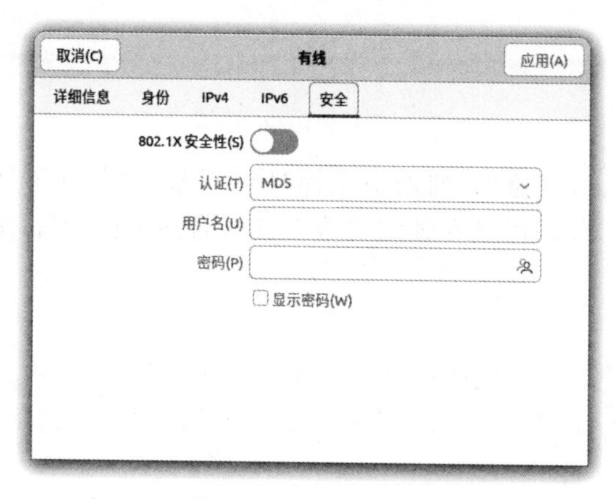

图 2-22 “安全”设置

同步练习

2-20 Ubuntu 如何设置网络，尝试连接不同的无线网络？

2.4.4 自定义屏幕

在 Ubuntu 操作系统中，可以通过以下步骤自定义屏幕显示状态。

(1) 打开设置，进入隐私设置。在“设置”列表中单击“隐私”选项，如图 2-23 所示；“隐私”相关设置选项如图 2-24 所示。

图 2-23 “隐私”选项

(2) 进入屏幕设置。在“隐私”列表中选择“屏幕”选项，即可对息屏延时、自动锁屏、自动锁屏延迟、挂起时锁定屏幕以及在锁定屏幕上显示通知进行设置，如图 2-25 所示。

2.4.5 自定义外观

在 Ubuntu 操作系统中，可以通过以下步骤自定义外观。

(1) 打开设置，进入外观设置。在“设置”列表中单击“外观”选项，如图 2-26 所示。

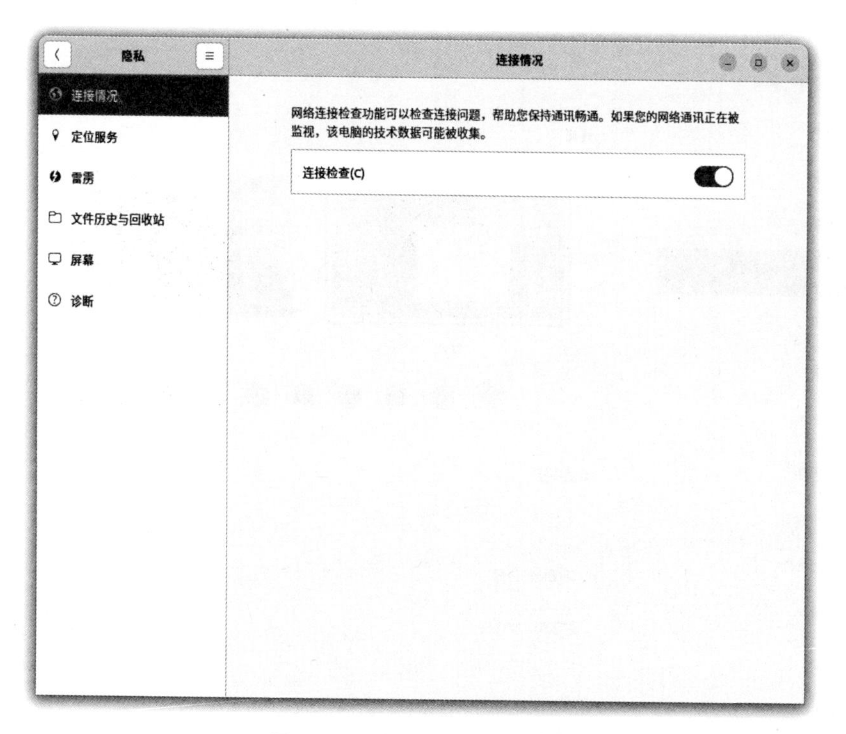

图 2-24 “隐私”相关设置选项

图 2-25 “屏幕”设置

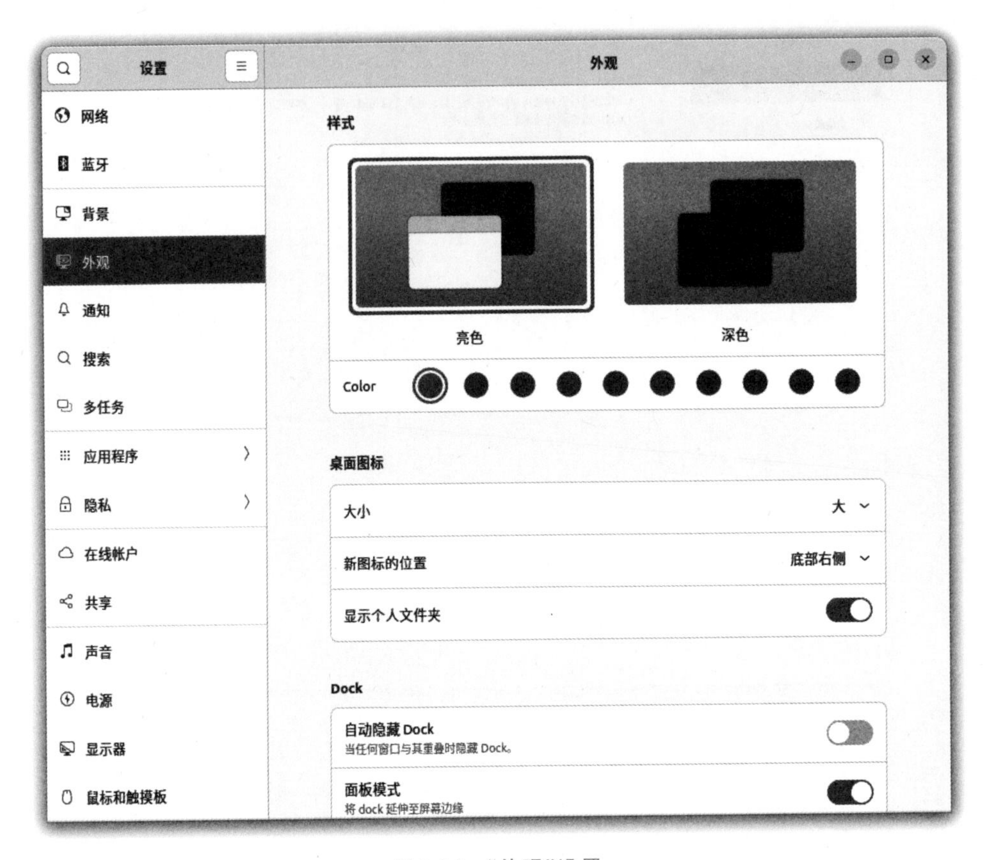

图 2-26 “外观”设置

(2) 更改主题。在外观设置中,可以更改窗口的样式、桌面图标以及对 Dock 设置。

(3) 更改窗口样式。单击“亮色”或“深色”选项,可以更改窗口样式。然后选择喜欢的窗口颜色(Color)进行设置,如图 2-27 所示。

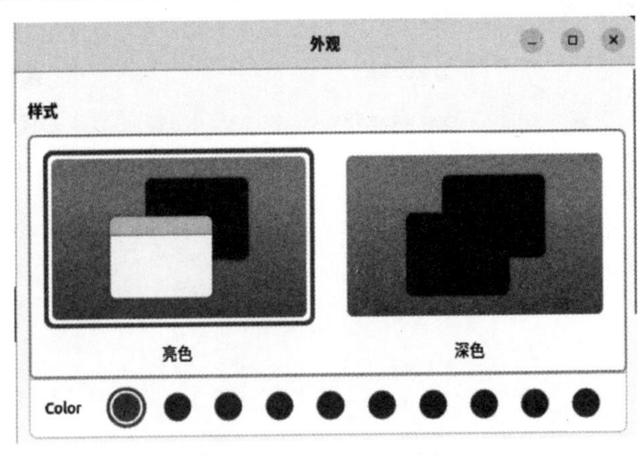

图 2-27 “样式”设置

(4) 更改桌面图标。可通过设置桌面图标大小、位置以及是否显示个人文件夹更改桌面图标,根据实际情况自行设定,如图 2-28 所示。

(5) 更改 Dock 栏。如果想修改 Dock 栏属性,如设置自动隐藏 Dock、面板模式、图标大小、显示于、Dock 在屏幕上的位置,以及配置 Dock 行为,也可根据实际需求进行设定,如图 2-29 所示。

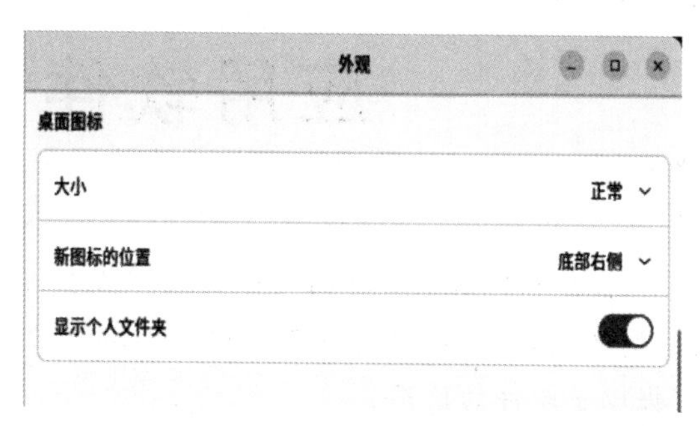

图 2-28 "桌面图标"设置

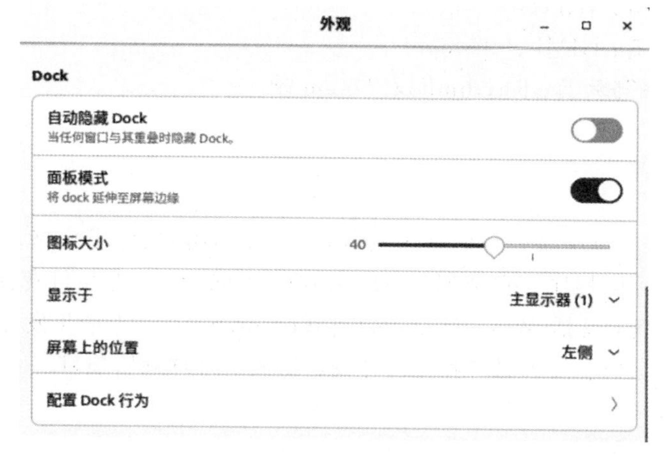

图 2-29 Dock 设置

同步练习

2-21 熟悉 Ubuntu 自定义外观功能。

第3章 Ubuntu操作系统常用应用软件

Ubuntu操作系统是一款基于Linux系统的开源软件。在使用过程中,经常会使用到如办公套件、文本编辑器、图片编辑器、视频播放器、浏览器、聊天工具等常用软件。通过本章学习,读者可以了解掌握以下软件的使用。

(1) 办公套件:LibreOffice。

(2) 文本编辑器:vi、gedit。

(3) 图片编辑器:GIMP、Inkscape。

(4) 音乐、视频播放器:Rhythmbox、Totem等。

第7集
微课视频

3.1 LibreOffice

LibreOffice是一款免费开源的办公套件,包含文本编辑、电子表格、演示文稿、图形编辑、数据库等多个应用程序。它类似于Microsoft Office,但是无须付费使用。LibreOffice支持多个操作系统,包括Windows、macOS和Linux等。它的开发由The Document Foundation领导,是一个由志愿者和公司开发者组成的全球社区项目。

3.1.1 文本编辑软件LibreOffice Writer

Ubuntu自带的LibreOffice Writer是一款免费的开源文本编辑软件,可用于创建和编辑各种文档,如信函、手册、报告、论文和简历等,初始界面如图3-1所示。

LibreOffice Writer的文档排版功能非常实用。使用"格式"菜单可以对段落、文字格式、边框等进行设计和修改。用户可以在文件中创建表格、索引、目录,还可以根据需要自定义文档的结构、外观。此外,该软件还提供灵活多样的样式设置,不仅可以对标题、正文等设置基本样式,而且可以使用编号样式、页面样式等。在使用LibreOffice Writer编辑文件时,默认文件扩展名是.odt,不仅支持Microsoft Word文件格式,而且还可以将文件保存为PDF格式。

使用LibreOffice Writer的基本步骤如下。

(1) 在Ubuntu的左侧菜单栏中单击LibreOffice Writer图标(由上至下第5个图标,默认是这样),打开LibreOffice Writer。

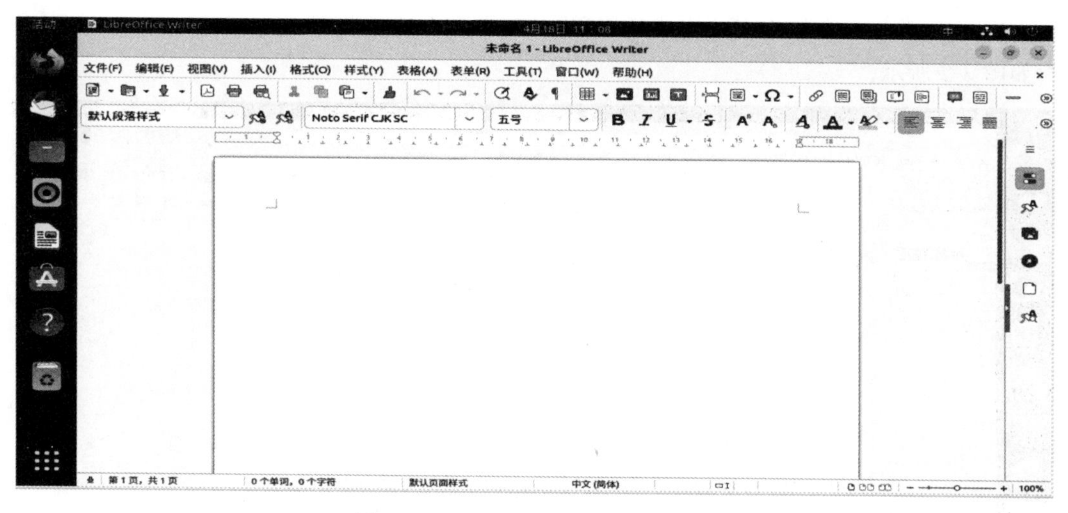

图 3-1 LibreOffice Writer 初始界面

(2) 创建一个新文档。在 LibreOffice Writer 中，执行“文件”→“新建”菜单命令，或按 Ctrl+N 组合键创建新文档。

(3) 编辑文档。在 LibreOffice Writer 中，用户可以使用常见的编辑功能，如复制、粘贴、剪切、字体格式化、文本调整和图像插入等。

(4) 保存文档。编辑完文档后，可以使用“文件”菜单命令或按 Ctrl+S 组合键对文档进行保存。同时也可根据实际需求设置文档名、文档类型以及文档保存位置。

(5) 打开现有文档。执行“文件”菜单命令(或按 Ctrl+O 组合键)打开现有文档。

(6) 格式化(指对文档进行格式排版)文档。可以执行“格式”菜单命令格式化文档，主要包括页面设置、段落格式、文字格式、标记和大纲等操作。

(7) 应用模板。LibreOffice Writer 提供了许多预定义的模板，可快速地创建专业文档。通过执行“文件”→“新建模板”菜单命令创建自己的模板。

3.1.2 电子表格软件 LibreOffice Calc

LibreOffice Calc 是一款功能强大的电子表格软件，可用于处理和分析大量数据。与其他电子表格软件类似，可使用 LibreOffice Calc 创建、编辑、格式化和计算电子表格。LibreOffice Calc 不仅支持包括 Microsoft Excel、CSV 和 OpenDocument 多种文件格式，还提供许多高级功能，如数据透视表、图表、宏和数据验证等。

安装 LibreOffice Calc 非常简单。可在终端输入以下命令[①]进行安装。

```
sudo␣apt-get␣update
sudo␣apt-get␣install␣libreoffice-calc
```

① 注意：书中涉及命令操作，空格很难区分，用␣符号表示空格。

LibreOffice Calc 软件安装完成后，可在 Ubuntu 系统中打开 LibreOffice Calc，初始界面如图 3-2 所示。

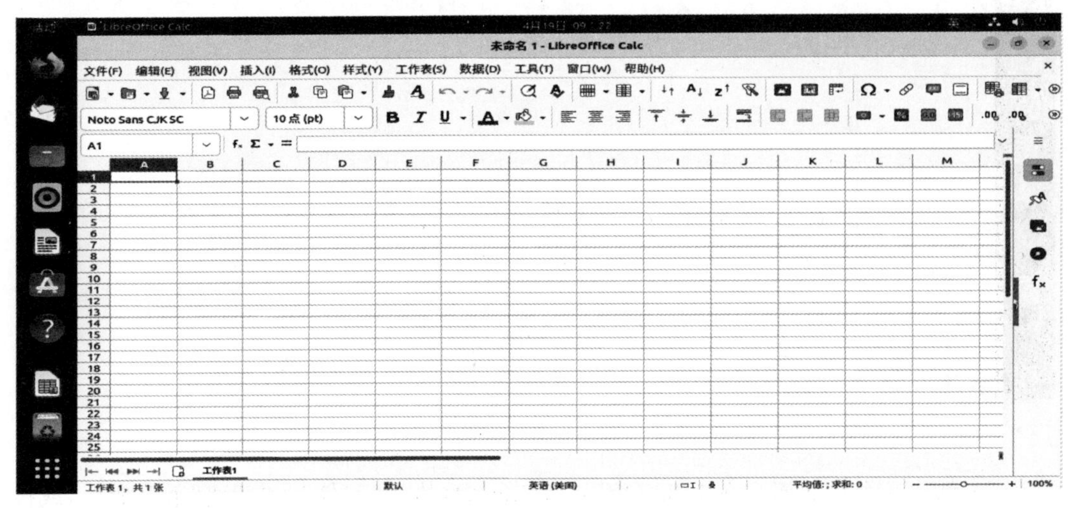

图 3-2 LibreOffice Calc 初始界面

LibreOffice Calc 的默认文件扩展名是.ods，它也支持 Microsoft 的 Excel 格式，并且总体上兼容 Excel。需要注意的是，由于 Excel 和 LibreOffice Calc 这两种电子表格程序在许多函数上的定义略有不同，因此，LibreOffice Calc 对于许多应用函数的 Excel 文档兼容性还不是很好。

3.1.3 演示文稿软件 LibreOffice Impress

LibreOffice Impress 是一款功能强大的演示文稿软件，可用于创建演示文稿、幻灯片和图像展示。与其他演示文稿软件类似，使用 LibreOffice Impress 可以在演示文稿中添加动画效果、多媒体元素等。LibreOffice Impress 支持多种文件格式，如 Microsoft PowerPoint 和 OpenDocument 格式。除了基本的功能外，它还提供一些高级功能，如幻灯片切换、注释、注释回复等。

安装 LibreOffice Impress 与安装 LibreOffice Calc 的方法类似。可在终端输入以下命令进行安装。

```
sudo apt-get update
sudo apt-get install libreoffice-impress
```

一旦安装完成，即可在 Ubuntu 系统中打开 LibreOffice Impress 并开始使用它创建演示文稿。LibreOffice Impress 初始界面如图 3-3 所示，主要由菜单栏、工具栏、格式工具栏以及工作区域构成，其中工作区域包括左侧的幻灯片窗格、中间的幻灯片编辑区以及右侧的任务窗格 3 部分。

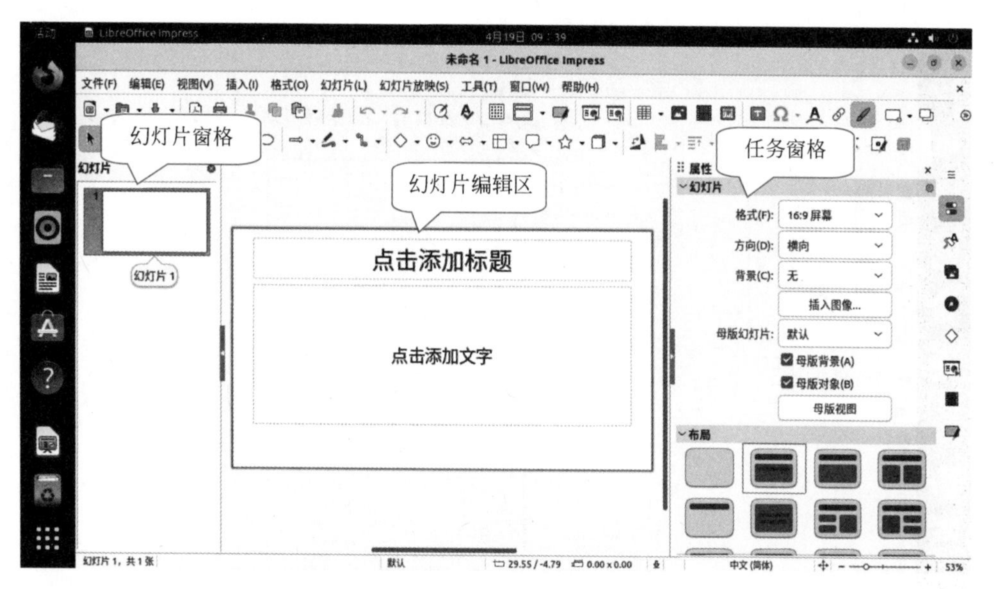

图 3-3 LibreOffice Impress 初始界面

LibreOffice Impress 默认文件扩展名是.odp,并兼容 Microsoft PowerPoint 的文件格式。它还提供多种格式输出,如将演示文稿导出成 JPEG、PNG 等多种图片格式,或将演示文稿导出成 HTML 格式在 Firefox 和 IE 等浏览器中播放。

3.1.4 图形编辑软件 LibreOffice Draw

LibreOffice Draw 是一款免费的图形编辑软件,它同样是 LibreOffice 套件中的一部分,并可以在 Ubuntu 上运行。用户可创建简单的流程图、组织图、复杂的工程图和建筑图等各种图形。

LibreOffice Draw 具有各种绘图工具,如线条、箭头、形状、填充、文本等。此外,它还提供了多种导入和导出格式,包括 PDF、SVG、JPEG 等。用户可以使用 LibreOffice Draw 打开和编辑这些格式的图像,也可以将 Draw 图形保存为这些格式之一。

安装 LibreOffice Draw 同样也非常简单。可在终端输入以下命令进行安装。

```
sudo apt-get update
sudo apt-get install libreoffice-draw
```

一旦安装完成,即可在 Ubuntu 系统中打开 LibreOffice Draw 并创建、编辑图形。LibreOffice Draw 初始界面如图 3-4 所示,工具栏位于最左侧,用户可以根据“视图”菜单定制可见工具的数目;其右侧是页面窗格,可以列举出每个页面的缩略图;最右侧是工作区,用于绘制图形。

与其他办公软件中集成的绘图工具相比,LibreOffice Draw 的功能更为强大,主要的绘制功能包括图层管理、磁性网格点系统、尺寸和测量显示、用于组织图的连接符、3D 功能等。

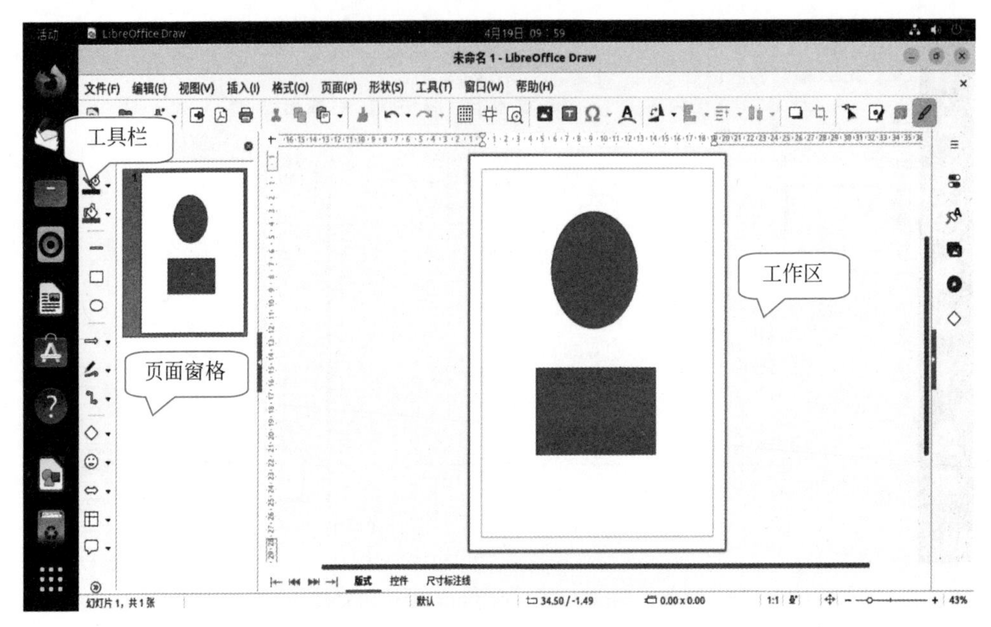

图 3-4 LibreOffice Draw 初始界面

同步练习

3-1 LibreOffice 是一款在 Ubuntu 操作系统中常用的________软件。

3-2 LibreOffice 包含多个组件，如 Writer、Calc、Impress 和________等。

3-3 LibreOffice Writer 是一款用于创建和编辑________的应用程序。

3-4 在 LibreOffice Calc 中，可以进行________的创建和数据处理。

3-5 在 LibreOffice Impress 中，可以制作________和展示文稿。

3.2 vi 文本编辑器

文本编辑器是对纯文本文件进行编辑、查看、修改等操作的应用程序。Linux 有两种编辑器：一种是基于图形化界面的编辑器，如 gedit；另一种是基于文本界面的编辑器，如 vi。vi 编辑器是 Linux 系统最基本的文本编辑工具，不仅适用于 Linux 系统，也适用于 UNIX 系统。下面将对 vi 编辑器与 gedit 编辑器的具体使用方法进行详细说明。

3.2.1 vi 文本编辑器简介

vi 文本编辑器最初是为 UNIX 系统设计的，于 1978 年由伯克利大学的 Bill Joy 开发完成。到目前为止，vi 文本编辑器始终是所有 UNIX 系统和 Linux 系统默认的文本编辑器。虽然它不是图形化软件，但是凭借其出色的灵活性和强大的功能深受广大 Linux 用户喜爱。

vi 文本编辑器的特点主要表现在以下几方面。

(1) 强大的编辑功能。vi 文本编辑器不仅可以用来创建文本文档、编写脚本程序和编辑文本,而且还具有查找功能,可以在文件中精确地进行信息查找。除此之外,vi 文本编辑器还支持高级编辑功能,如正则表达式、宏和脚本命令等。利用这些高级功能,用户可以定制并完成十分复杂的编辑任务。

(2) 广泛的适用性。vi 文本编辑器适用于各种版本的 UNIX 和 Linux 系统,在安装 Linux 时,会自动安装附带的 vi 文本编辑器。另外,vi 文本编辑器还广泛用于各种类型的终端设备。

(3) 操作灵活快捷。vi 文本编辑器的使用离不开各种命令,命令可以在不同的应用条件下选择不同的参数,所以具有良好的灵活性。这些命令比较简单,由较少的几个字符组合而成就可以完成一定的功能。但是对于初学者来说,习惯于使用图形化编辑工具,对于命令的操作使用并不方便,甚至感到十分烦琐。而对于熟练用户来说,使用命令具有快捷、高效、灵活的特点。通过命令以及参数的选择,能够有效利用更加符合用户需求的功能。因此, Linux 开发人员和系统管理员更加喜欢使用 vi 文本编辑器进行文本的编辑工作。

3.2.2 vi 文本编辑器的启动与退出

1. vi 文本编辑器的启动

按 Ctrl +Alt+T 组合键,即可启动 Linux 的 Shell 终端。在终端输入 vi 命令,按 Enter 键,就可以进入 vi 的编辑环境,命令格式如下。

```
vi ␣[文件名]
```

另外,也可以通过其他参数的设置,在打开 vi 文本编辑器的同时,直接让光标定位到文件指定位置。

例如,打开/etc/passwd 文件并直接将光标定位到第 5 行,可采用以下命令,如图 3-5 所示。

```
vi ␣+5 ␣/etc/passwd
```

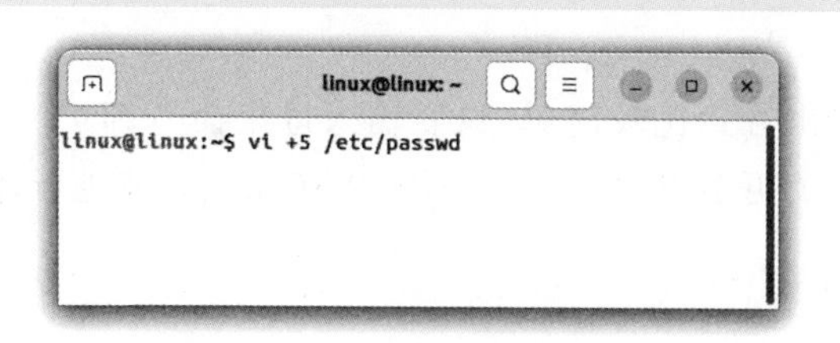

图 3-5 在终端输入命令

文件打开后,可以看到光标在第 5 行行首之处,如图 3-6 所示。

如果打开文件,并直接定位光标到含有某字符串的行,可以采用以下命令。

```
vi ␣+/"root"␣/etc/passwd          //打开/etc/passwd 文件,将光标定位到含有 root 的行
```

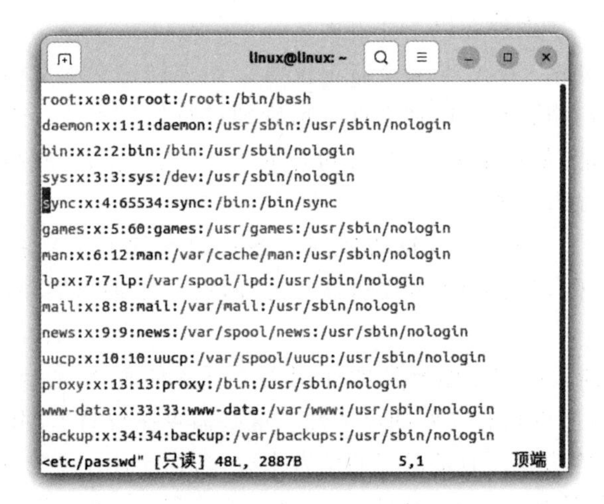

图 3-6 打开/etc/passwd 文件，光标在第 5 行行首

在终端输入命令后，打开文件，可见光标在第 1 行行首 root 之处，如图 3-7 所示。

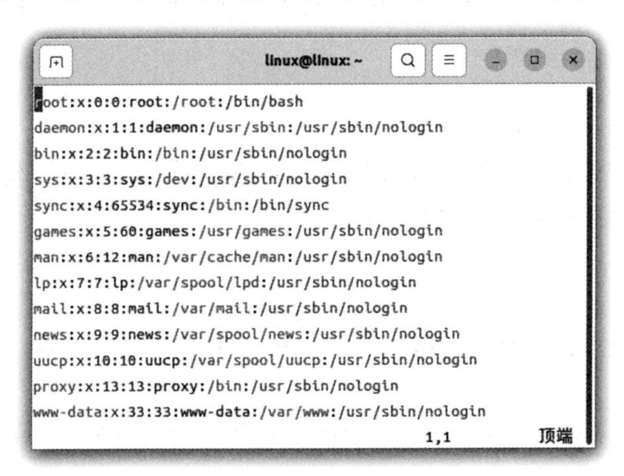

图 3-7 打开/etc/passwd 文件，光标在第 1 行行首 root 之处

2. vi 文本编辑器的退出

vi 文本编辑器的退出方式比较简单，只要输入退出命令即可。例如，输入：wq 命令对文件进行保存退出。有关更多退出命令的使用，将在 3.2.3 节进行详细介绍。

3.2.3 vi 文本编辑器工作模式

vi 文本编辑器与 Windows 记事本不同，它是一种多模式软件，含有 3 种工作模式。在不同的模式下，它对输入内容有不同的要求，用于完成不同的操作。下面将对 vi 文本编辑器的 3 种工作模式进行详细说明。

1. 命令模式

命令模式是 vi 文本编辑器的默认模式，也就是启动编辑器时进入的模式。在命令模式下，用户可以使用不同的命令操作文本内容，如移动光标、删除文本、复制粘贴等。命令模式常见功能键如表 3-1 所示。

表 3-1 vi 文本编辑器命令模式常用功能键

命令选项	含义
a	切换为插入模式，并在光标之后输入文本
A	切换为插入模式，光标移动到所在行尾输入文本
i	切换为插入模式，并在光标之前输入文本
I	切换为插入模式，光标移动到所在行首输入文本
o	切换为插入模式，并在当前行后面插入一空行输入文本
O	切换为插入模式，并在当前行前面插入一空行输入文本
s	切换为插入模式，并删除光标位置的字符，继续输入文本
S	删除光标所在行，并进入插入模式输入文本
x	删除光标所在位置的一个字符
X	删除光标所在位置前面的一个字符
dd	删除光标所在行
数字＋dd	删除光标所在行开始的后面几行，行数由 dd 前的数字决定
D	删除从当前光标到光标所在行尾的全部字符
d0	删除从当前光标到光标所在行首的全部字符
J	将光标所在行与下一行结合成一行
u	取消最近一次的编辑
? 字符串	向上检索字符串
/字符串	向下检索字符串
n	重复上一个检索命令
yy	复制光标所在行
数字＋yy	复制光标所在行开始的后面几行，行数由 yy 前的数字决定
p	将所复制的内容粘贴到光标所在位置

2. 插入模式

当用户需要修改文本内容时，需要进入插入模式。在此模式下，用户可以直接输入文本内容，并对文本进行修改。当从命令模式切换为插入模式时，可以使用 i 命令(常用 i 命令切换为插入模式)，即通过键盘输入小写字母 i。当文本信息输入完成，按 Esc 键就可以回到命令模式。

3. 底行模式

底行模式也是从命令模式切换过来的。用户可以在底行模式输入简单的命令，以实现对编辑器的操作，如保存文件、退出编辑器等。在命令模式下，用户需要输入“:”进入底行模式，即 Shift＋: 组合键。底行模式常见功能键如表 3-2 所示。

表 3-2 vi 文本编辑器底行模式常用功能键

命令选项	含义
:w	保存编辑后的内容
:q	退出 vi 文本编辑器

续表

命令选项	含义
:wq	保存编辑后的内容，并退出 vi 文本编辑器
:q!	强制退出 vi 文本编辑器，不保存文件被编辑后的内容
:数字	光标移动到数字所指定的行
:set number	屏幕左侧显示行号
:set list	每行结尾显示 $
:e filename	创建新的文件，并可为文件命名
:r filename	读入 filename 的内容，插入光标处
:! command	执行 Shell 命令
:r! command	将执行 Shell 命令的结果插入光标所在行
:1,4 co	将 1～4 行内容复制到光标所在行
:1,4 co 8	将 1～4 行内容复制到第 8 行
:1,4 m 8	将 1～4 行内容搬移到第 8 行
:2,5 w 文件	将 2～5 行内容写到文件中
:2,5 ≫ 文件	将 2～5 行内容添加到文件末尾

用户在使用 vi 文本编辑器的过程中，需要不断地在这 3 种模式之间进行切换，以完成各种不同的工作。这 3 种模式之间的转换关系如图 3-8 所示。

第 8 集
微课视频

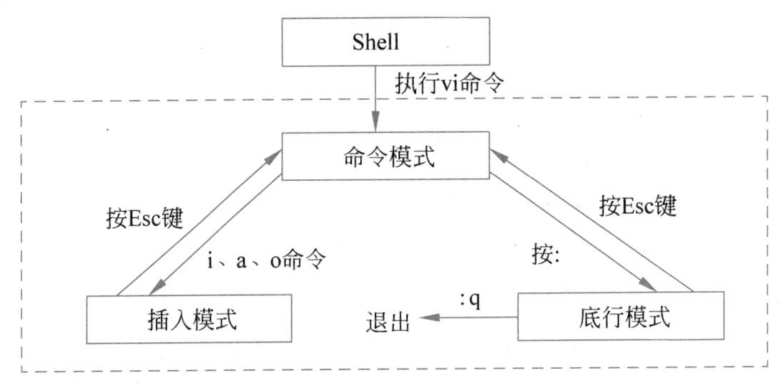

图 3-8　3 种工作模式之间的转换关系

3.2.4　vi 文本编辑器基本应用

vi 文本编辑器的文本编辑及修改等操作是通过键盘完成的，不支持鼠标的操作。vi 文本编辑器通过各种命令实现文本的处理。因此，了解、掌握 vi 命令的使用是非常重要的。vi 命令通常是简单的字符或字符的组合，当然也包括部分组合键形成的命令，如 Ctrl+C 组合键等。所以，在不同的模式下按不同的按键代表不同的含义，也会出现不同的效果。这是由 vi 的使用方法所决定的，即文本的处理和文本的输入都要依靠键盘来完成。

另外要注意的是，vi 命令是严格区分大小写的，大写字母和小写字母代表着不同的命令。下面演示的操作是在嵌入式系统开发过程中经常用到的步骤，如编辑程序、查看文件、修改文件等。

实例 3-1 vi 使用方法

(1) 在当前目录下输入 vi hello.c 命令，创建名为 hello.c 的文件，如图 3-9 所示。

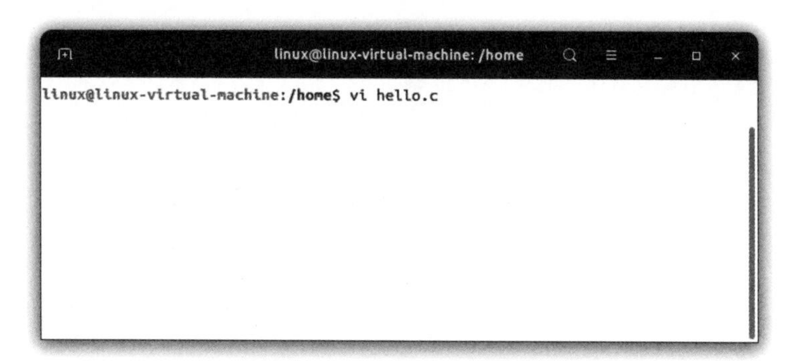

图 3-9 创建 hello.c 文件

打开创建之后的文件，如图 3-10 所示，hello.c 文件处于命令行模式。

图 3-10 命令行模式

(2) 按 i 键进入插入模式，此时可以看到在窗口左下角出现“插入”字样，表明可以输入代码，如图 3-11 所示。

图 3-11 插入模式

在插入模式下输入一段程序，如图 3-12 所示。

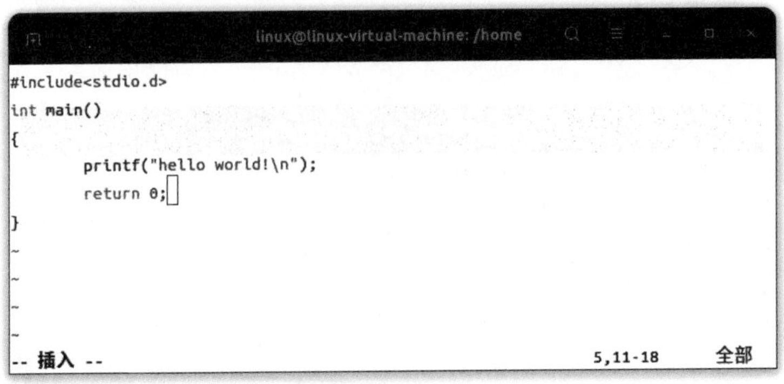

```
linux@linux-virtual-machine: /home
#include<stdio.d>
int main()
{
        printf("hello world!\n");
        return 0;
}
~
~
~
~
-- 插入 --                                   5,11-18      全部
```

图 3-12　插入模式下输入程序

（3）按 Esc 键退回到命令行模式，如图 3-13 所示。

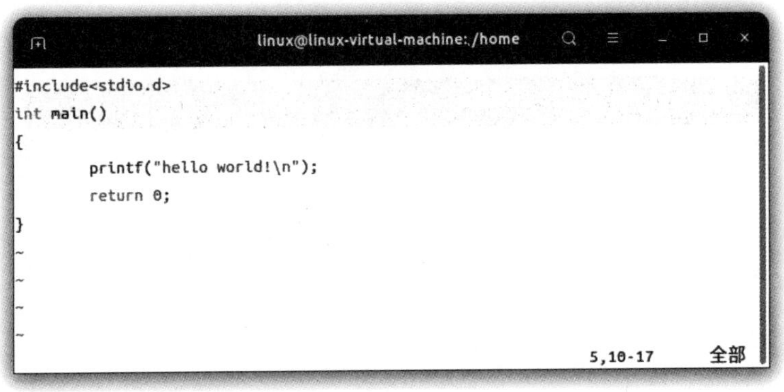

```
linux@linux-virtual-machine: /home
#include<stdio.d>
int main()
{
        printf("hello world!\n");
        return 0;
}
~
~
~
~
~
                                             5,10-17      全部
```

图 3-13　退回命令行模式

（4）按 Shift＋:组合键，进入底行模式，输入:wq 保存并退出，如图 3-14 所示。

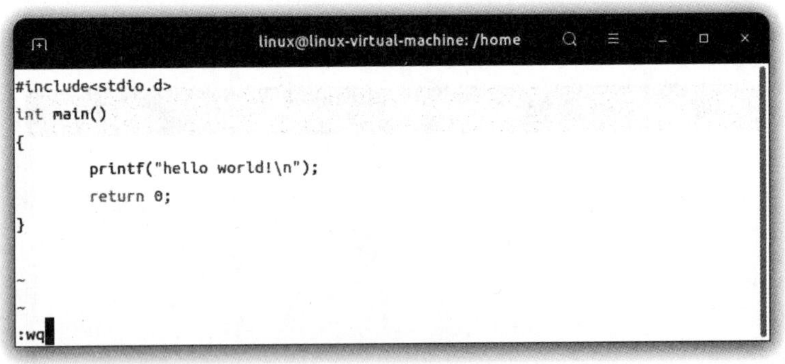

```
linux@linux-virtual-machine: /home
#include<stdio.d>
int main()
{
        printf("hello world!\n");
        return 0;
}

~
~
:wq
```

图 3-14　底行模式

（5）重新打开 hello. c 文件，在底行模式下输入:set nu 显示行号，如图 3-15 所示。

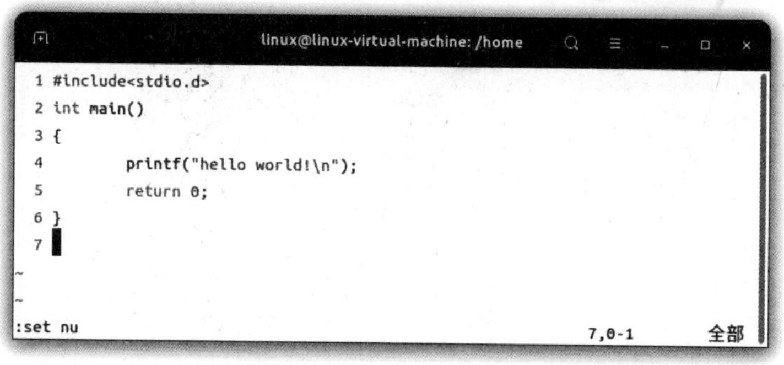

```
linux@linux-virtual-machine: /home
1 #include<stdio.d>
2 int main()
3 {
4         printf("hello world!\n");
5         return 0;
6 }
7
~
~
:set nu                                   7,0-1        全部
```

图 3-15　显示行号

(6) 将光标移动到第 4 行，即在命令行模式下输入 4，并按 Shift+g 组合键，如图 3-16 所示。

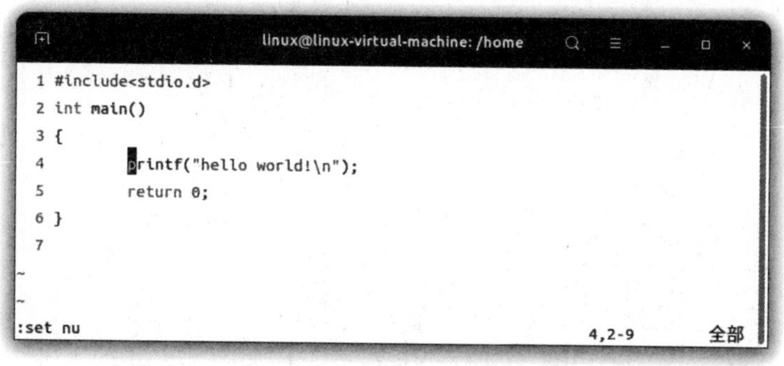

```
linux@linux-virtual-machine: /home
1 #include<stdio.d>
2 int main()
3 {
4         printf("hello world!\n");
5         return 0;
6 }
7
~
~
:set nu                                   4,2-9        全部
```

图 3-16　将光标移动到第 4 行

(7) 复制第 4 行以下的两行内容，输入命令 2yy；用命令 p 粘贴复制的内容，如图 3-17 所示。

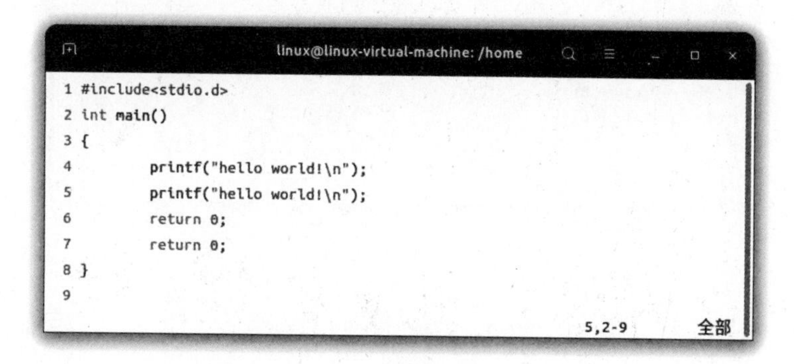

图 3-17　复制、粘贴操作

(8) 删除步骤(7)复制的两行，输入命令 2dd，如图 3-18 所示。

(9) 撤销步骤(8)的操作，输入命令 u，如图 3-19 所示。

```
linux@linux-virtual-machine: /home
1 #include<stdio.d>
2 int main()
3 {
4         printf("hello world!\n");
5         return 0;
6 }
7
~
~
                                        5,2-9        全部
```

图 3-18 删除操作

```
linux@linux-virtual-machine: /home
1 #include<stdio.d>
2 int main()
3 {
4         printf("hello world!\n");
5         printf("hello world!\n");
6         return 0;
7         return 0;
8 }
9
2 行被加入; before #14  30 秒前              5,2-9        全部
```

图 3-19 撤销操作

(10) 强制退出 vi 文本编辑器,不保存,命令为:q!,如图 3-20 所示。

```
linux@linux-virtual-machine: /home
1 #include<stdio.d>
2 int main()
3 {
4         printf("hello world!\n");
5         printf("hello world!\n");
6         return 0;
7         return 0;
8 }
9
:q!
```

图 3-20 强制退出

同步练习

3-6 使用 vi [文件名]命令可以打开一个________进行编辑。

3-7 vi 文本编辑器具有多种模式,其中初始模式是________。

3-8 在命令模式下，按 i 键可以进入________，开始进行文本的输入。

3-9 在插入模式下，按 Esc 键可以返回到________。

3-10 在命令模式下，使用:wq 命令可以________。

3-11 使用:q! 命令可以________ vi 文本编辑器，不保存对文件的修改。

3-12 使用 dd 命令可以________当前光标所在行。

3-13 在命令模式下，使用 yy 命令可以________当前光标所在行。

3-14 在命令模式下，使用 p 命令可以________复制的内容。

3-15 vi 文本编辑器的命令行模式主要功能是什么？

3-16 vi 文本编辑器具有哪些模式？

3-17 如何从插入模式返回命令行模式？

3.3 gedit 文本编辑器

gedit 是图形化的文本编辑器，该编辑器在使用过程中方便、直观，可以打开、编辑并保存纯文本文件。同时，gedit 也支持剪切和粘贴文本、创建新文件、打印等功能，是一款便于使用的编辑器软件。它的使用方式与 Windows 中的记事本软件十分相似，因此，对于熟悉使用记事本的用户，在使用 gedit 文本编辑器时可快速上手操作。当然，二者也有不同之处，gedit 文本编辑器采用标签页的形式展现在用户面前，如果打开多个文件，不需要打开多个 gedit 窗口，只需要在一个 gedit 窗口中利用标签页在不同文件之间进行切换即可。

如何启动并使用 gedit 文本编辑器呢？gedit 是随着 Ubuntu 系统的安装自动安装的。因此，启动 Ubuntu 系统后，只需要简单几步就可以找到并启动 gedit。

gedit 文本编辑器具体使用操作步骤如下。

(1) 打开 gedit 文本编辑器。单击 Ubuntu 主页左下角的图标，就会出现常用的应用程序集合，其中就有 gedit(中文名：文本编辑器)的图标。也可以在搜索框中输入 gedit，再单击 gedit 图标，就可以启动，如图 3-21 所示。当然，还可以通过 Shell 启动 gedit。在 Shell 提示符下输入 gedit 命令启动 gedit，如图 3-22 所示。与 vi 文本编辑器不同的是，gedit 只能在图形化桌面上运行，主界面如图 3-23 所示。

(2) 创建一个新文件。当启动 gedit 后，顶部的工具栏有相关功能按钮。下方是空白的编辑区，即用户进行编辑文本的主要工作区，可以直接在该区域进行文本编辑。或者单击工具栏左端“新建”按钮，创建一个新文档，如图 3-24 所示。此时可以看到原有文件与新建文件标签页均在同一个 gedit 窗口显示。

(3) 编辑文件。在 gedit 文本编辑器中，可以使用常见的编辑功能，如复制、粘贴、剪切、查找和替换等，如图 3-25 所示。

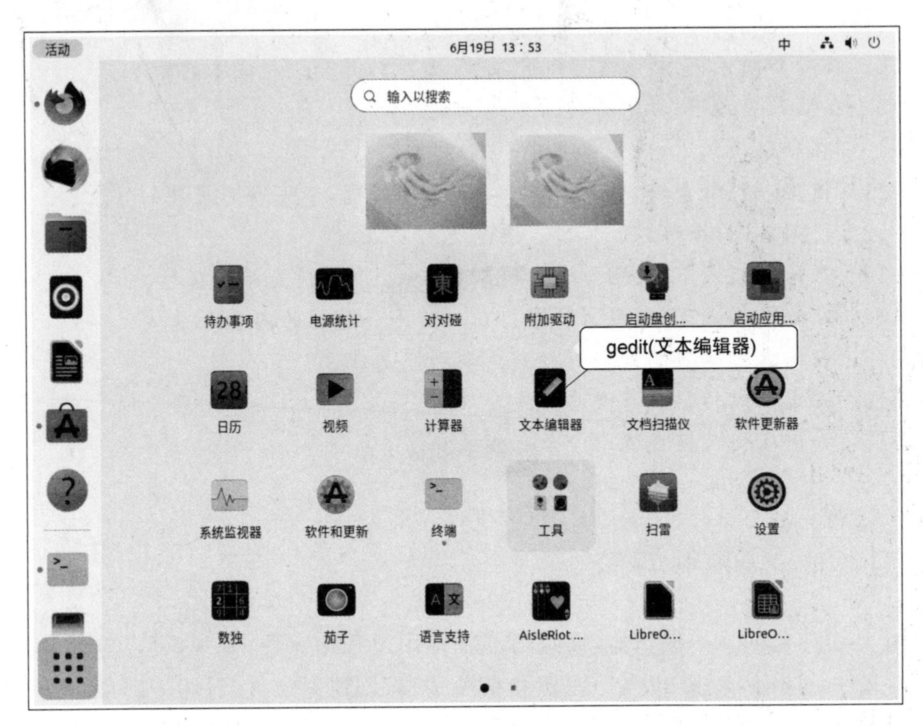

图 3-21　主页启动 gedit

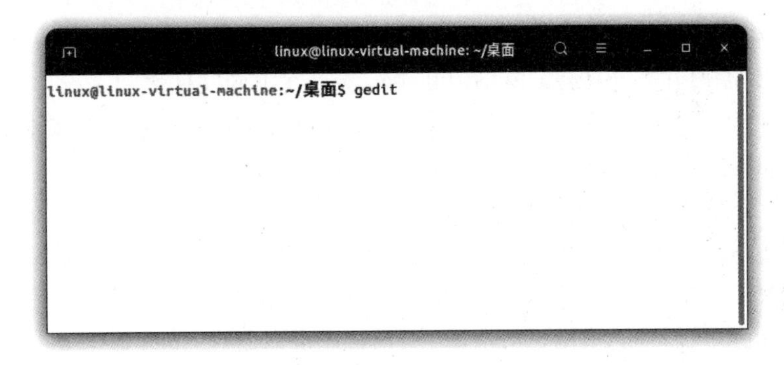

图 3-22　通过 Shell 命令启动 gedit

(4) 保存文件。当文件被写入修改后,可以单击工具栏中的“保存”按钮或按 Ctrl+S 组合键对文件进行保存。如果保存的是一个新建文件,系统会弹出一个对话框,提示用户给新文件命名,并选择要保存的路径,即文件要保存在系统中的位置,如图 3-26 所示。“保存”按钮右侧的下拉菜单还有一项功能是“另存为”,如图 3-27 所示。这项功能可以把某个已经存在的文件保存到一个新路径下,或者进行重命名。这样对“另存为”之后的文件进行修改编辑,就不会影响原文件。

(5) 打开现有文件。单击工具栏的“打开”按钮(或按 Ctrl+O 组合键)打开现有文件,如图 3-28 所示。

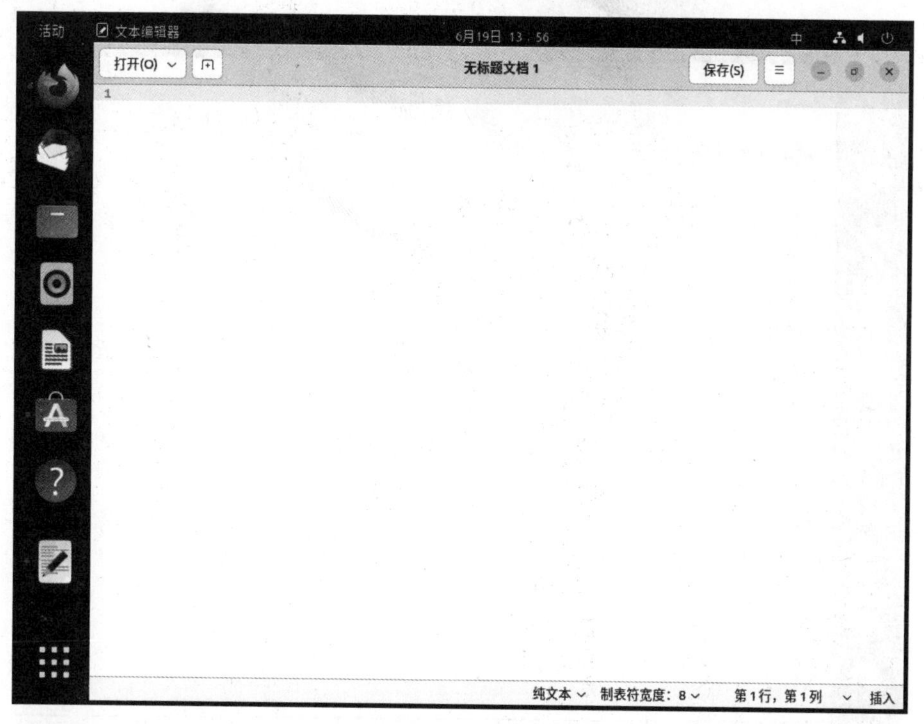

图 3-23　gedit 主界面

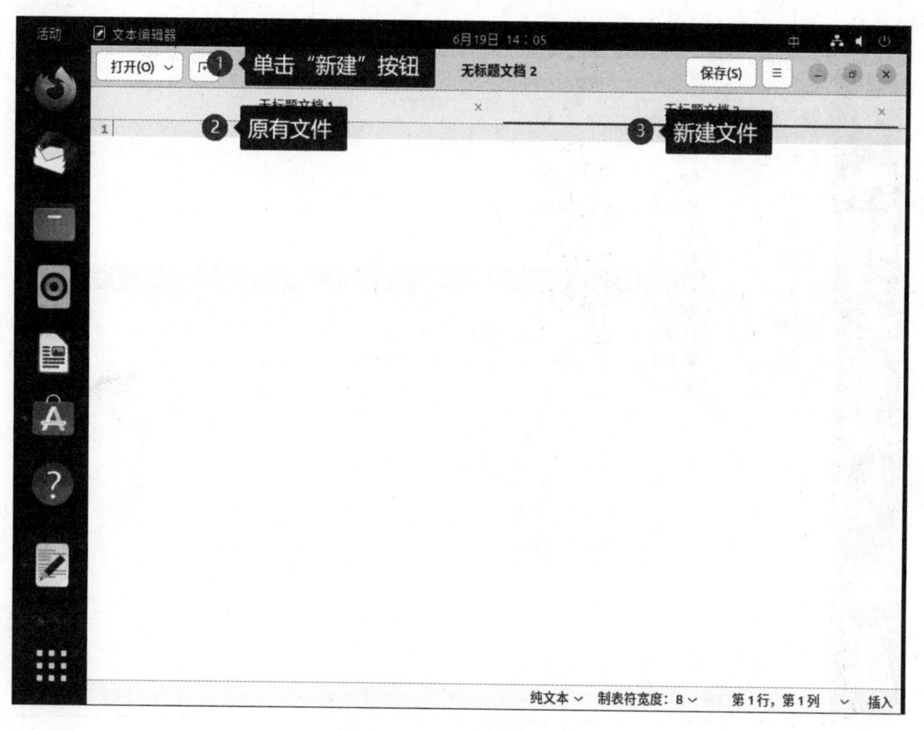

图 3-24　gedit 新建文件

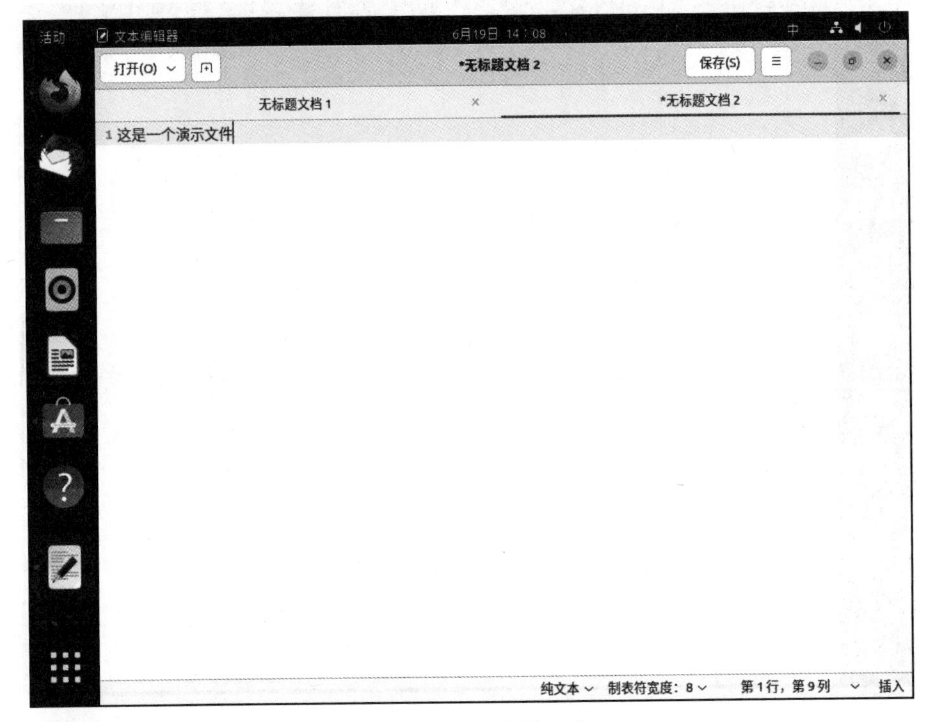

图 3-25 gedit 编辑文件

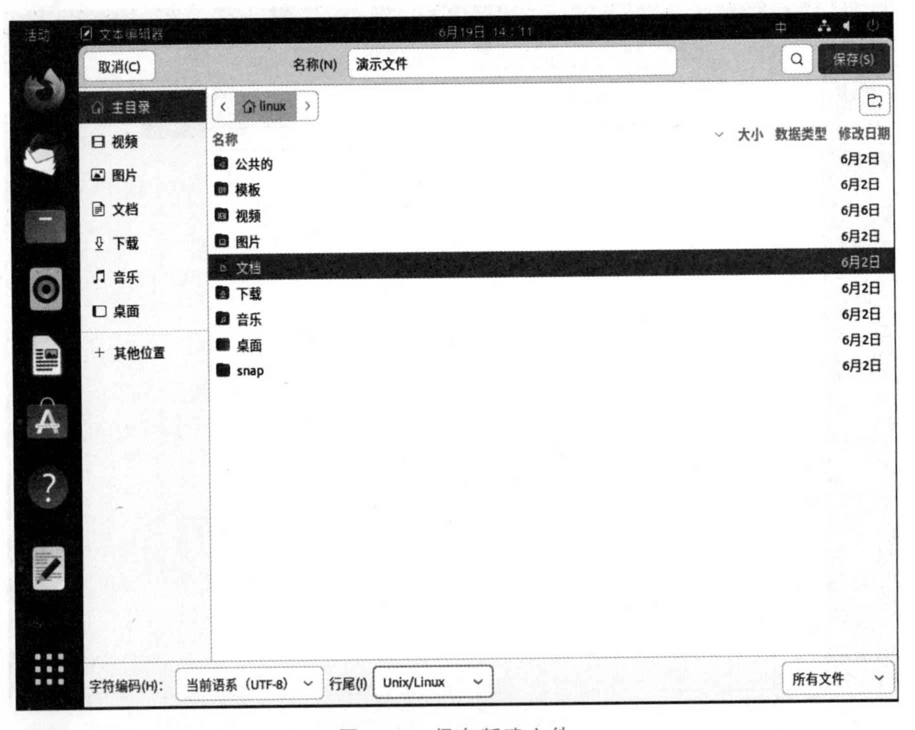

图 3-26 保存新建文件

图 3-27　"保存"按钮右侧下拉菜单

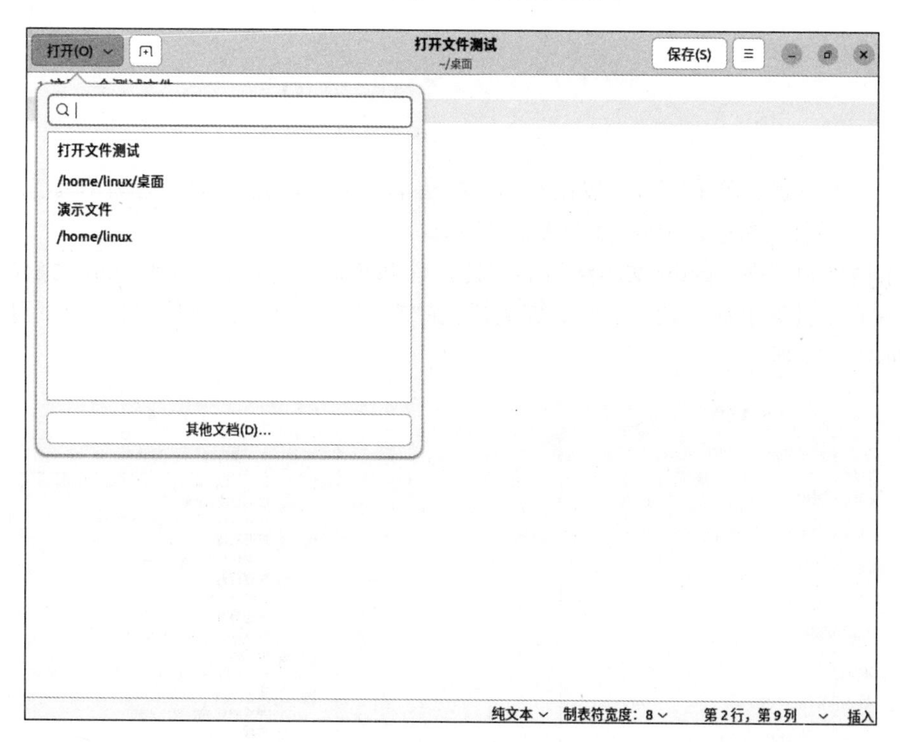

图 3-28　打开现有文件

当文件被加载后，就可以在主编辑区域中看到文件的内容，此时可以对文件进行修改等操作，如图 3-29 所示。如果文件比较长，用户可以拖动窗口右侧的滚动条查看文件的所有内容，也可以使用键盘的上、下箭头按键对文本进行翻页调整。

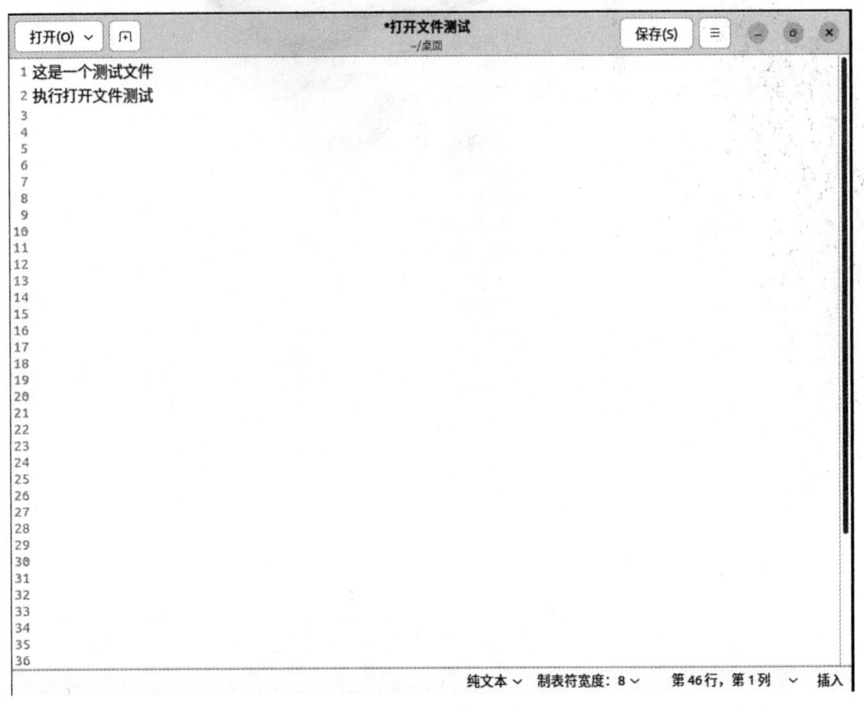

图 3-29 查看文件

(6) 调整设置。单击“保存”按钮右侧下拉菜单，选择“首选项”对其进行自定义，如更改默认的字体、颜色、缩进选项等，如图 3-30 所示。

(7) 插件和扩展。gedit 文本编辑器支持插件和扩展，用户可以从 Ubuntu 操作系统软件商店或在线社区手动下载并安装。安装后，在“首选项”窗口的“插件”选项卡下可以找到它们，如图 3-31 所示。

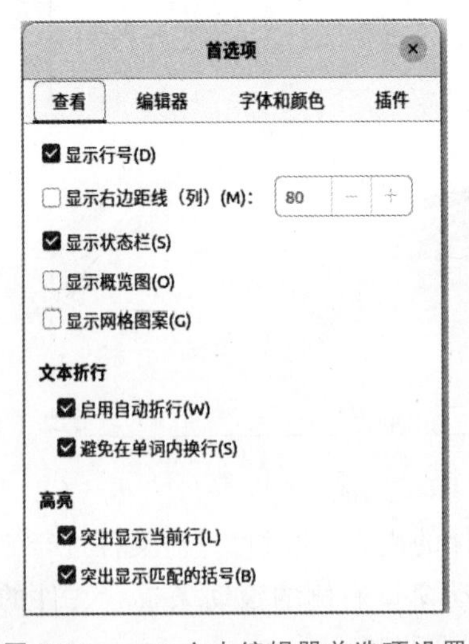

图 3-30 gedit 文本编辑器首选项设置

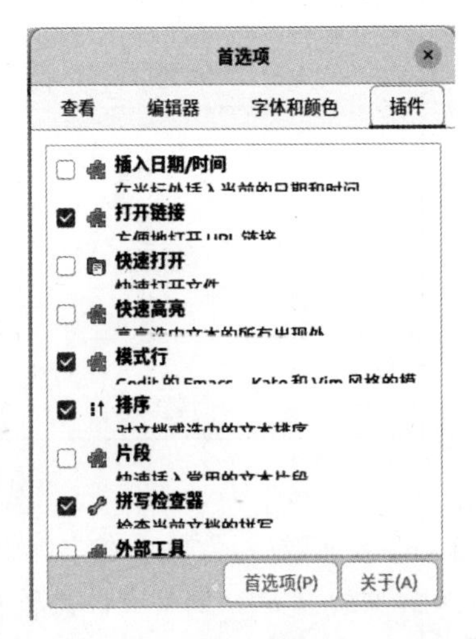

图 3-31 gedit 插件

同步练习

3-18 gedit 提供了基本的文本编辑功能，如编辑、保存和________等功能。

3-19 在 gedit 中，可以通过插件扩展其功能，如代码高亮和________等操作。

3-20 gedit 支持多种编程语言的语法高亮显示，如 C、Python 和________等编程语言。

3-21 gedit 提供了自动缩进、括号匹配和________等便捷功能提升编辑效率。

3-22 gedit 的作用是什么？

3.4 图片编辑器

3.4.1 GIMP 图像处理软件

Ubuntu 操作系统提供专业的图形图像处理软件——GIMP，GIMP 是 GNU 图像处理程序(GNU Image Manipulation Program)的缩写，它是一个开源的图形图像处理程序，类似于 Adobe 的 Photoshop，其功能和 Photoshop 可以说不分伯仲。

GIMP 可以非常专业地编辑图片、合成图片，以及创建新图像、设置图片大小、裁剪、设置颜色或改变图像格式。

由于 Ubuntu 22.04 操作系统默认已经不包含 GIMP 软件，所以需要自行安装，具体安装方法为在虚拟终端中运行以下命令。

```
sudo apt-get install gimp
```

安装完成后即可在 Ubuntu 操作系统运行 GIMP 软件，主界面如图 3-32 所示。

GIMP 窗口布局主要包括以下几个部分。

(1) 主工具箱。主工具箱是 GIMP 的核心窗口，它包括图形图像处理的常用工具，通过单击对应的工具图标按钮即可使用。

(2) 工具选项。位于主工具箱窗口下方，显示当前选取工具的选项，可以通过这个窗口定制自己的绘图工具。

(3) 图像窗口。每张 GIMP 打开的图片都会显示在图像窗口，而且只在一个单独窗口中显示，GIMP 可以根据需要同时打开多个图像窗口，对图像进行处理。

(4) 图层。主要显示当前图像的图层结构，相互之间彼此独立，在一个图层上绘制或编辑图像，并不会影响另外一个图层。多个图层重叠起来达到一个图形效果。

(5) 通道。通道对于初学者来说有些陌生，所以可以简单地理解为颜色通道，每个通道都表示一种三原色，这样就可以通过通道表示丰富的色彩。

(6) 路径。路径可以简单地理解为保存图像选区的一种方式。

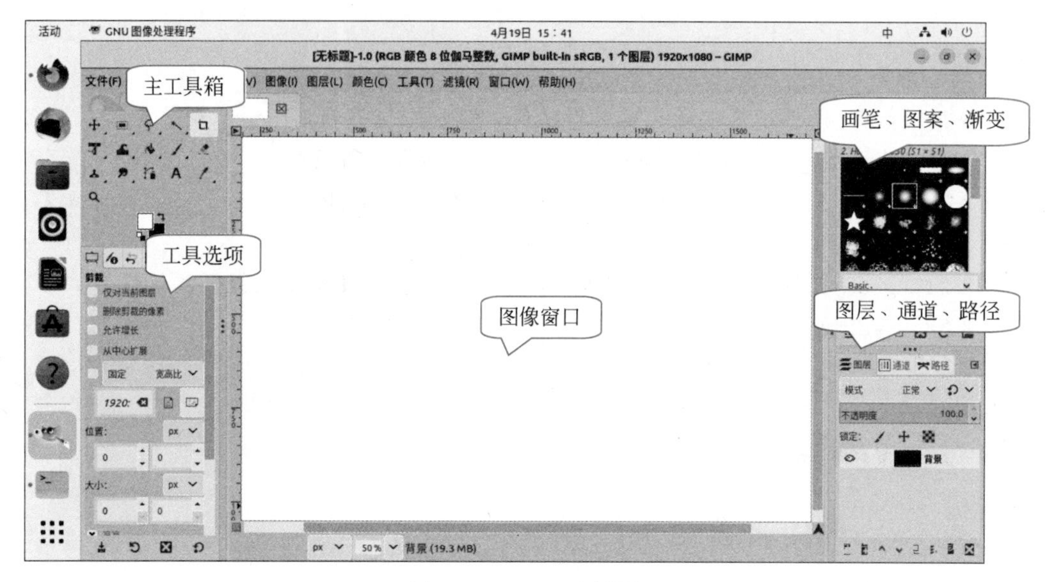

图 3-32 GIMP 主界面

(7) 画笔、图案、渐变。可以设置笔头工具的画笔和图案,以及填充渐变等。由于GIMP 是一个非常专业的绘图工具,在图像处理方面几乎无所不能,所以在使用 GIMP 软件的过程中,包括很多图像处理相关的专属操作,如图层、蒙版、管道、路径、笔画、色板、插件等。对图像处理感兴趣的用户,可以深入理解这些概念和相关操作。

3.4.2 操作图像文件

图像文件是 GIMP 加工的基本对象,GIMP 能够读取大量的图形文件格式,而 XCF 是GIMP 内建的基本文件格式。

1. 打开图像文件

GIMP 对图像文件的操作是非常方便的,可以通过多种方式打开图像文件,下面介绍基本操作步骤。

(1) 执行"文件"→"打开"菜单命令,弹出"打开图像"对话框,如图 3-33 所示。

(2) 在最左侧的"位置"窗口中,选择将要打开文件所保存的位置(路径),在中间窗口即可选择需要打开的图像文件,同时在右侧能够看到所选文件的缩略图。

(3) 单击"打开"按钮,即可打开一个新的图像窗口,显示所选图像文件。

2. 保存并转换图像格式

如同 PSD 文件格式是 Photoshop 默认的格式一样,GIMP 也有自己默认的图像格式——XCF。选择 XCF 格式保存文件,可以保留图像文件的所有信息,如图层、通道和路径等重要信息,这样做的好处是当需要设计或编辑类似图像时,只要调出 XCF 格式文件,然后在原有文件上修改即可。如果需要保存为常用的 JPEG、TIFF 或 BMP 图像格式,可以执行"文件"→"导出"菜单命令,弹出"导出图像"对话框,如图 3-34 所示。通过修改文件类型导出格式,即可保存需要的文件格式。

打开图像
linux
桌面
位置(R)
搜索
最近使用的
linux
桌面
文件系统
图片
文档
音乐
视频
下载
名称
大小
修改日期
预览(E)
cat.xcf
1.1 MB
800 x 500 像素
RGB-透明, 1 个图层
显示全部文件(A)
帮助(H)
取消(C)
打开(O)
名称(N):
保存于文件夹(F):
创建文件夹(L)
546.4 kB 15:21
无选择
选择文件类型 (PNG 图像)(T)
文件类型
扩展名
PBM 图像
pbm
PFM 图像
pfm
PGM 图像
pgm
Photoshop 图像
psd
May all your wishes come true

图 3-34 转换图像格式

同步练习

3-23 GIMP 是一款在 Ubuntu 操作系统中常用的________。

3-24 GIMP 提供了丰富的图像处理工具,包括选择、裁剪、调整色彩和________等功能。

3-25 在 GIMP 中,可以使用________的方式对图像进行编辑。

3-26 GIMP 支持多种________,如 JPEG、PNG、GIF 等。

3-27 GIMP 提供了________功能,可以通过安装插件扩展其功能。

3-28 GIMP 的作用是什么?

3.4.3 矢量图形编辑器 Inkscape

要创建和处理矢量图,可以使用 Inkscape 软件。Inkscape 的功能与 Illustrator、Freehand、CorelDraw 等软件相似,号称 Linux 中的 CorelDraw。

Inkscape 是一套开源的矢量图形编辑器,完全遵循并支持 XML、SVG 和 CSS 等开放性的标准格式。SVG(Scalable Vector Graphics)为可缩放矢量图形,是一种基于可扩展标记语言(Extensible Markup Language,XML),用于描述二维矢量图形的图形格式。SVG 由万维网联盟(World Wide Web Consortium,W3C)制定,是一个开放标准。

Inkscape 用于创建并编辑 SVG 图像,支持包括形状、路径、文本、标记、复制、Alpha 混合、变换、渐变、图案、组合等 SVG 特性;同样也支持节点编辑、图层、复杂路径运算、位图描摹、文本路径、流动文本、直接编辑 XML 等。

可以通过 Ubuntu 软件安装中心搜索安装,也可以通过 apt 指令进行安装,在虚拟终端中安装命令如下。

```
sudo apt-get install inkscape
```

安装完成后,在 Ubuntu 主菜单找到 Inkscape 图标,单击即可运行该软件,其软件界面如图 3-35 所示。

同步练习

3-29 Inkscape 支持编辑和创建各种矢量图形,包括图标、插图和________等图形类型。

3-30 在 Inkscape 中,可以应用各种________和________增强和编辑图形。

3-31 Inkscape 可以导入和导出多种________,如 SVG、PDF 和 AI 等。

3-32 Inkscape 提供了________功能,可以对图形元素进行分组和管理。

3-33 Inkscape 的作用是什么?

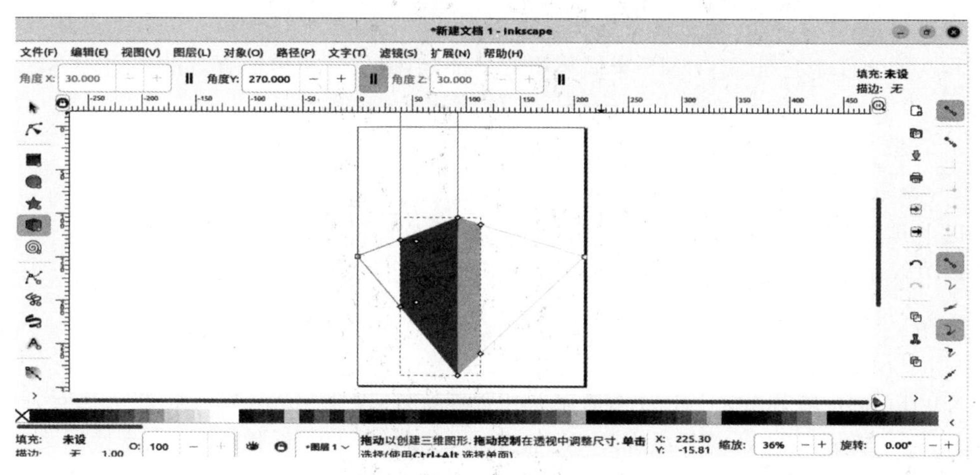

图 3-35　Inkscape 界面

3.5　多媒体播放软件

Ubuntu 系统有多种多媒体播放软件可供选择，下面介绍几款常用的多媒体播放软件。

(1) VLC Media Player。VLC 是一款跨平台的多媒体播放器，它支持播放绝大多数音频、视频格式，终端安装方法为

```
sudo apt-get install vlc
```

(2) Rhythmbox。Rhythmbox 是 Ubuntu 自带的一款音乐播放器，支持播放本地音乐文件和在线音乐流服务，终端安装方法为

```
sudo apt-get install rhythmbox
```

(3) Audacious。Audacious 也是一款音乐播放器，它的特点是资源占用小、界面简洁，终端安装方法为

```
sudo apt-get install audacious
```

(4) Banshee。Banshee 是另外一款音乐播放器，支持播放本地音乐文件和在线音乐流服务，终端安装方法为

```
sudo apt-get install banshee
```

(5) SMPlayer。SMPlayer 是一款可定制性强的多媒体播放器，支持自动搜索字幕和外挂字幕，以及自定义界面皮肤，终端安装方法为

```
sudo apt-get install smplayer
```

(6) Totem。Totem是一款多媒体播放器软件,主要用于在Ubuntu系统上播放各种音频和视频文件。它是GNOME桌面环境的一部分,提供了简单而直观的界面。终端安装方法为

```
sudo apt-get install totem
```

以上几款是基于Ubuntu系统常用的多媒体播放软件,以及其终端安装方法。下面主要介绍Rhythmbox音乐播放器与Totem电影播放器的基本使用方法。

3.5.1 Rhythmbox音乐播放器

Rhythmbox是Linux下的音乐播放器和管理软件,是Ubuntu发行版默认预安装的音乐播放器,主要用于GNOME桌面环境。它除了能在计算机上存储音乐,也支持网络共享、博客、电台、便携式音乐设备和互联网音乐服务。它可以播放各种音频格式的音乐,对其进行管理或收藏。单击桌面左侧菜单栏中的第4个图标可以启动Rhythmbox音乐播放器,如图3-36所示。

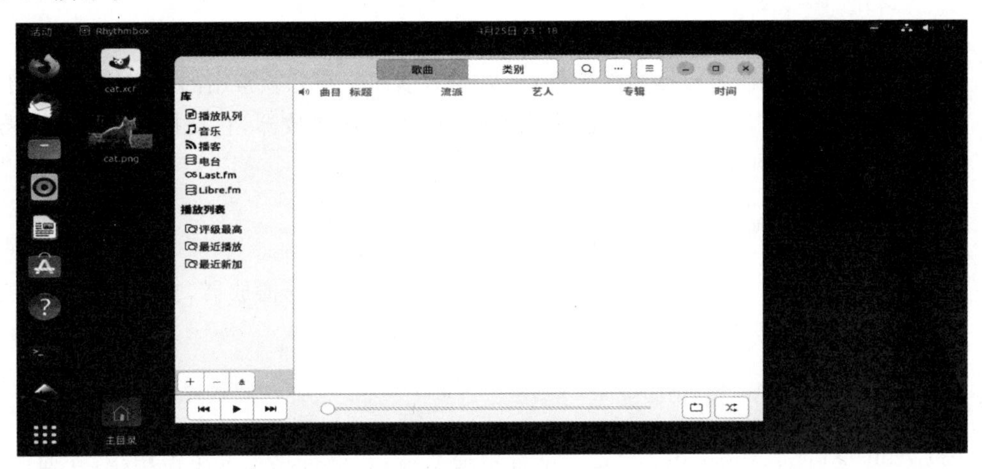

图3-36 Rhythmbox音乐播放器

Rhythmbox音乐播放器的主要功能如下。

(1) 播放音乐库中各种格式的音乐文件。

(2) 通过元数据读取并显示关于音乐的信息。

(3) 以有组织的视图显示信息。

(4) 根据条件创建自动播放列表。

(5) 收听电台。

(6) 在音乐库和播放列表中搜索音乐。

使用Rhythmbox音乐播放器的基本操作步骤如下。

(1) 启动Rhythmbox。

(2) 导入音乐。单击左侧“库”列表下的“音乐”选项,然后单击“导入”按钮,如图3-37

所示。导入成功的歌曲文件即可在“曲目”列表中显示，如图 3-38 所示。

图 3-37 导入歌曲文件

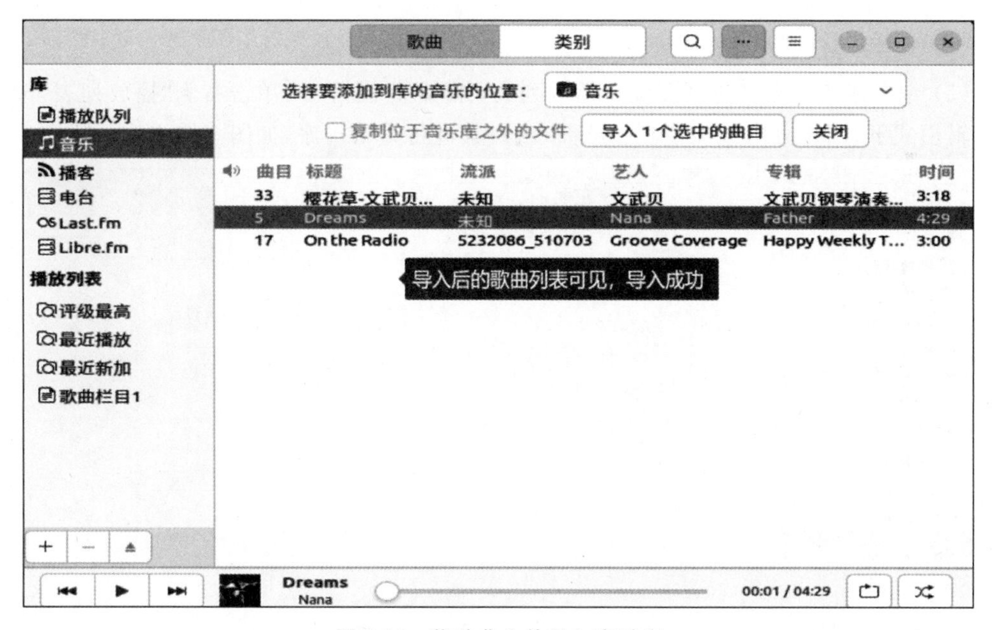

图 3-38 将歌曲文件导入音乐库

（3）播放音乐。在“曲目”列表中选择要播放的歌曲，然后单击“播放”按钮，或双击歌曲文件，即可播放音乐。

（4）创建播放列表。要创建新的播放列表，可以使用“播放列表”列表下的“新建播放列表”选项，如图 3-39 所示。双击“新建播放列表”为其重命名，修改后的播放列表名称如图 3-40 所示。

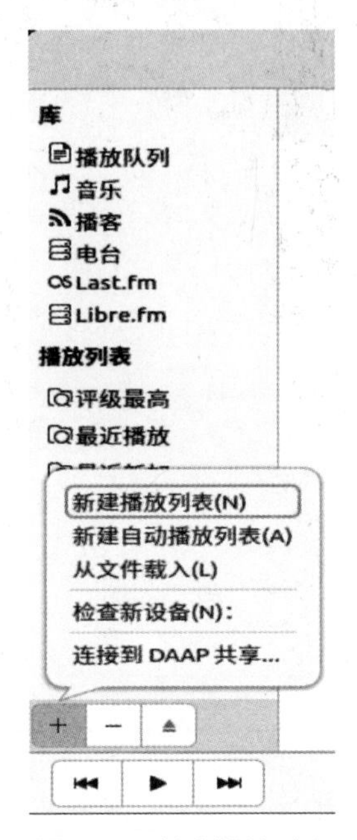

图 3-39　创建播放列表

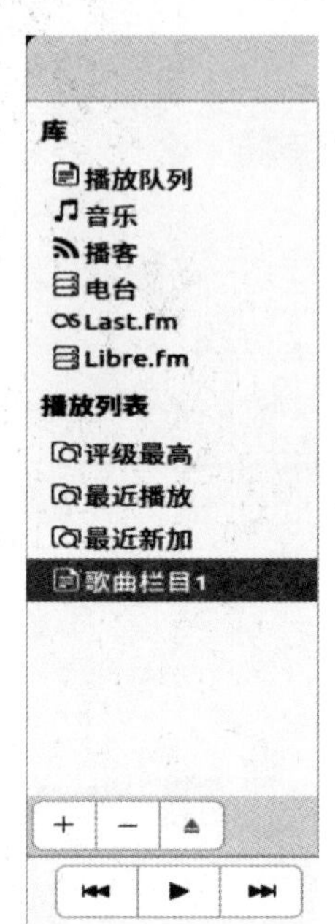

图 3-40　新建播放列表并重命名为“歌曲栏目 1”

（5）编辑播放列表。选择要编辑播放列表，如“歌曲栏目 1”，单击右侧“播放列表”选项，在编辑模式下，用户可以添加或删除歌曲，或对其进行重新排序，如图 3-41 所示。

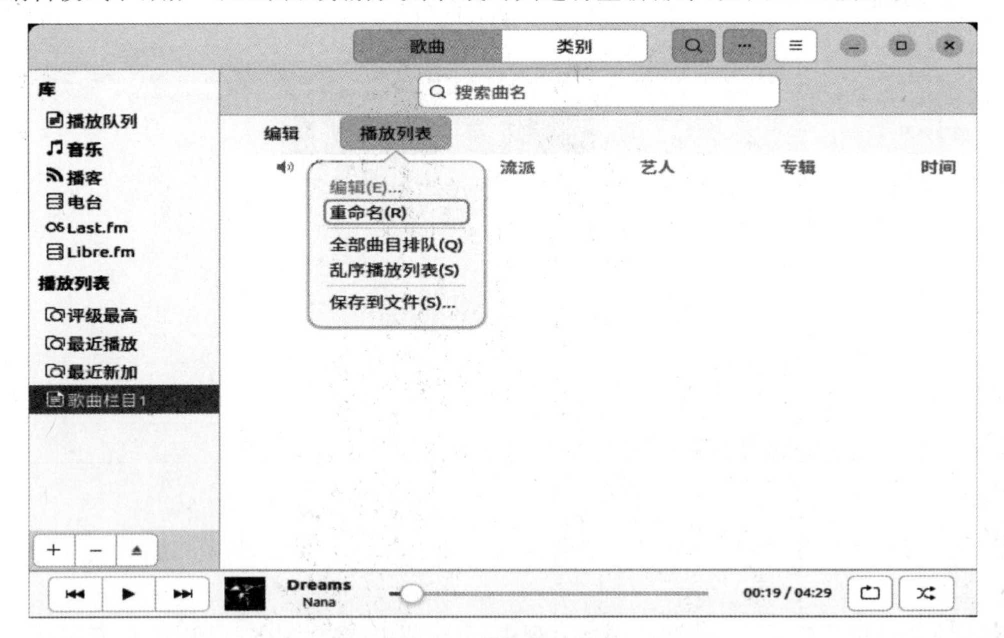

图 3-41　编辑播放列表

(6) 收听广播电台。使用 Ubuntu 可以收听许多广播电台。单击左侧"库"列表下的"电台"选项即可查看并收听默认电台栏目，如图 3-42 所示。

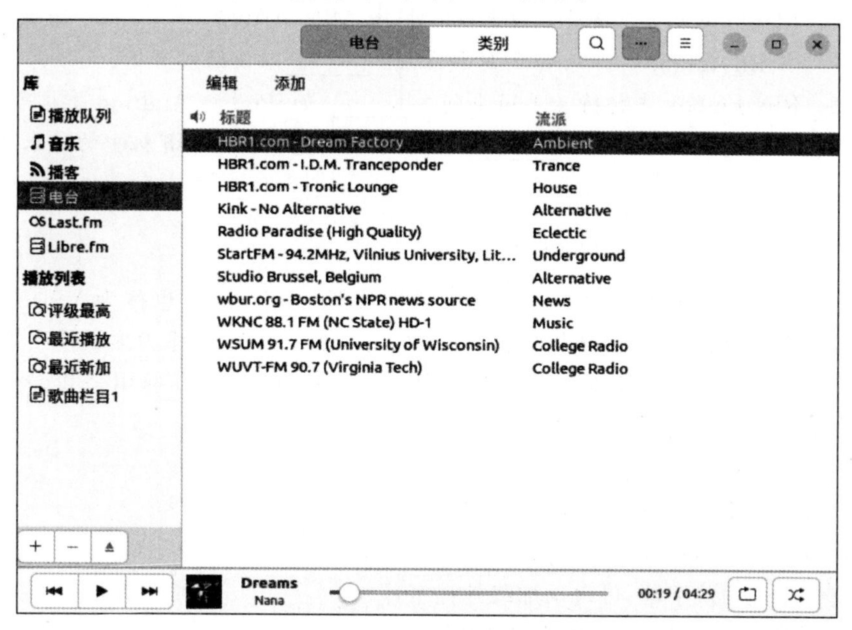

图 3-42 收听电台

(7) 自定义播放器。可以使用"编辑"菜单中的"首选项"访问 Rhythmbox 的设置，如图 3-43 所示。在这里，可以自定义 Rhythmbox 音乐播放器设置，如图 3-44 所示。

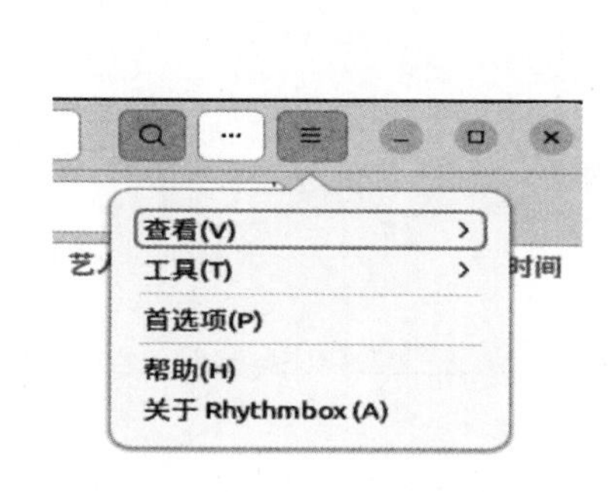

图 3-43 首选项设置

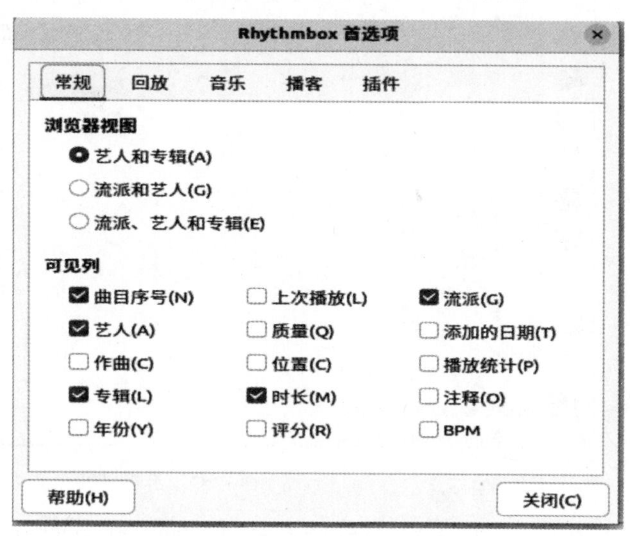

图 3-44 Rhythmbox 首选项

同步练习

3-34 Rhythmbox 可以播放各种音频文件,如 MP3、AAC 和________等音频格式。

3-35 在 Rhythmbox 中,可以创建和管理________以便组织音乐。

3-36 Rhythmbox 支持将音乐同步到________,如 iPod 和 Android 手机等。

3-37 Rhythmbox 提供了________功能,可以浏览并搜索计算机中的音乐文件。

3.5.2 Totem 电影播放器

在 Ubuntu 操作系统中还预装了一款媒体播放器——Totem,也称为 Videos。Totem 是基于 GNOME 桌面环境的媒体播放器,使用 Gstreamer 和 Xine 作为多媒体引擎,可运行在 Linux、Solaris、BSD 以及其他 UNIX 系统中。Totem 遵守 GNU 通用公共许可协议,支持搜索本地视频、DVD、本地网络共享。

Totem 软件具有以下特点。

(1) 可选择使用 Gstreamer 或 Xine 作为多媒体引擎。

(2) 可自动调整影音画面大小。

(3) 支持多语种及字幕,可自动加载外挂字幕。

Totem 的启动方式有两种,具体实现如下。

方式一:单击 Ubuntu 主界面左下角的“显示应用程序”按钮,在搜索框中输入 totem,单击 Totem 图标就可以启动,如图 3-45 所示。

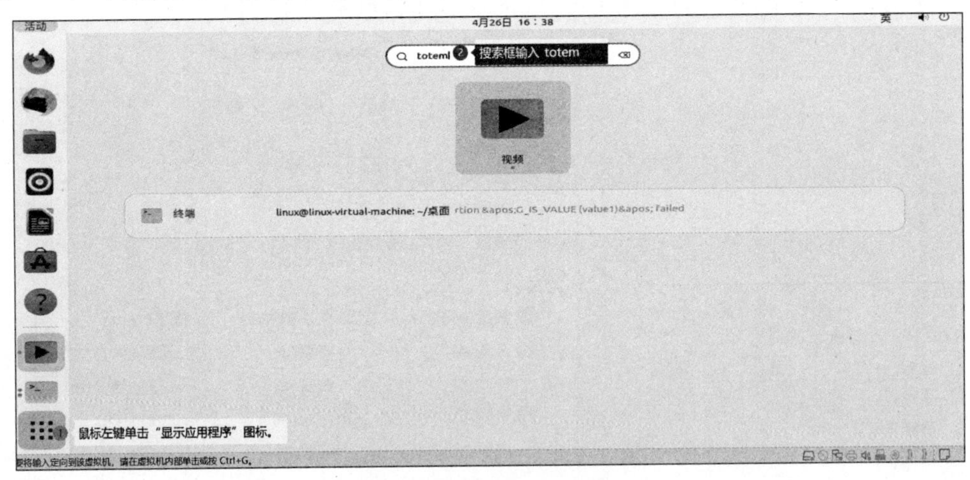

图 3-45 启动 Totem 方式一

方式二:通过 Shell 终端启动 Totem。在 Shell 命令提示符下输入 totem 命令启动 Totem,如图 3-46 所示。

使用 Totem 播放器的基本步骤如下。

(1) 单击左上角“添加”按钮,选择“添加本地视频”,添加视频文件,如图 3-47 所示。

图 3-46　Totem 运行界面

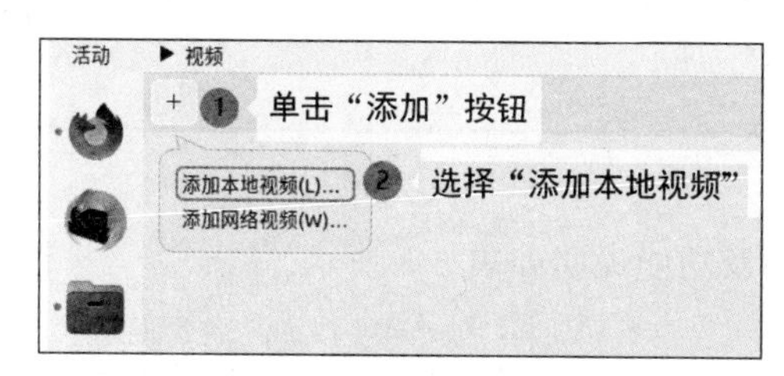

图 3-47　添加本地视频

(2) 选择要添加的文件(或文件夹)，单击右上角“添加”按钮，如图 3-48 所示。

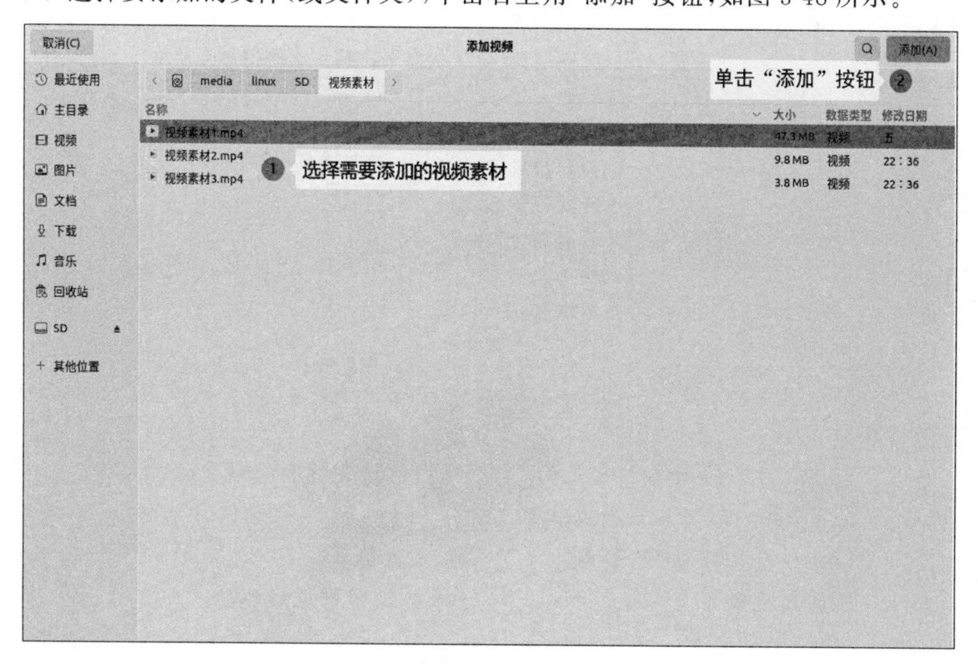

图 3-48　选择添加文件(或文件夹)

(3) 在 Totem 软件中即可看见已添加的“素材”,如图 3-49 所示。双击视频文件,即可播放视频。

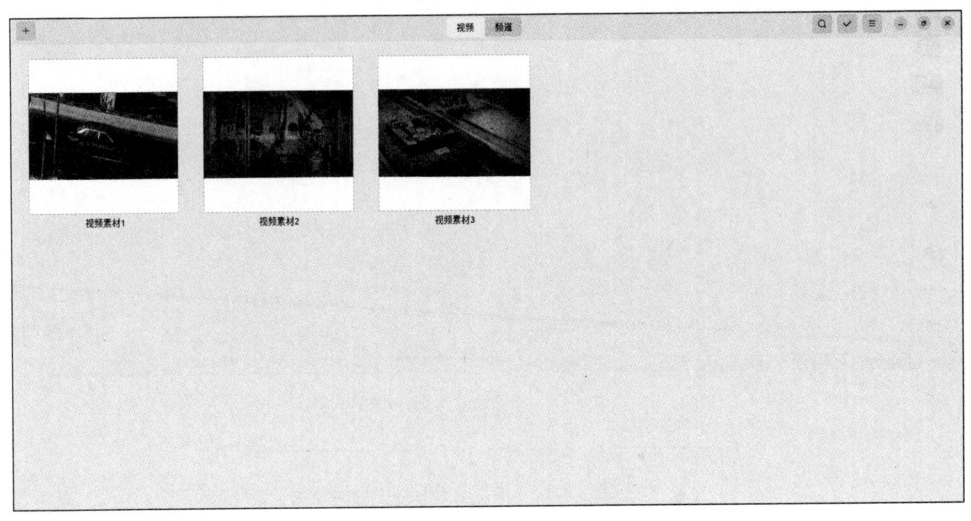

图 3-49 已添加“素材”

Totem 的常用快捷键及功能说明如表 3-3 所示。

表 3-3 Totem 的常用快捷键及功能说明

快捷键	功能说明
P	暂停播放(暂停后再按一次 P 键则为开始)
Esc	退出全屏
F	全屏播放(全屏状态下再按一次则退出全屏)
←	后退 15s
→	快进 1min
↑	提升音量 8%
↓	降低音量 8%
Shift + ←	后退 5s
Shift + →	快进 15s
Q	退出 Totem
Ctrl + O	打开一个新文件

同步练习

3-38 Totem 可以播放各种常见的________,包括音频和视频文件。

3-39 在 Totem 中,可以进行基本的________和________操作。

3-40 Totem 支持播放 DVD 和________等光盘格式。

3-41 Totem 提供了________和________等功能增强观影体验。

第二篇 系统管理

Ubuntu 操作系统管理涵盖文件、用户、权限、软件包、安全、硬件、设备、网络和服务器等方面，通过系统管理实现对系统的优化和维护。本篇重点对文件系统管理、用户和组管理、软件包管理、进程管理以及网络管理与服务器搭建等内容进行详细介绍，具体包括以下章节：

第4章 文件系统管理及应用

在使用 Ubuntu 操作系统进行管理和维护时，经常需要对文件和目录进行管理。这些文件可以分为不同类型，如常规文件、目录文件、链接文件、设备文件、管道文件和套接字等。本章将对 Ubuntu 操作系统的文件和目录的基本知识以及文件管理操作中的一些重要或常见命令进行系统介绍，目的是掌握文件和目录管理的基本操作。通过本章的学习，读者可以掌握以下内容。

(1) 文件、目录管理命令：ls、ln、cd、touch、cp、mv、rm、mkdir、rmdir、pwd。

(2) 压缩打包管理命令：tar。

(3) 文件权限管理命令：chmod、chown、chgrp。

4.1 Linux 文件基础

第 9 集
微课视频

在 Linux 操作系统中，一切都以文件的形式存在和操作。这个理念由 UNIX 操作系统传承而来。UNIX 操作系统把一切资源都看作文件。例如，UNIX 操作系统把每个硬件都看作一个文件，通常称之为设备文件，这样用户就可以用读/写文件的方式实现对硬件的访问。

Linux 与 Windows 的文件系统区别主要体现在以下几方面。

(1) Linux 操作系统中文件名是区分大小写的，且所有 UNIX 系列操作系统都遵循这个规则。

(2) Linux 操作系统文件通常没有扩展名。用户给 Linux 操作系统文件设置扩展名通常是为了方便使用。Linux 操作系统的文件扩展名和它的种类没有任何关系。例如，zp. exe 可以是文本文件，而 zp. txt 可以是可执行文件。

(3) Linux 操作系统中没有盘符的概念(如 Windows 下的 C 盘)。而 Linux 的目录结构为树状结构，顶级的目录为根目录(/)。其他目录通过挂载可以被添加到目录树中。例如，zp. txt 文件在 Linux 操作系统中的绝对路径可能是/home/john/zp. txt，而在 Windows 操作系统中的绝对路径可能是 E:\document\zp. txt。

4.1.1 Linux 文件类型

Linux 文件的类型可以通过其文件属性标志进行区分，使用 ls -l 命令查看文件的属性标志。

实例 4-1 **查看文件类型**

在终端输入以下命令。

```
linux@linux-virtual-machine:~/桌面$ ls␣-l␣/dev
```

其中，ls 是用于显示文件的命令；-l 表示以长格式显示文件的详细信息；/dev 是路径，该路径下保存的是系统各类设备文件信息。部分执行结果信息如下。

```
1.    linux@linux-virtual-machine:~/桌面$ ls␣-l␣/dev
2.    总计 0
3.    crw-r--r--    1 root  root    10, 235  6月 24 21:35 autofs
4.    drwxr-xr-x    2 root  root        480  6月 24 21:37 block
5.    drwxr-xr-x    2 root  root         80  6月 24 21:28 bsg
6.    crw-------    1 root  root    10, 234  6月 24 21:28 btrfs-control
7.    drwxr-xr-x    3 root  root         60  6月 24 21:28 bus
8.    lrwxrwxrwx    1 root  root          3  6月 24 21:35 cdrom -> sr0
9.    drwxr-xr-x    2 root  root       3800  6月 24 21:35 char
10.   crw--w----    1 root  tty      5,   1  6月 24 21:35 console
```

第 3～10 行最左侧的 10 个字符表示文件的属性。例如，第 4 行中 block 文件的最左侧 10 个字符为 drwxr-xr-x，其含义依次如下。

第 1 个字符：代表文件类型。

第 2～4 个字符：代表用户的权限。

第 5～7 个字符：代表用户组的权限。

第 8～10 个字符：代表其他用户的权限。

最左侧第 1 个字符的含义如表 4-1 所示。第 2～10 个字符中，r 代表可读，w 代表可写，x 代表可执行，-代表没有该权限。

表 4-1 Linux 中常见文件类型

属性	文件类型
-	常规文件
d	目录文件
b	块设备文件，如硬盘，支持以块为单位对行随机访问
c	字符设备文件，如键盘，支持以字符为单位进行线性访问
l	符号链接文件，又称为软连接文件
p	命名管道文件
s	套接字，用于实现两个进程间的通信

使用 ls -l 命令查看的是/dev 目录下文件的详细信息，由于这个目录包括的是设备类文件，查看的结果与其他文件路径下的列表结果会略有不同。通常情况下，在使用 ls -l 命令

后的第 5 列会显示当前文件的大小，但设备类文件会有两个以逗号隔开的数字。其中第 1 个数字为主设备号，用于区分设备类型，进而确定所需要加载设备的驱动程序。不同类型设备的主设备号不同。第 2 个数字为次设备号，用于区分同一种类型设备的不同设备。

同步练习

4-1 根据 ls -l /dev 的输出结果，如何确定每个设备的类型？

4-2 在/dev 目录下，有哪些字符设备？

4-3 在/dev 目录下，有哪些块设备？

4-4 输出结果中是否包含命名管道或 FIFO 设备？如何识别它们？

4-5 如何找到/dev 目录中的符号链接？

4.1.2 Linux 文件权限

文件的权限是 Linux 操作系统中相当重要的一个概念，对 Linux 操作系统中文件的安全、系统安全、隐私保护等起到了非常重要的作用。前面已经介绍使用 ls -l 命令查看文件类型，下面进一步介绍文件属性信息。

仍以 4.1.1 节实例 4-1 为例，该文件属性共分为 7 部分：文件权限、节点、所属用户、所属用户组、文件大小、修改时间、文件名。其中节点、文件大小、修改时间和文件名在这里不再详述，本节主要讲解文件权限、所属用户、所属用户组 3 项属性值。

1. 文件权限

文件权限属性由 10 个字符组成，如 crw-r--r--。每个字符的意义如下。

(1) 第 1 个字符为文件类型，c 表示字符设备文件。

(2) 第 2～4 个字符代表文件所属用户的权限。常见的为 r、w、x 3 种权限，分别对应可读、可写、可执行，在这里为 rw-，表示文件所属用户拥有可读写的权限，没有执行权限。

注意：文件是否可执行，和文件后缀名无关。例如，文件扩展名为.txt，为纯文本文档，并不一定就不能执行，文件是否可以执行，需要看其是否有相应的解释器或是否为正确编译的文件，还需要看当前用户是否有可执行权限，当两项要求都满足时，程序可以正常执行，否则无法执行。

(3) 第 5～7 个字符代表文件所属用户组的权限，该用户组在本例中是文件拥有者所在的初始用户组，实际上不一定是初始用户组，也有可能是有效用户组。此处对应的用户组权限为 r--，即代表同一用户组中其他成员拥有可读权限，不能修改文件内容，也不能执行该文件。

(4) 第 8～10 个字符代表其他用户所拥有的权限，示例中 r--代表其他用户拥有对该文件的可读权限，也是不能修改，不能执行。

以上内容对于文件的权限来说非常重要，理解并掌握好文件权限对于 Linux 的使用非常有帮助。在 Linux 中，合理地使用文件权限对文件属性进行设置，能够起到保护系统文件的作用。例如，/etc/shadow 文件等，只有系统管理员才可以查看并修改，这样就加强了整体系统的安全性。如果每个人都可以随便修改其他任何人的文件，那么系统安全性则无从谈起。

2. 权限对文件的意义

文件是用来存放数据的地方，可以存储纯文本内容、数据库、二进制内容等，对于文件来说，r、w、x 3 种权限具有如下意义。

(1) r：读权限(read)，用于读取文本文件的内容。

(2) w：写权限(write)，如果拥有该权限，就可以对文件进行编辑、修改、新增、删除内容等操作，但不一定能删除该文件。

(3) x：执行权限(execute)，如果该文件是应用程序、脚本等文件，当前用户拥有对文件的可执行权限时，可以实现该程序的执行。一般在 Windows 系统中，可以使用扩展名区分该文件是否可执行，如. exe、. bat、. cmd 等都是可执行文件，但. txt 却不可执行。而在 Linux 系统中，无论该文件的后缀名是什么，只要其拥有可执行权限，就是可执行文件。当然，最终是否能够输出执行结果，则要看文件的内容是什么。

同步练习

第 10 集 微课视频

4-6 所有者(Owner)对文件具有什么权限？

4-7 所有者的所在组(Group)对文件具有什么权限？

4-8 其他用户(Others)对文件具有什么权限？

4-9 Linux 系统中，文件权限主要分为哪几类？

4-10 在 Linux 中，如何查看文件的权限信息？

4-11 如果想让所有者具有写权限，所有者的所在组也具有读和写权限，其他用户只具有读权限，应如何设置文件的权限？

4.2 文件操作命令

4.2.1 文件创建命令 touch

touch 命令用于创建空文件，也可用于更改操作系统上现有文件的时间戳。更改时间戳表示更新文件和目录的访问时间以及修改时间。如果指定的文件不存在，则创建该文件。

1. 命令语法

```
touch ␣[选项]␣[文件名]
```

2. 主要参数

在该命令中，选项主要参数的含义如表 4-2 所示。

表 4-2　touch 命令选项主要参数的含义

选　项	参 数 含 义
-a	只更改访问时间
-m	只更改修改时间
-c	文件不存在时不创建文件
-t	使用指定时间，而不是当前时间
-r	把指定的文件或目录时间设置为与参考文件或目录的时间相同

实例 4-2　**创建空文件 example.txt**

```
linux@linux-virtual-machine:/home$ sudo touch example.txt
[sudo] linux 的密码:
linux@linux-virtual-machine:/home$ ls -l example.txt
-rw-r--r-- 1 root root 0  6月 25 15:26 example.txt
```

使用-t 选项手动指定文件的时间戳，如 touch -t 202204071212.30 example.txt，这将把 example.txt 文件的时间戳设置为 2022 年 4 月 7 日 12 时 12 分 30 秒。终端运行如下。

```
linux@linux-virtual-machine:/home$ sudo touch -t 202204071212.30 example.txt
linux@linux-virtual-machine:/home$ ls -l example.txt
-rw-r--r-- 1 root root 0  4月  7  2022 example.txt
```

实例 4-3　**更新文件和目录的修改时间**

可以使用系统当前时间更新文件或目录的修改时间，在 touch 命令中使用-m 选项即可。终端输入命令如下。

```
linux@linux-virtual-machine:/home$ sudo touch -m example.txt
linux@linux-virtual-machine:/home$ stat example.txt
 文件: example.txt
 大小: 0          块: 0          IO 块大小: 4096   普通空文件
设备: 803h/2051dInode: 923380      硬链接: 1
权限: (0644/-rw-r--r--)  Uid: (    0/    root)  Gid: (    0/    root)
访问时间: 2022-04-07 12:12:30.000000000 +0800
修改时间: 2023-06-25 15:36:06.385229438 +0800
变更时间: 2023-06-25 15:36:06.385229438 +0800
创建时间: 2023-06-25 15:26:15.598313896 +0800
```

同步练习

4-12　创建一个名为 file.txt 的空文件的命令是什么？

4-13　touch 命令对于已经存在的文件有什么作用？

4-14　如何使用 touch 命令同时创建多个文件？

4-15 如果想要创建一个文件并且设置它的访问和修改时间为特定日期和时间，该如何操作？

4-16 使用 touch 命令创建文件，是否可以一次设置访问时间和修改时间为不同的值？

4.2.2 文件复制命令 cp

cp 命令用于复制文件或目录，将一个或多个文件或目录复制到指定位置。

1. 命令语法

```
cp ␣[选项]␣[源文件]␣[目标位置]
```

其中，源文件可以是一个文件或是一个目录；目标位置可以是用来存放源文件的目录路径，也可以是新文件的路径。如果指定的目标位置是一个目录，则源文件将被复制到该目录下。

2. 主要参数

在该命令中，选项主要参数的含义如表 4-3 所示。

表 4-3 cp 命令选项主要参数的含义

选 项	参 数 含 义
-r	递归复制整个目录，包括子目录和文件
-f	覆盖已经存在的目标文件而不给出提示
-i	在复制前询问是否覆盖已有目标文件
-v	显示每个文件的复制进度
-p	复制文件的同时保留源文件的属性和权限
-u	只在源文件比目标文件新或目标文件不存在时复制

实例 4-4 复制文件

复制 example. txt 文件到 example。终端输入命令如下。

```
linux@linux-virtual-machine:/home$ sudo␣cp␣example.txt␣example
[sudo] linux 的密码:
linux@linux-virtual-machine:/home$ ls␣-l␣example*
-rw-r--r-- 1 root root 0  6月 25 20:33 example
-rw-r--r-- 1 root root 0  6月 25 15:36 example.txt
```

由此可见，在当前目录中多了一个 example 文件，而且该文件的时间是系统当前时间。

实例 4-5 复制文件且保留时间信息

如果把时间参数等信息复制到新文件中，则需要使用-p 参数。终端输入命令如下。

```
linux@linux-virtual-machine:/home$ sudo␣cp␣-p␣example.txt␣example1
linux@linux-virtual-machine:/home$ ls␣-l␣example*
-rw-r--r-- 1 root root 0  6月 25 20:33 example
-rw-r--r-- 1 root root 0  6月 25 15:36 example1
-rw-r--r-- 1 root root 0  6月 25 15:36 example.txt
```

由此可见，example.txt 文件与 example1 文件时间是一样的，所有属性均相同。

实例 4-6　同时复制多个文件到指定目录

首先使用 mkdir 命令创建 dir1 目录，其次将 example.txt 和 example1 两个文件复制到 dir1 目录中。终端输入命令如下。

```
linux@linux-virtual-machine:/home$ sudo␣mkdir␣dir1
linux@linux-virtual-machine:/home$ ls
dir1  example  example1  example.txt  linux
linux@linux-virtual-machine:/home$ sudo␣cp␣example.txt␣example1␣dir1/
linux@linux-virtual-machine:/home$ cd␣dir1/
linux@linux-virtual-machine:/home/dir1$ ls
example1  example.txt
```

实例 4-7　复制目录

将 dir1 目录复制到 dir2 目录中。终端输入命令如下。

```
linux@linux-virtual-machine:/home$ sudo␣cp␣-r␣dir1␣dir2/
linux@linux-virtual-machine:/home$ ls
dir1  dir2  example  example1  example.txt  linux
linux@linux-virtual-machine:/home$ cd␣dir2/
linux@linux-virtual-machine:/home/dir2$ ls
example1  example.txt
```

同步练习

4-17　使用 cp 命令可以将文件或目录________到指定位置。

4-18　使用 cp [源文件] [目标文件]命令可以将源文件________到目标文件。

4-19　使用 cp -r 命令可以将目录及其________递归复制到目标位置。

4-20　使用 cp -i 命令可以在目标位置存在同名文件时进行________提示是否覆盖。

4-21　使用 cp -u 命令只会________目标位置中比源文件更新的文件。

4-22　使用 cp -l 命令创建________而不复制文件。

4-23　使用 cp -p 命令可以保留源文件的________和时间戳等数据。

4-24　使用 cp 命令默认不会复制________文件或目录。

4-25 使用 cp -v 命令会显示________的复制过程，列出每个复制的文件名。

4-26 使用 cp -a 命令可以________复制文件和目录，并保持所有属性和符号链接等。

4.2.3 文件链接命令 ln

ln 命令用于创建链接文件，主要有软链接和硬链接两种。

软链接(Symbolic Link)也叫作符号链接，类似于 Windows 中的快捷方式，本质上是一个特殊的文件，其中保存了指向另一个文件的路径。软链接可以是跨分区的，也可以链接目录。软链接是对源文件的引用，即使源文件被删除，软链接仍然存在，但是此时软链接指向的是无效的路径。

硬链接(Hard Link)是对源文件所在存储设备上的索引节点(inode)的一个引用，可以将多个文件名指向同一个文件，它支持文件的共享。硬链接只能链接普通文件，不能链接目录，不允许跨分区。当一个硬链接文件被删除时，并不影响原有文件和其他硬链接文件的访问。

1. 命令语法

```
ln␣[选项]␣[源文件|目录]␣[目标文件|目录]
```

其中，源文件指链接的源文件。如果使用 -s 选项创建符号链接，则源文件可以是文件或目录。创建硬链接时，源文件只能是文件。目标文件指源文件的目标链接文件。

2. 主要参数

在该命令中，选项主要参数的含义如表 4-4 所示。

表 4-4 ln 命令选项主要参数的含义

选　项	参数含义
-s	创建软链接文件
-f	强制创建链接文件，即如果目标文件已经存在，则在删除目标文件后再创建链接文件
空	创建硬链接文件
-v	执行时显示详细信息
-n	把符号链接视为一般目录
-L	引用的目标的符号链接

实例 4-8 创建一般链接文件

分别创建 example.txt 文件(源文件)的硬链接文件 examplelnk1(目标文件)和软链接文件 examplelnk2(目标文件)。终端输入命令如下。

```
linux@linux-virtual-machine:/home$ sudo ln example.txt examplelnk1
[sudo] linux 的密码:
linux@linux-virtual-machine:/home$ sudo ln -s example.txt examplelnk2
linux@linux-virtual-machine:/home$ ll
总计 20
drwxr-xr-x   5  root  root  4096  6月 25 21:54 ./
drwxr-xr-x  20  root  root  4096  6月2 23:18 ../
drwxr-xr-x   2  root  root  4096  6月25 20:50 dir1/
drwxr-xr-x   2  root  root  4096  6月25 20:53 dir2/
-rw-r--r--   1  root  root     0  6月 25 20:33 example
-rw-r--r--   1  root  root     0  6月 25 15:36 example1
-rw-r--r--   2  root  root     0  6月 25 15:36 examplelnk1
lrwxrwxrwx   1  root  root    11  6月 25 21:54 examplelnk2 -> example.txt
-rw-r--r--   2  root  root     0  6月 25 15:36 example.txt
drwxr-x---  16  linux linux 4096  6月 24 21:22 linux/
```

实例 4-9　创建指向目录的链接文件

创建链接文件 blocklnk(目标文件),使其指向/dev/block/目录(源目录),然后通过 blocklnk 直接访问/dev/block 目录中的内容。终端输入命令如下。

```
linux@linux-virtual-machine:/home$ ls /dev/block
11:0 7:1   7:11  7:13  7:15  7:2  7:4  7:6  7:8  8:0  8:2
7:0  7:10  7:12  7:14  7:16  7:3  7:5  7:7  7:9  8:1  8:3
linux@linux-virtual-machine:/home$ sudo ln -fs /dev/block/ blocklnk
linux@linux-virtual-machine:/home$ ls blocklnk
11:0 7:1   7:11  7:13  7:15  7:2  7:4  7:6  7:8  8:0  8:2
7:0  7:10  7:12  7:14  7:16  7:3  7:5  7:7  7:9  8:1  8:3
linux@linux-virtual-machine:/home$ ls -l blocklnk
lrwxrwxrwx 1 root root 11   6月 25 21:59 blocklnk -> /dev/block/
linux@linux-virtual-machine:/home$ cd blocklnk
linux@linux-virtual-machine:/home/blocklnk$ pwd
/home/blocklnk
linux@linux-virtual-machine:/home/blocklnk$ ls
11:0 7:1   7:11  7:13  7:15  7:2  7:4  7:6  7:8  8:0  8:2
7:0  7:10  7:12  7:14  7:16  7:3  7:5  7:7  7:9  8:1  8:3
```

同步练习

4-27　ln 命令用于创建________,包括硬链接和软链接。

4-28　使用 ln [源文件] [目标链接]命令可以创建一个________。使用 ln -s [源文件] [目标链接]命令可以创建一个________。

4-29　硬链接与源文件________相同的 inode 和数据。

4-30　软链接是一个指向源文件或目录的________。

4-31 硬链接不能跨越________创建。

4-32 软链接可以指向一个________或________。

4-33 使用 ln -l 命令可以查看链接的________信息。使用 ls -i 命令可以查看文件的________。

4-34 使用________命令可以强制创建链接，即使目标文件已经存在。

4.2.4 文件移动命令 mv

mv 命令用于移动文件或重命名文件。在终端中执行 mv 命令，并指定要移动或重命名的文件名和目标文件名或目标目录路径，即可完成对文件的操作。

1. 命令语法

```
mv ␣[选项]␣[源文件|目录]␣[目标文件|目录]
```

2. 主要参数

在该命令中，选项主要参数的含义如表 4-5 所示。

表 4-5 mv 命令选项主要参数的含义

选 项	参 数 含 义
-f	覆盖前不询问
-i	覆盖前询问
-b	若覆盖文件，则覆盖前先行备份
-v	显示详细步骤
-u	当源文件比目标文件新，或者目标文件不存在时，才执行此操作

实例 4-10 文件重命名

将 example.txt 重命名为 example.doc。终端输入命令如下。

```
linux@linux-virtual-machine:/home$ sudo␣mv␣example.txt␣example.doc
linux@linux-virtual-machine:/home$ ls␣example*
example  example1  example.doc  examplelnk1  examplelnk2
```

由此可见，原来的文件 example.txt 已经被更名为 example.doc。

实例 4-11 移动文件和目录

首先在 home 目录中创建 dir3 目录，其次将 example.doc 文件移动到 dir1 目录下，最后将 dir1 目录移动到 dir3 目录下。终端输入命令如下。

```
linux@linux-virtual-machine:/home$ sudo␣mkdir␣dir3
linux@linux-virtual-machine:/home$ sudo␣mv␣example.doc␣dir1/
```

```
linux@linux-virtual-machine:/home$ ls dir1/
example1  example.doc  example.txt
linux@linux-virtual-machine:/home$ sudo mv dir1 dir3/
linux@linux-virtual-machine:/home$ ls dir3/
dir1
```

通过 mv 命令,可见在 dir1 目录中有 example.doc 文件,在 dir3 目录中有 dir1 目录。

实例 4-12 **移动文件并提示是否覆盖**

首先将 example.txt 文件复制到 home 目录,这样,在 home 目录和 dir1 目录下都有 example.txt 文件。然后将 home 目录中的 example.txt 文件移动到 dir1 目录,由于文件名是一样的,在移动文件时会提示"是否覆盖"文件。这一功能可以通过在 mv 命令中增加-i 参数实现。终端输入命令如下。

```
linux@linux-virtual-machine:/home/dir3/dir1$ sudo cp /home/dir3/dir1/example.txt /home
linux@linux-virtual-machine:/home$ ls
blocklnk  dir3     example1     examplelnk2  linux
dir2      example  examplelnk1  example.txt
linux@linux-virtual-machine:/home$ sudo mv -i example.txt dir3/dir1
mv: 是否覆盖 'dir3/dir1/example.txt'?  y
linux@linux-virtual-machine:/home$ ls
blocklnk  dir2  dir3  example  example1  examplelnk1  examplelnk2  linux
linux@linux-virtual-machine:/home$ ls /home/dir3/dir1
example1  example.doc  example.txt
```

由此可见,在使用带参数-i 的 mv 命令移动文件时,会出现覆盖前的提示询问。此时 home 目录中不再有 example.txt 文件,已将其移动至/dir3/dir1 目录。

同步练习

4-35 mv 命令用于________或重新命名文件和目录。

4-36 使用 mv [源文件] [目标位置]命令可以将源文件________到目标位置。

4-37 使用 mv -i 命令可以在目标位置已存在相同名称的文件时进行________。

4-38 使用 mv -u 命令只会将比目标更________的文件移动到目标位置。

4-39 使用 mv -f 命令可以________移动文件,即使目标位置已有同名文件。

4-40 在不同文件系统间移动文件时,mv 命令会________文件内容并删除源文件。

4-41 如何进行交互式提示,以防止目标位置已存在同名文件?

4.2.5 文件删除命令 rm

rm 命令用于删除指定的文件或目录。在终端中执行 rm 命令,并指定要删除的文件或目录的名称或路径,即可删除指定的文件或目录。

1. 命令语法

```
rm ␣[选项]␣[文件|目录]
```

2. 主要参数

在该命令中,选项主要参数的含义如表 4-6 所示。

表 4-6 rm 命令选项主要参数的含义

选 项	参 数 含 义
-i	删除文件或目录时,提示用户
-f	删除文件或目录时,不提示用户
-r	递归删除目录,包含目录下的文件或各级目录

实例 4-13 删除文件之前进行确认

删除 example 文件。终端输入命令如下。

```
linux@linux-virtual-machine:/home$ ls
blocklnk  dir2  dir3  example  example1  examplelnk1  examplelnk2  linux
linux@linux-virtual-machine:/home$ sudo␣rm␣-i␣example
[sudo] linux 的密码:
rm: 是否删除普通空文件 'example'?  y
linux@linux-virtual-machine:/home$ ls
blocklnk  dir2  dir3  example1  examplelnk1  examplelnk2  linux
```

实例 4-14 删除目录

删除 dir2 目录,使用-r 参数可以删除目录。终端输入命令如下。

```
linux@linux-virtual-machine:/home$ ls
blocklnk  dir2  dir3  example1  examplelnk1  examplelnk2  linux
linux@linux-virtual-machine:/home$ sudo␣rm␣-r␣dir2
[sudo] linux 的密码:
linux@linux-virtual-machine:/home$ ls
blocklnk  dir3  example1  examplelnk1  examplelnk2  linux
```

警告:在使用 rm 命令时,请确认要删除的文件或目录名称是正确的,因为一旦删除将无法恢复。

同步练习

4-42 rm 命令用于________文件和目录。

4-43 使用 rm [文件名]命令可以删除指定的________。

4-44 使用 rm -r 命令可以递归地删除________。

4-45 使用 rm -f 命令可以________删除文件或目录，不进行确认提示。使用 rm -i 命令可以在删除文件或目录前进行________。

4-46 rm 命令默认不会删除________，除非使用了-r 选项。

4-47 使用 rm -rf 命令可以________删除文件或目录。

4-48 使用 rm -d 命令可以删除________。

4-49 使用 rm -v 命令可以显示每个被删除文件的________。

4-50 rm 命令在删除文件时会将其________，而不放入垃圾回收站。

4.2.6 文件打包(压缩)命令 tar

tar 命令用于将多个文件或目录打包成一个文件，或者从一个文件中提取出多个文件或目录。在大多数情况下，使用 tar 命令可以方便地将多个文件或目录打包成一个单独的归档文件，从而方便备份、传输或压缩存储。

1. 命令语法

```
tar ␣[选项]␣[打包文件名]␣[源文件或目录]
```

2. 主要参数

在该命令中，选项主要参数的含义如表 4-7 所示。

表 4-7 tar 命令选项主要参数的含义

选项	参数含义
-c	建立新的打包文件
-r	向打包文件末尾追加文件
-x	从打包文件中解出文件
-o	文件的内容直接输出到标准输出(stdout)，而不解压或提取文件
-v	处理过程中输出相关信息
-f	对普通文件操作
-z	调用 gzip 压缩打包文件，与-x 联用时调用 gzip 完成解压缩
-j	调用 bzip2 压缩打包文件，与-x 联用时调用 bzip2 完成解压缩
-Z	调用 compress 压缩打包文件，与-x 联用时调用 compress 完成解压缩

实例 4-15 **使用 tar 命令打包一个文件**

将/home/dir3 目录下的所有文件打包，文件名为 dir3.tar。终端输入命令如下。

```
linux@linux-virtual-machine:/home $ sudo ␣tar ␣cvf ␣dir3.tar ␣dir3
[sudo] linux 的密码:
dir3/
dir3/dir1/
```

```
dir3/dir1/example1
dir3/dir1/example.doc
dir3/dir1/example.txt
linux@linux-virtual-machine:/home$ ls
blocklnk  dir3  dir3.tar  example1  examplelnk1  examplelnk2  linux
```

由此可见，在使用 tar 命令时，配合-v 参数选项，在打包过程中可以看见全部的输出信息。而且，在 home 目录中可见 dir3. tar 压缩包。

实例 4-16 **mkdir 和 tar 命令综合应用**

首先使用 mkdir 命令创建 test 目录，其次将 dir3. rar 文件复制到/home/test 目录，最后使用 tar 命令解压该文件。终端输入命令如下。

```
linux@linux-virtual-machine:/home$ sudo mkdir test
linux@linux-virtual-machine:/home$ sudo cp dir3.tar /home/test/
linux@linux-virtual-machine:/home$ cd test/
linux@linux-virtual-machine:/home/test$ ls
dir3.tar
linux@linux-virtual-machine:/home/test$ sudo tar xvf dir3.tar
dir3/
dir3/dir1/
dir3/dir1/example1
dir3/dir1/example.doc
dir3/dir1/example.txt
linux@linux-virtual-machine:/home/test$ ls
dir3 dir3.tar
```

实例 4-17 **tar 命令压缩指定格式文件**

将/home/dir3 目录下的所有文件打包并压缩成 dir3. tar. gz 文件。首先通过 rm 命令将原有 dir3. tar 文件删除，其次对 dir3 目录打包压缩。终端输入命令如下。

```
linux@linux-virtual-machine:/home$ sudo rm -r dir3.tar
linux@linux-virtual-machine:/home$ ls
blocklnk  dir3  example1  examplelnk1  examplelnk2  linux  test
linux@linux-virtual-machine:/home$ sudo tar cvzf dir3.tar.gz dir3
dir3/
dir3/dir1/
dir3/dir1/example1
dir3/dir1/example.doc
dir3/dir1/example.txt
linux@linux-virtual-machine:/home$ ls
blocklnk  dir3  dir3.tar.gz  example1  examplelnk1  examplelnk2  linux  test
```

实例 4-18 **cp 和 tar 命令综合应用**

将 dir3. tar. gz 文件复制到/home/test 目录，使用 tar 命令解压该文件。终端输入命令如下。

```
linux@linux-virtual-machine:/home$ sudo␣cp␣dir3.tar.gz␣/home/test/
linux@linux-virtual-machine:/home$ cd␣/home/test
linux@linux-virtual-machine:/home/test$ ls
dir3.tar.gz
linux@linux-virtual-machine:/home/test$ sudo␣tar␣xvzf␣dir3.tar.gz
dir3/
dir3/dir1/
dir3/dir1/example1
dir3/dir1/example.doc
dir3/dir1/example.txt
linux@linux-virtual-machine:/home/test$ ls
dir3 dir3.tar.gz
```

同步练习

4-51　tar 命令用于创建和________归档文件。

4-52　使用 tar -cvf [归档文件名] [要归档的文件或目录]命令可以________归档文件。使用 tar -xvf [归档文件名]命令可以________归档文件。使用 tar -tf [归档文件名]命令可以归档文件中的内容。

4-53　在使用 tar 命令时，选项-c 表示________，选项-x 表示________，选项-t 表示________。

4-54　使用 tar -czvf [归档文件名] [要归档的文件或目录]命令可以创建一个________归档文件。使用 tar -xzvf [归档文件名]命令可以________压缩的归档文件。

4-55　使用 tar -tvf [归档文件名]命令可以________压缩归档文件中的内容。

4-56　tar 命令在默认情况下不会________文件，除非使用了压缩选项。

4-57　如何创建一个压缩的归档文件？

第 11 集
微课视频

4.3　目录操作命令

目录也是一种文件类型。因此，前面介绍的文件操作命令，通常也可以用于目录。本节介绍的是目录专用操作命令，如显示当前路径命令 pwd、改变工作目录命令 cd、列出目录内容命令 ls、创建目录命令 mkdir、目录删除命令 rmdir。

4.3.1　显示当前路径命令 pwd

pwd(print working directory)命令用来显示当前工作目录的路径。在工作过程中用户可以在被授权的任意目录下用 mkdir 命令创建新目录，也可以使用 cd 命令从一个目录转换到另一个目录。然而，没有提示符告知用户目前处于哪个目录中。要想知道当前所处的目录，可以使用 pwd 命令。

实例 4-19 pwd 命令查询当前目录路径

```
linux@linux-virtual-machine:/home/test$ pwd
/home/test
```

通过 pwd 命令,可见当前路径为/home/test。

同步练习

4-58 pwd 命令用于显示当前的________。

4-59 使用 pwd -p 命令可以显示________,解析所有符号链接。

4-60 pwd 命令默认情况下不显示________的路径。

4-61 pwd 命令的输出是当前所处的________。

4-62 pwd 命令可以在 Shell 脚本中使用反引号或$()获取当前的________。

4-63 pwd 命令与 cd 命令的区别是什么?

4-64 pwd 命令中的-L 与-P 选项有什么区别?

4.3.2 改变工作目录命令 cd

cd(change directory)命令的作用是改变工作目录,常用格式为"cd [目录]"。命令中的目录参数可以是当前路径下的目录,也可以是其他位置的目录。对于其他位置的目录,需要给定详细的路径。路径包括绝对路径和相对路径。绝对路径是从根目录开始的,相对路径是从当前目录开始的。

描述相对路径,有 3 个比较常用的符号需要掌握。

(1) 当前目录,用"."表示。

(2) 当前目录的父目录,用".."表示。

(3) 当前用户的主目录,用"~"表示。

实例 4-20 进入指定目录

通过 cd 命令进入/home/dir3/dir1 目录。终端输入命令如下。

```
linux@linux-virtual-machine:/home$ cd ␣/home/dir3/dir1
linux@linux-virtual-machine:/home/dir3/dir1$ pwd
/home/dir3/dir1
```

由此可见,cd 命令把当前工作目录改变为/home/dir3/dir1。

实例 4-21 返回上级目录

在例 4-20 的基础上,返回上级目录,即 dir3 目录。终端输入命令如下。

```
linux@linux-virtual-machine:/home$ cd ␣/home/dir3/dir1
linux@linux-virtual-machine:/home/dir3/dir1$ pwd
/home/dir3/dir1
linux@linux-virtual-machine:/home/dir3/dir1$ cd ␣..
linux@linux-virtual-machine:/home/dir3$
```

实例 4-22 进入默认目录

在终端输入 cd ～命令，将把当前工作目录改变为用户的默认目录。终端输入命令如下。

```
linux@linux-virtual-machine:/home/dir3$ cd ␣~
linux@linux-virtual-machine:~$ pwd
/home/linux
```

同步练习

4-65 cd 命令用于________当前工作目录。

4-66 使用 cd [目录路径]命令可以________指定目录。目录路径可以使用________或________。

4-67 使用 cd～命令可返回到________。

4-68 使用 cd -命令可________所在的目录。

4-69 使用 cd ..命令可________目录。

4-70 cd 命令的绝对路径是________。

4-71 使用 cd -p [目录路径]命令可以跟随________进行路径切换。使用 cd -l [目录路径]命令可以仅跟随________进行路径切换。

4-72 cd 命令无法进入________，只能进入目录。

4.3.3 列出目录内容命令 ls

ls 命令用于列出目录下的档案或目录等。ls 是英文单词 list 的简写，其功能为列出目录的内容。这是用户的常用命令之一，因为用户需要时不时地查看某个目录的内容。该命令类似于 DOS 中的 dir 命令。对于每个目录，该命令将列出其中所有子目录和文件。

1. 命令语法

```
ls ␣[选项]␣[目录名]
```

其中，选项是一些控制 ls 命令输出内容的选项；目录名是要列出内容的目录名，默认情况下是当前目录。

2. 主要参数

在该命令中，选项主要参数的含义如表 4-8 所示。

表 4-8 ls 命令选项主要参数的含义

选　项	参数含义
-l	显示文件详细信息，包括权限、所有者、大小、创建时间等
-a	列出目录中所有文件，包括以“.”开头的隐藏文件
-d	将目录名和其他文件一样列出，而不是列出目录的内容
-t	按照修改时间排序，最新的文件在最前面

实例 4-23　显示当前目录下所有文件

显示以“.”开头的隐藏文件。终端输入命令如下。

```
linux@linux-virtual-machine:~$ ls
公共的  模板  视频  图片  文档  下载  演示文件  音乐  桌面  snap
linux@linux-virtual-machine:~$ ls -a
.      视频  演示文件        .bash_logout  .gnupg     .ssh
..     图片  音乐            .bashrc       .local     .sudo_as_admin_successful
公共的  文档  桌面              .cache        .profile  .viminfo
模板    下载  .bash_history  .config       snap
```

实例 4-24　显示当前目录的详细信息

终端输入命令如下。

```
linux@linux-virtual-machine:~$ ls -l
总计 40
drwxr-xr-x 2 linux linux 4096  6月  2 23:36 公共的
drwxr-xr-x 2 linux linux 4096  6月  2 23:36 模板
drwxr-xr-x 3 linux linux 4096  6月  6 15:31 视频
drwxr-xr-x 2 linux linux 4096  6月  2 23:36 图片
drwxr-xr-x 2 linux linux 4096  6月  2 23:36 文档
drwxr-xr-x 2 linux linux 4096  6月  2 23:36 下载
-rw-rw-r-- 1 linux linux 25 6月 19 14:14 演示文件
drwxr-xr-x 2 linux linux 4096 6月 2 23:36 音乐
drwxr-xr-x 2 linux linux 4096 6月 20 22:53 桌面
drwx------ 5 linux linux 4096  6月  2 16:06 snap
```

实例 4-25　显示指定目录文件信息

查看/home/dir3 目录的文件信息。终端输入命令如下。

```
linux@linux-virtual-machine:~$ ls /home/dir3
dir1
```

注意：在 Linux 中，文件和目录名区分大小写，因此请确认目录名和文件名的大小写是否正确。

同步练习

4-73 ls 命令用于列出________中的文件和子目录。

4-74 使用 ls -l 命令可以________列出文件和目录的详细信息。

4-75 使用 ls -a 命令可以显示所有________的文件和目录。

4-76 使用 ls -h 命令可以以________的格式列出文件和目录的大小。

4-77 使用 ls -s 命令可以按________对文件进行排序。使用 ls -t 命令可以按________对文件进行排序。

4-78 使用 ls -r 命令可以按________列出文件和目录。

4-79 使用 ls -d 命令可以仅列出________，而不显示其内容。

4-80 ls 命令默认会以________列出文件和目录。

4.3.4 创建目录命令 mkdir

mkdir 命令用于创建指定名称的目录。要求创建目录的用户在当前目录中具有写权限，并且指定的目录名不能是当前目录中已有的目录名。

1. 命令语法

```
mkdir ␣[选项]␣[目录名]
```

2. 主要参数

在该命令中，选项主要参数的含义如表 4-9 所示。

表 4-9 mkdir 命令选项主要参数的含义

选 项	参 数 含 义
-m	设定新目录文件模式，即权限。类似 chmod 命令模式，如 mkdir -m 755 testdir 命令，会在当前目录下创建一个名为 testdir 的目录，并设置其权限为 755
-p	此时若路径中的某些目录尚不存在，加上此选项后，系统将自动建立好那些尚不存在的目录，即一次可以建立多个目录
-v	每次创建新目录都显示信息

实例 4-26 创建新目录时显示提示信息

在当前目录下创建一个新目录 work，创建新目录时显示提示信息。终端输入命令如下。

```
linux@linux-virtual-machine:~$ cd /home
linux@linux-virtual-machine:/home$ sudo mkdir -v work
mkdir: 已创建目录 'work'
linux@linux-virtual-machine:/home$ ls
blocklnk  dir3.tar.gz  examplelnk1  linux  work
dir3      example1     examplelnk2  test
```

实例 4-27 递归创建多层目录

使用-p选项,可以递归创建多个嵌套目录,如test1/test2。终端输入命令如下。

```
linux@linux-virtual-machine:/home$ pwd
/home
linux@linux-virtual-machine:/home$ sudo mkdir -pv test1/test2
mkdir: 已创建目录 'test1'
mkdir: 已创建目录 'test1/test2'
linux@linux-virtual-machine:/home$ ls
blocklnk  dir3.tar.gz examplelnk1 linux test1
dir3      example1    examplelnk2 test  work
```

实例 4-28 一次创建多个目录

终端输入命令如下。

```
linux@linux-virtual-machine:/home$ sudo mkdir -v test2 test3 test4
mkdir: 已创建目录 'test2'
mkdir: 已创建目录 'test3'
mkdir: 已创建目录 'test4'
linux@linux-virtual-machine:/home$ ls
blocklnk  dir3.tar.gz  examplelnk1  linux  test1  test3  work
dir3      example1     examplelnk2  test   test2  test4
```

同步练习

4-81 mkdir命令用于________目录。

4-82 使用mkdir [目录名称]命令可以创建一个以指定________为名的目录。

4-83 使用mkdir -p [目录路径]命令可以________多级目录。

4-84 使用mkdir -m [权限] [目录名称]命令可以创建一个________。

4-85 使用mkdir -v [目录名称]命令可以显示________的创建过程。

4-86 默认情况下,mkdir命令会在当前目录下________。

4-87 mkdir命令通常接收一个或多个________作为参数创建目录。

4-88 使用mkdir -d命令会创建________。

4-89 如何使用mkdir命令创建一个名为my_folder的目录?

4.3.5 删除目录命令 rmdir

rmdir 命令用于删除目录，但是只能删除空目录。如果删除非空目录就会报错。

1. 命令语法

```
rmdir [选项] [目录名]
```

2. 主要参数

在该命令中，选项主要参数的含义如表 4-10 所示。

表 4-10 rmdir 命令选项主要参数的含义

选　项	参数含义
-p	递归删除目录，当子目录删除后其父目录为空时，也一同被删除
-v	显示命令执行过程

实例 4-29 **删除空目录与非空目录**

终端输入命令如下。

```
linux@linux-virtual-machine:/home$ sudo rmdir test3
linux@linux-virtual-machine:/home$ ls
blocklnk  dir3.tar.gz  examplelnk1  linux  test1  test4
dir3      example1     examplelnk2  test   test2  work
linux@linux-virtual-machine:/home$ sudo rmdir test1
rmdir: 删除 'test1' 失败: 目录非空
```

在本例中，test3 为空目录，rmdir 命令可正常删除空目录；但是 test1 为非空目录，不可删除。

实例 4-30 **递归删除多层空目录**

使用-p 参数可以递归删除多层空目录。删除子目录后父目录为空时，父目录被一并删除。终端输入命令如下。

```
linux@linux-virtual-machine:/home$ ls test1
test2
linux@linux-virtual-machine:/home$ sudo rmdir -pv test1/test2
rmdir: 正在删除目录,'test1/test2'
rmdir: 正在删除目录,'test1'
linux@linux-virtual-machine:/home$ ls
blocklnk  dir3.tar.gz  examplelnk1  linux  test2  work
dir3      example1     examplelnk2  test   test4
```

本例中，递归删除 test1/test2 目录。

同步练习

4-90 rmdir 命令用于________空目录。

4-91 rmdir 命令无法删除________。

4-92 使用 rmdir -p 命令可以________包含空目录的父级目录。

4-93 使用 rmdir -v 命令可以显示________的删除过程。

4-94 使用 rmdir 命令删除目录时，如果目录不存在或无权限，会显示________信息。

4-95 rmdir 命令通常接收一个或多个________作为参数删除空目录。

4-96 rmdir 与 rm -d 命令有何区别？

4-97 使用 rmdir 命令是否可以删除非空目录？

4.4 文件权限管理命令

4.4.1 改变文件访问权限命令 chmod

chmod 命令用于改变文件或目录的访问权限，用它控制文件或目录的访问权限。该命令有两种用法：一种是包含字母和操作符表达式的文字设定法（符号模式）；另一种是包含数字的数字设定法（数字模式）。

第 12 集 微课视频

1. 命令语法

```
chmod␣[who]␣[ + | - | = ]␣[mode]␣[文件名]
```

其中，mode 表示要设置的权限模式，即 r（可读取）、w（可写入）、x（可执行）；文件名表示要进行操作的文件或目录名；＋表示增加权限；－表示取消权限；＝表示唯一设定权限。

2. 主要参数

在该命令中，选项主要参数的含义如表 4-11 所示。

表 4-11 chmod 命令选项主要参数的含义

选　项	参 数 含 义
-c	若该文件权限确实已经更改，才显示其更改动作
-f	若该文件权限无法被更改也不显示错误信息
-v	显示权限变更的详细资料
who	who 表示文件的所属组，u 表示文件拥有者（user），群组的其他用户用 g 表示（group），其他用户用 o 表示（other），所有类型用户用 a 表示（all）

实例 4-31 符号模式修改文件权限

用 chmod 命令给 example1 文件的所有者同组用户加上可执行的权限。终端输入命令如下。

```
linux@linux-virtual-machine:/home$ ls -l example1
-rw-r--r-- 1 root root 0  6月 25 15:36 example1
linux@linux-virtual-machine:/home$ sudo chmod g+x example1
linux@linux-virtual-machine:/home$ ls -l example1
-rw-r-xr-- 1 root root 0  6月 25 15:36 example1
```

由此可见，example1 文件原始权限为-rw-r--r--，经修改后的权限为-rw-r-xr--，已将文件的所有者同组用户加上可执行的权限。

实例 4-32　数字模式修改文件权限

使用 chmod 命令将 example1 文件的访问权限修改为文件所有者可读可写可执行、文件所有者同组的用户可读可写、其他用户可执行。终端输入命令如下。

```
linux@linux-virtual-machine:/home$ ls -l example1
-rw-r-xr-- 1 root root 0  6月 25 15:36 example1
linux@linux-virtual-machine:/home$ sudo chmod 761 example1
linux@linux-virtual-machine:/home$ ls -l example1
-rwxrw---x 1 root root 0  6月 25 15:36 example1
```

命令中 761 的含义如下。

(1) 所有者的权限用数字表达：所属组的 3 个权限位的数字总和。即 rwx，也就是 4+2+1，等于 7。

(2) 用户组的权限用数字表达：所属组的权限位的数字总和。即 rw-，也就是 4+2+0，等于 6。

(3) 其他用户的权限数字表达：其他用户权限位的数字总和。即--x，也就是 0+0+1，等于 1。

同步练习

4-98　chmod 命令用于________文件或目录的权限。

4-99　使用 chmod [权限] [文件名]命令可以更改指定文件的________。

4-100　使用 chmod [权限] [目录名]命令可以更改指定目录的________。

4-101　使用 chmod -r [权限] [目录名]命令可以________更改目录及其子目录中所有文件的权限。

4-102　使用数字形式的权限表示方法，如 chmod 755 file.txt 命令中的 755 表示文件所有者具有________的权限，所属组用户和其他用户具有________的权限。

4-103　使用符号形式的权限表示方法，如 chmod u+x file.sh 命令中的 u+x 表示给文件所有者添加________权限。

4-104 使用 chmod +x [文件名]命令可以________执行权限。

4-105 使用 chmod -w [文件名]命令可以________写权限。

4-106 chmod 命令中,-r 表示________权限,-w 表示________权限,-x 表示________权限。

4.4.2 改变文件所有者命令 chown

chown 命令用于更改文件或目录的所有者。一般来说,这个命令只是由系统管理者(root)所使用,一般使用者没有权限改变别人的文件所有者,只有系统管理者(root)才有这样的权限。

1. 命令语法

```
chown [选项] [拥有者] [文件名字]
```

2. 主要参数

在该命令中,选项主要参数的含义如表 4-12 所示。

表 4-12 chown 命令选项主要参数的含义

选项	参数含义
-c	若该文件拥有者确实已经更改,才显示其更改动作
-f	若该文件拥有者无法被更改,也不要显示错误信息
-h	只对于链接(link)进行变更,而非该链接真正指向的文件
-v	显示拥有者变更的详细资料

实例 4-33 修改文件所有者

example1 文件原始所有者为 root,修改其所有者为 Lee。终端输入命令如下。

```
linux@linux-virtual-machine:/home$ ls -l example1
-rwxrw---x 1 root root 0  6月 25 15:36 example1
linux@linux-virtual-machine:/home$ sudo chown -v Lee example1
'example1' 的所有者已从 root 更改为 Lee
linux@linux-virtual-machine:/home$ ls -l example1
-rwxrw---x 1 Lee root 0  6月 25 15:36 example1
```

同步练习

4-107 chown 命令用于________文件或目录的所有者。

4-108 使用 chown [新所有者] [文件名]命令可以将指定文件的________更改为新所有者。使用 chown [新所有者]:[新组] [文件名]命令可以同时更改文件的________和________。

4-109 使用 chown -r [新所有者] [目录名]命令可以________更改目录及其子目录中所有文件的所有者。

4-110 chown 命令可以使用用户名称或用户 ID 指定________。chown 命令可以使用用户名称或用户 ID 指定________。

4-111 使用 chown --reference=[参考文件] [文件名]命令可以将指定文件的所有者和所属组设置为________的所有者和所属组。

4-112 chown 命令在默认情况下不会更改文件的________,只更改所有者和所属组。

4-113 使用 chown -v [新所有者] [文件名]命令可以显示________的更改过程。

4-114 chown 命令在什么情况下需要 root 权限?

4.4.3 改变文件所属组命令 chgrp

chgrp 命令用于变更文件或目录的所属组。

1. 命令语法

```
chgrp ␣[选项]␣[所属组]␣[文件名]
```

2. 主要参数

在该命令中,选项主要参数的含义如表 4-13 所示。

表 4-13 chgrp 命令选项主要参数的含义

选 项	参 数 含 义
-f	不显示错误信息
-h	只对符号链接的文件做修改,而不改动其他任何相关文件
-v	显示拥有者变更的详细资料

实例 4-34 修改文件所属组

本例仍是操作 example1 文件,原始所属组为 root,现将其修改所属组为 Lee。终端输入命令如下。

```
linux@linux-virtual-machine:/home$ ls -l example1
-rwxrw---x 1 Lee root 0  6月 25 15:36 example1
linux@linux-virtual-machine:/home$ sudo chgrp -v Lee example1
'example1' 的所属组已从 root 更改为 Lee
linux@linux-virtual-machine:/home$ ls -l example1
-rwxrw---x 1 Lee Lee 0  6月 25 15:36 example1
```

同步练习

4-115 chgrp 命令用于________文件或目录的所属组。

4-116 使用 chgrp [新组] [文件名]命令可以将指定文件的________更改为新组。

4-117 使用 chgrp -r [新组] [目录名]命令可以________更改目录及其子目录中所有文件的所属组。

4-118 chgrp 命令可以使用组名称或组 ID 指定新的________。

4-119 使用 chgrp -v [新组] [文件名]命令可以显示________的更改过程。

4-120 chgrp 命令在默认情况下不会更改文件的________，只更改所属组。

4-121 默认情况下，chgrp 命令只能由________或原文件的________执行。

4-122 chgrp 命令在默认情况下无法更改________的所属组，除非使用了递归选项。

4-123 如何同时更改文件的所有者和所属组？

第 5 章

用户和组管理

在 Ubuntu 操作系统中，用户和组管理是一个重要的任务，它涉及用户和组的创建、配置、权限分配等操作。任何文件都归属于特定的用户，而任何用户都隶属于至少一个用户组。用户是否有权限对某文件进行访问、读/写以及执行，受到了系统的严格约束。正是这种清晰、严谨的用户与用户组管理系统，在很大程度上保证了 Ubuntu 操作系统的安全性。本章将对用户和组管理的相关文件与指令进行详细介绍，以掌握相关的配置文件和常用命令的使用方法。通过本章的学习，读者可以掌握以下内容。

（1）用户配置文件：/etc/passwd、/etc/shadow、/etc/group。

（2）用户账户管理命令：useradd、adduser、passwd、userdel。

（3）组管理命令：groupadd、groupdel、groupmod。

（4）用户切换命令：sudo、su。

5.1 用户账户基础

Ubuntu 操作系统主要有 3 类用户，即超级用户、系统用户和普通用户。系统为每个用户分配一个唯一的 ID 值——UID。UID 是一个正整数，其初始值为 0。在实际管理中，用户角色是通过 UID 来标识的。角色不同，用户的权限和所能完成的任务也不同。

1. 超级用户

超级用户即 root 用户，其 UID 为 0。root 用户具有最高的系统权限，可以执行所有任务。一般情况下，建议不要直接使用 root 用户账户。

2. 系统用户

系统用户即系统本身或应用程序使用的专门账户，其 UID 的取值范围为 1～999。系统用户通常被分为两类，一类是 Ubuntu 操作系统在安装时自行建立的系统用户，另一类是用户自定义的系统用户。系统用户并没有特别的权限。

3. 普通用户

一般的用户通常会作为普通用户进行登录，其 UID 默认从 1000 开始顺序编号。

5.2 用户配置文件

5.2.1 /etc/passwd 文件

在 Ubuntu 操作系统中，/etc/passwd 文件记录了系统中所有用户的基本信息，包括用户名、用户 ID、组 ID、用户全名、主目录和默认 Shell 等。

该文件的每行表示一个用户账户，由冒号分隔成 7 个字段，具体格式如下。

```
username:password:userid:groupid:userdesc:homedir:shell
```

各字段的含义如下。

username 为用户名。

password 为加密后的用户口令，由于 Ubuntu 默认使用/etc/shadow 文件存储密码，因此该字段通常被设置为 x 或 * 。

userid 为用户 ID(UID)，是一个唯一的整数值，用于标识该用户。

groupid 为用户所属组的 ID，是一个整数值，用于标识该用户所在的主组群。

userdesc 为用户的描述信息，通常为用户全名。

第 13 集
微课视频

homedir 为用户的主目录，在该目录下用户有读写权限，并被允许在其中执行命令。

shell 为用户登录 Shell 的路径，通常为/bin/bash。

用户名由用户自行选定，一般为方便用户记忆或具有一定含义的字符串。系统为每个用户分配一个唯一的用户 ID(UID)。在实际管理中，用户的角色是通过 UID 来标志的。不同类型用户的 UID 有不同的取值范围，所有用户口令都是加密存放的。每个用户会分配到一个组 ID，即 GID。不同用户通常分配有不同的主目录，以避免相互干扰。当用户登录并进入系统时，系统会启动一个 shell 程序，默认是 Bash。需要注意的是，由于该文件存储在系统中的所有用户都可以读取，因此密码字段一般为空或为一个经过加密的字符串，以保证用户信息的安全性。

实例 5-1 查看/etc/passwd 文件的内容

由于/etc/passwd 文件的内容较多，所以使用 tail 命令可以查看文件最后几行的内容。终端输入命令如下。

```
1.  linux@linux-virtual-machine:/home$ tail ␣/etc/passwd
2.  nm-openvpn:x:121:127:NetworkManager OpenVPN,,,:/var/lib/openvpn/chroot:/usr/
    sbin/nologin
3.  saned:x:122:129::/var/lib/saned:/usr/sbin/nologin
4.  colord:x:123:130:colord colour management daemon,,,:/var/lib/colord: /usr/
    sbin/nologin
5.  geoclue:x:124:131::/var/lib/geoclue:/usr/sbin/nologin
6.  pulse:x:125:132:PulseAudio daemon,,,:/run/pulse:/usr/sbin/nologin
```

```
7.     gnome-initial-setup:x:126:65534::/run/gnome-initial-setup/:/bin/false
8.     hplip:x:127:7:HPLIP system user,,,:/run/hplip:/bin/false
9.     gdm:x:128:134:Gnome Display Manager:/var/lib/gdm3:/bin/false
10.    linux:x:1000:1000:linux,,,:/home/linux:/bin/bash
11.    Lee:x:1001:1001::/home/Lee:/bin/sh
```

从第10行和第11行的信息可以看出，当前系统中只有两个普通用户，账户名分别为linux和Lee。对于普通用户linux，UID为1000。账户的密码位置用x代替。当用户linux登录系统时，系统首先会检查/etc/passwd文件，看是否有linux这个账户；然后确定用户的UID，通过UID确认用户的身份。如果存在此用户，则读取/etc/shadow文件中所对应的密码。密码核实无误后即可登录系统，读取用户的配置文件。

5.2.2 /etc/shadow 文件

/etc/shadow是一个系统文件，主要存储Linux系统中用户的密码，以及与用户相关的安全信息。在Ubuntu操作系统中，每个用户都有一个对应的加密密码存储在/etc/shadow文件中，如上述普通账户linux的密码。

/etc/shadow文件对于普通用户是不可读的，只有具有root权限的用户才能查看和编辑此文件。每个用户的密码数据存储为该文件中的一行，包含9个字段，这些字段以冒号分隔，具体格式如下。

```
username:password:lastchg:min:max:warn:inactive:expire:flag
```

各字段的含义如下。

username为用户的名称。

password为用户用于登录系统的密码。如果密码是!或*，则表示还没设置密码。

lastchg为上次更改密码的时间。值为从1970年1月1日起到上次修改密码的天数。

min表示密码必须在多少天后才能更改。

max表示密码在多少天后必须更改。

warn表示在密码过期前多少天开始提醒用户更改密码。

inactive表示密码在多少天后失效并禁用用户。

expire表示账户失效的时间，为从1970年1月1日起的天数。

flag字段当前未使用。

实例5-2 查看/etc/shadow文件的内容

查看/etc/shadow文件内容需要超级用户权限。终端输入命令如下。

```
linux@linux-virtual-machine:/home$ sudo␣head␣/etc/shadow
[sudo] linux 的密码:
```

```
root:!:19510:0:99999:7:::
daemon:*:19411:0:99999:7:::
bin:*:19411:0:99999:7:::
sys:*:19411:0:99999:7:::
sync:*:19411:0:99999:7:::
games:*:19411:0:99999:7:::
man:*:19411:0:99999:7:::
lp:*:19411:0:99999:7:::
mail:*:19411:0:99999:7:::
news:*:19411:0:99999:7:::
```

可以看到，root 用户的第 2 个字段为!，这表示 root 用户还未设置密码，不能使用。

5.2.3 /etc/group 文件

/etc/group 文件是一个文本文件，存储系统中所有组的信息，每个用户组的信息由一行组成。每行由 4 个字段组成，这些字段以冒号分隔，具体格式如下。

```
group_name:passwd:GID:user_list
```

各字段的含义如下。

group_name 为用户组名称，是一个由字母、数字和一些特殊字符组成的字符串。

passwd 为用户组密码，密码信息存储在/etc/shadow 文件中。

GID 为组 ID，是一个非负整数，用来标识组。通常，新的组会自动分配一个新的组 ID。

user_list 为用户列表，每个用户之间用逗号分隔。本字段可以为空，如果字段为空，表示用户组为 GID 的用户名。

实例 5-3 **查看/etc/group 文件的内容**

在超级用户权限下查看/etc/group 文件。终端输入命令如下。

```
linux@linux-virtual-machine:/home$ sudo head /etc/group
root:x:0:
daemon:x:1:
bin:x:2:
sys:x:3:
adm:x:4:syslog,linux
tty:x:5:
disk:x:6:
lp:x:7:
mail:x:8:
news:x:9:
```

同步练习

5-1　/etc/passwd 文件存储了系统中所有用户的________。/etc/shadow 文件存储了系统中所有用户的________。

5-2　/etc/group 文件存储了系统中所有组的________，每行代表一个________，各字段由冒号分隔。

5-3　/etc/passwd 文件中每行代表一个________，/etc/shadow 文件中每行代表一个________，各字段由冒号分隔。

5-4　在/etc/passwd 文件中，第 1 个字段是________，第 3 个字段是________，第 7 个字段是________，第 8 个字段是________。

5-5　为什么需要对密码进行加密并存储在/etc/shadow 文件中？

5-6　如何查看 /etc/passwd 文件中的内容？

5.3　用户账户管理命令

5.3.1　用户创建命令 useradd 和 adduser

第 14 集
微课视频

在 Ubuntu 操作系统中，可以使用 useradd 和 adduser 命令创建新用户。useradd 是 Linux 通用命令，而 adduser 是 Ubuntu 专用命令。一般而言，在 Ubuntu 操作系统中，使用 adduser 命令更加方便。

1. 使用 Linux 通用命令 useradd

useradd 命令用于新建用户账户或更新用户账户配置信息。使用 useradd 命令新建的用户账户默认是被锁定的，需要使用 passwd 命令设置密码以后才能使用。

1）命令语法

```
useradd ␣[选项]␣[用户名]
```

2）主要参数

在该命令中，选项主要参数的含义如表 5-1 所示。

表 5-1　useradd 命令选项主要参数的含义

选　　项	参 数 含 义
-c	加上注释信息。注释会保存在 passwd 文件的对应栏中
-d	指定用户主目录，如果此目录不存在，则同时使用-m 选项创建主目录
-g	指定用户所属的用户组
-G	指定用户所属的附加组
-s	指定用户的登录 Shell
-u	指定用户的 UID

续表

选　项	参数含义
-e	指定账户的有效期限，省略表示永久有效
-f	指定在密码过期后多少天关闭该账户
-r	建立系统账户

实例 5-4　创建一个新用户

使用 useradd 命令创建一个新用户，用户名为 user1，不使用任何参数。终端输入命令如下。

```
linux@linux-virtual-machine:/home$ sudo useradd user1
[sudo] linux 的密码:
linux@linux-virtual-machine:/home$ cat /etc/passwd | grep user1
user1:x:1002:1002::/home/user1:/bin/sh
```

实例 5-5　创建一个系统用户

使用 useradd 命令创建新的系统用户 user2。注意比较用户 user1 和 user2 的 UID 所处区间范围。终端输入命令如下。

```
linux@linux-virtual-machine:/home$ sudo useradd -r user2
linux@linux-virtual-machine:/home$ cat /etc/passwd | grep user2
user2:x:999:999::/home/user2:/bin/sh
```

通过对比，普通用户 user1 的 UID 为 1002，系统用户 user2 的 UID 为 999。

实例 5-6　创建新用户并指定相应的用户组

指定将新用户 user3 加入 linux 用户组。该用户组是 linux 账户的同名用户组。终端输入命令如下。

```
linux@linux-virtual-machine:/home$ sudo useradd -g linux user3
linux@linux-virtual-machine:/home$ cat /etc/passwd | grep user
cups-pk-helper:x:115:122:user for cups-pk-helper service,,,:/home/cups-pk-helper:/
usr/sbin/nologin
sssd:x:118:125:SSSD system user,,,:/var/lib/sss:/usr/sbin/nologin
fwupd-refresh:x:120:126:fwupd-refresh user,,,:/run/systemd:/usr/sbin/nologin
hplip:x:127:7:HPLIP system user,,,:/run/hplip:/bin/false
user1:x:1002:1002::/home/user1:/bin/sh
user2:x:999:999::/home/user2:/bin/sh
user3:x:1003:1000::/home/user3:/bin/sh
linux@linux-virtual-machine:/home$ cat /etc/passwd | grep linux
linux:x:1000:1000:linux,,,:/home/linux:/bin/bash
```

可以看到，新用户 user3 所属组为 linux，GID 为 1000。

2. 使用 Ubuntu 专用命令 adduser

Ubuntu 专用命令 adduser 可用于新增用户账号或更新预设的使用者资料。adduser 命令会自动为新创建的用户指定主目录，也会在创建时输入用户密码。使用 adduser 命令添加用户，会在/home 目录下自动创建与用户组同名的用户目录，并在创建时提示输入密码，而不需要使用 passwd 命令修改密码。adduser 比 useradd 更方便，功能也更为强大。

1）命令语法

```
adduser ␣[选项]␣[用户名]
```

2）主要参数

在该命令中，选项主要参数的含义如表 5-2 所示。

表 5-2 adduser 命令选项主要参数的含义

选 项	参数含义
-c	指定备注文件
-d	指定默认目录
-e	设定此账户的使用期限
-m	自动建立用户的登录目录
-r	建立系统账户

实例 5-7 创建普通用户

使用 adduser 和 useradd 命令分别创建两个账户 user4 和 user5，并比较其中差异。终端输入命令如下。

```
linux@linux-virtual-machine:/home$ sudo␣adduser␣user4
正在添加用户"user4"...
正在添加新组"user4" (1003)...
正在添加新用户"user4" (1004) 到组"user4"...
主目录"/home/user4"已经存在.没有从"/etc/skel"复制文件
新的 密码:
无效的密码: 密码未通过字典检查 - ????????????/?????????
重新输入新的 密码:
passwd: 已成功更新密码
正在改变 user4 的用户信息
请输入新值,或直接按 Enter 键以使用默认值
   全名 []:
   房间号码 []:
   工作电话 []:
   家庭电话 []:
   其他 []:
这些信息是否正确? [Y/n] y
linux@linux-virtual-machine:/home$ sudo␣useradd␣user5
linux@linux-virtual-machine:/home$
```

命令执行后，使用 adduser 命令创建用户时，在默认情况下，系统将自动为该用户创建一个同名的组账户，并将该用户添加到该同名组账户中。同时，为该用户创建主目录，并以交互界面的方式引导用户输入密码和其他基本信息。该指令执行完成后，user4 用户即可正常使用。而 useradd 命令在创建一个 user5 用户后，并没有提供其他反馈信息。user5 用户的账户目前还不能使用。

接下来使用 user4 和 user5 用户分别进行登录测试。终端输入指令如下。

```
linux@linux-virtual-machine:/home$ su␣user4
密码:
user4@linux-virtual-machine:/home$ su␣user5
密码:
^C
```

可以看到，user4 用户可以正常登录使用，但是切换到 user5 用户时，不可登录使用。最后一步失败后，可以按 Ctrl+C 组合键强制结束。

同步练习

5-7 useradd 是一个用于________的 Linux 命令；而 adduser 是一个用于________的 Linux 命令。

5-8 使用 useradd 命令创建的用户，需要________才能被使用。

5-9 使用 adduser 命令创建的用户，在创建过程中会________。

5-10 useradd 命令可以通过划分不同的选项设置________，如用户名、用户 ID 等。

5.3.2 用户密码管理命令 passwd

passwd 命令用于设置或修改用户密码。使用 useradd 命令新建用户后，还需要使用 passwd 命令为该新用户设置密码。passwd 命令也可用于修改用户密码。普通用户和超级权限用户都可以执行 passwd 命令，但普通用户只能修改自己的用户密码，root 用户可以设置或修改任何用户的密码。如果 passwd 命令后面不接任何选项或用户名，则表示修改当前用户的密码。

1. 命令语法

```
passwd␣[选项]␣[用户名]
```

2. 主要参数

在该命令中，选项主要参数的含义如表 5-3 所示。

表 5-3 passwd 命令选项主要参数的含义

选 项	参 数 含 义
-d	删除指定用户的密码
-e	强制使指定用户的密码过期
-l	锁定指定的用户
-k	仅在过期后修改密码
-u	解锁指定的用户
-n	设置到下次修改密码所须等待的最短天数为 MIN_DAYS
-S	报告指定用户密码的状态
-q	安静模式

实例 5-8 使用 passwd 命令为用户设置密码

为例 5-7 中的用户 user5 设置密码。终端输入命令如下。

```
linux@linux-virtual-machine:/home$ sudo passwd user5
[sudo] linux 的密码:
新的 密码:
无效的密码: 密码未通过字典检查 - ????????????/?????????
重新输入新的 密码:
passwd: 已成功更新密码
linux@linux-virtual-machine:/home$ su user5
密码:
$ su linux
密码:
linux@linux-virtual-machine:/home$
```

通过为用户 user5 设定密码,该用户可正常登录使用。

实例 5-9 使用 passwd 命令为用户删除密码

删除用户 user5 密码。终端输入命令如下。

```
linux@linux-virtual-machine:/home$ sudo passwd -d user5
passwd: 密码过期信息已更改
linux@linux-virtual-machine:/home$ cat /etc/shadow | grep user5
cat: /etc/shadow: 权限不够
linux@linux-virtual-machine:/home$ sudo cat /etc/shadow | grep user5
user5::19538:0:99999:7:::
```

根据输出信息,user5::19538:0:99999:7:::中第二字段为空,用户 user5 的密码已经被删除。

同步练习

5-11 passwd 是用于________的 Linux 命令。

5-12 普通用户使用 passwd 命令时,可以修改________;系统管理员使用 passwd 命令时,可以修改________。

5-13 使用 passwd 命令修改密码时,需要提供________进行身份验证。

5-14 使用 passwd 命令修改密码后,新的密码会被存储在________文件中。

5-15 如何使用 passwd 命令修改密码?

5.3.3 用户删除命令 userdel

使用 userdel 命令可以删除用户及其相关文件,甚至可以连用户的主目录一起删除。若不加参数,则仅删除用户账号,而不删除相关文件。

1. 命令语法

```
userdel ␣[选项]␣[用户名]
```

2. 主要参数

在该命令中,选项主要参数的含义如表 5-4 所示。

表 5-4 userdel 命令选项主要参数的含义

选　项	参数含义
-r	删除用户目录以及目录中的所有文件
-f	不管用户是否登录系统,强制删除用户

实例 5-10 使用-r 选项删除用户主目录以及目录中的所有文件

终端输入命令如下。

```
linux@linux-virtual-machine:/home$ tail ␣/etc/passwd
gnome-initial-setup:x:126:65534::/run/gnome-initial-setup/:/bin/false
hplip:x:127:7:HPLIP system user,,,:/run/hplip:/bin/false
gdm:x:128:134:Gnome Display Manager:/var/lib/gdm3:/bin/false
linux:x:1000:1000:linux,,,:/home/linux:/bin/bash
Lee:x:1001:1001::/home/Lee:/bin/sh
user1:x:1002:1002::/home/user1:/bin/sh
user2:x:999:999::/home/user2:/bin/sh
user3:x:1003:1000::/home/user3:/bin/sh
user4:x:1004:1003:,,,:/home/user4:/bin/bash
user5:x:1005:1005::/home/user5:/bin/sh
linux@linux-virtual-machine:/home$ sudo ␣userdel ␣-r ␣user5
[sudo] linux 的密码:
userdel: user5 信件池 (/var/mail/user5) 未找到
```

```
userdel: 未找到 user5 的主目录"/home/user5"
linux@linux-virtual-machine:/home$ tail /etc/passwd
pulse:x:125:132:PulseAudio daemon,,,:/run/pulse:/usr/sbin/nologin
gnome-initial-setup:x:126:65534::/run/gnome-initial-setup/:/bin/false
hplip:x:127:7:HPLIP system user,,,:/run/hplip:/bin/false
gdm:x:128:134:Gnome Display Manager:/var/lib/gdm3:/bin/false
linux:x:1000:1000:linux,,,:/home/linux:/bin/bash
Lee:x:1001:1001::/home/Lee:/bin/sh
user1:x:1002:1002::/home/user1:/bin/sh
user2:x:999:999::/home/user2:/bin/sh
user3:x:1003:1000::/home/user3:/bin/sh
user4:x:1004:1003:,,,:/home/user4:/bin/bash
```

由此可见，删除 user5 用户后，在/etc/passwd 文件中看不到 user5 的用户信息。

实例 5-11　使用-f 选项强制删除用户，而不管用户是否登录

终端输入命令如下。

```
linux@linux-virtual-machine:/home$ sudo userdel -r user4
userdel: user user4 is currently used by process 69734
linux@linux-virtual-machine:/home$ sudo userdel -rf user4
userdel: user user4 is currently used by process 69734
userdel: user4 信件池 (/var/mail/user4) 未找到
linux@linux-virtual-machine:/home$ tail /etc/passwd
geoclue:x:124:131::/var/lib/geoclue:/usr/sbin/nologin
pulse:x:125:132:PulseAudio daemon,,,:/run/pulse:/usr/sbin/nologin
gnome-initial-setup:x:126:65534::/run/gnome-initial-setup/:/bin/false
hplip:x:127:7:HPLIP system user,,,:/run/hplip:/bin/false
gdm:x:128:134:Gnome Display Manager:/var/lib/gdm3:/bin/false
linux:x:1000:1000:linux,,,:/home/linux:/bin/bash
Lee:x:1001:1001::/home/Lee:/bin/sh
user1:x:1002:1002::/home/user1:/bin/sh
user2:x:999:999::/home/user2:/bin/sh
user3:x:1003:1000::/home/user3:/bin/sh
```

强制删除 user4 用户，在/etc/passwd 目录下已经不存在 user4 用户信息。

同步练习

5-16　userdel 是用于________的 Linux 命令，如果想要同时删除用户的默认目录，可以使用的 userdel 命令选项为________。

5-17　使用 userdel 命令删除用户时，通常会将该用户从所属的________中移除。

5-18　如何使用 userdel 命令删除用户？

5.4 组管理命令

5.4.1 组创建命令 groupadd

groupadd 命令用于创建一个新的组，这是 Linux 通用命令。

1. 命令语法

```
groupadd ␣[选项]␣[组名]
```

2. 主要参数

在该命令中，选项主要参数的含义如表 5-5 所示。

表 5-5 groupadd 命令选项主要参数的含义

选 项	参 数 含 义
-f	如果组已存在，则此选项失效并以成功状态退出；如果 GID 已被使用，则取消-g 选项
-g	指定新组使用的 GID。GID 必须是唯一且非负的，除非使用-o 选项
-K	不使用/etc/login.defs 中的默认值
-o	允许创建有重复 GID 值
-r	创建一个系统组账户，GID 小于 1000；若不带此选项，则创建普通组

第 15 集
微课视频

实例 5-12 **创建一个用户组并设置其 GID 为 1010**

分别创建 group1 和 group2 两个用户组，并设定用户组 group2 的 GID 值为 1010。终端输入命令如下。

```
linux@linux-virtual-machine:/home$ sudo␣groupadd␣group1
[sudo] linux 的密码:
linux@linux-virtual-machine:/home$ sudo␣groupadd␣group2␣-g␣1010
linux@linux-virtual-machine:/home$ grep␣group␣/etc/group
nogroup:x:65534:
group1:x:1003:
group2:x:1010:
```

实例 5-13 **创建 GID 重复的用户组**

终端输入命令如下。

```
linux@linux-virtual-machine:/home$ sudo␣groupadd␣group3␣-g␣1010
groupadd: GID "1010"已经存在
linux@linux-virtual-machine:/home$ sudo␣groupadd␣group3␣-og␣1010
linux@linux-virtual-machine:/home$ grep␣group␣/etc/group
nogroup:x:65534:
group1:x:1003:
```

```
group2:x:1010:
group3:x:1010:
```

可以看到，虽然1010用户组号已经存在，但是添加-o选项仍可以创建重复的用户组，可见group2和group3的GID都为1010。

同步练习

5-19 groupadd是用于________的Linux命令，使用groupadd命令创建用户组时，默认情况下只会建立用户组，不会创建与该用户组同名的________。

5-20 在Linux系统中，每个用户组都有一个唯一的________。

5-21 使用groupadd命令创建用户组时，可以指定________，或者由系统自动分配组ID。

5-22 ________命令可以通过指定不同的选项设置创建用户组的行为，如创建主组等。

5-23 如何使用groupadd命令创建一个新用户组？

5.4.2 组删除命令groupdel

使用groupdel命令可以在Linux操作系统中删除组。如果该组中仍然包括某些用户，则先从组中删除这些用户，然后才能删除该组。使用该命令时，要先确认待删除的用户组存在。

1. 命令语法

```
groupdel ␣[组名]
```

2. 主要参数

在该命令中，选项主要参数的含义如表5-6所示。

表5-6 groupdel命令选项主要参数的含义

选　项	参数含义
-f	强制删除组
-h	显示帮助信息并退出

实例5-14 删除普通用户组

终端输入命令如下。

```
linux@linux-virtual-machine:/home$ grep ␣group ␣/etc/group
nogroup:x:65534:
```

```
group1:x:1003:
group2:x:1010:
group3:x:1010:
linux@linux-virtual-machine:/home$ sudo groupdel group3
linux@linux-virtual-machine:/home$ sudo groupdel group3
groupdel: "group3"组不存在
linux@linux-virtual-machine:/home$ grep group /etc/group
nogroup:x:65534:
group1:x:1003:
group2:x:1010:
```

可以看到,groupdel 命令可直接删除用户组 group3。

同步练习

5-24 groupdel 是用于________的 Linux 命令,使用 groupdel 命令删除用户组时,默认情况下只会删除用户组的________,不会删除与该用户组同名的________。

5-25 如果想要同时删除用户组的默认目录,可以使用 groupdel 命令的________选项。

5-26 groupdel 命令会在删除用户组之前先检查其是否还有________。

5.4.3 组修改命令 groupmod

groupmod 命令用于修改用户组的名称。

1. 命令语法

```
groupmod [选项] 组名
```

2. 主要参数

在该命令中,选项主要参数的含义如表 5-7 所示。

表 5-7 groupmod 命令选项主要参数的含义

选项	参数含义
-g	设置要使用的组识别码
-o	重复使用组识别码
-n	设置要使用的组名称

实例 5-15 修改组名

将组名 group2 修改为 group3。终端输入命令如下。

```
linux@linux-virtual-machine:/home$ tail -1 /etc/group
group2:x:1010:
linux@linux-virtual-machine:/home$ sudo groupmod -n group3 group2
```

```
[sudo] linux 的密码:
linux@linux-virtual-machine:/home$ tail -1 /etc/group
group3:x:1010:
linux@linux-virtual-machine:/home$ grep group /etc/group
nogroup:x:65534:
group1:x:1003:
group3:x:1010:
```

同步练习

5-27　groupmod 是用于________的 Linux 命令。

5-28　使用 groupmod 命令可以修改用户组的________。若要修改用户组的名称,可以使用 groupmod 命令的________选项。若要修改用户组的组 ID,可以使用 groupmod 命令的________选项。

5-29　若要将用户添加到现有的用户组中,可以使用 groupmod 命令的________选项。

5-30　如何使用 groupmod 命令修改用户组的名称?

5.5　用户切换命令

5.5.1　sudo 命令

可以使用 sudo 命令获取超级用户权限(也称为 root 权限),以执行需要 root 权限才能执行的系统命令。

1. 命令语法

```
sudo [选项] [命令名称]
```

2. 主要参数

在该命令中,选项主要参数的含义如表 5-8 所示。

表 5-8　sudo 命令选项主要参数的含义

选　　项	参数含义
-v	显示版本信息
-h	显示版本编号以及指令的使用方式
-l	列出目前用户可执行与无法执行的命令

实例 5-16　通过 sudo 命令执行 touch 命令

终端输入命令如下。

```
linux@linux-virtual-machine:/home$ touch hello.c
touch: 无法 touch 'hello.c': 权限不够
linux@linux-virtual-machine:/home$ sudo touch hello.c
linux@linux-virtual-machine:/home$ ls -l hello.c
-rw-r--r-- 1 root root 0  6月 30 15:40 hello.c
```

由此可见，touch 命令需要在 root 权限下进行使用。

使用 sudo 命令需要注意以下 3 点。

（1）只有具有 sudo 权限的用户才能使用 sudo 命令，这些用户通常是系统管理员或具有超级用户权限的用户。

（2）sudo 命令不仅可获取 root 权限，还可以使用其他用户的权限，只要该用户有权限执行指定的命令即可。

（3）sudo 命令执行的操作是永久性的，即使用户关闭了超级用户模式，更改也不会被撤销。

5.5.2 su 命令

与 sudo 命令相比，su 命令更为强大，不仅可以将用户切换为 root 用户，还可以进行任何身份的转换。

1. 命令语法

```
su [用户名]
```

2. 主要参数

在该命令中，选项主要参数的含义如表 5-9 所示。

表 5-9 su 命令选项主要参数的含义

选项	参数含义
-c	执行完指定的命令后，即恢复原来的身份
-s	指定要执行的 shell
-l	改变身份时，也同时变更工作目录，以及 HOME、SHELL、USER、logname；此外，也会变更 PATH 变量

实例 5-17 通过 su 命令切换用户

通过 su 命令，由 linux 用户切换为 user4。终端输入命令如下。

```
linux@linux-virtual-machine:/home$ tail /etc/passwd
pulse:x:125:132:PulseAudio daemon,,,:/run/pulse:/usr/sbin/nologin
gnome-initial-setup:x:126:65534::/run/gnome-initial-setup/:/bin/false
hplip:x:127:7:HPLIP system user,,,:/run/hplip:/bin/false
gdm:x:128:134:Gnome Display Manager:/var/lib/gdm3:/bin/false
linux:x:1000:1000:linux,,,:/home/linux:/bin/bash
```

```
Lee:x:1001:1001::/home/Lee:/bin/sh
user1:x:1002:1002::/home/user1:/bin/sh
user2:x:999:999::/home/user2:/bin/sh
user3:x:1003:1000::/home/user3:/bin/sh
user4:x:1004:1004::/home/user4:/bin/sh
linux@linux-virtual-machine:/home$ su ␣user4
密码:
$
```

需要注意的是,在使用 su 命令切换到超级用户身份时,需要输入超级用户密码。而使用 sudo 命令获取超级用户权限时,需要输入当前用户的密码。因此,在 Ubuntu 操作系统中,使用 sudo 命令比使用 su 命令更加安全且推荐使用。

同步练习

5-31 sudo 是用于在 Linux 中________的命令。

5-32 sudo 命令需要提供当前用户________进行身份验证。

5-33 使用 sudo 命令可以授予普通用户________。

5-34 sudo 的配置文件是________。

5-35 在/etc/sudoers 文件中可以指定哪些用户或用户组有权执行特定的________。

第 6 章

软件包管理

Ubuntu 是基于 Linux 的操作系统，它使用了 Debian 软件包管理系统。Ubuntu 的软件包管理器叫作 Advanced Packaging Tool(apt)，它使得软件的安装、更新和移除变得非常简单。在 Ubuntu 操作系统中，软件以.deb 格式的软件包形式提供。这些软件包存储在 Ubuntu 软件仓库中，用户可以通过 apt 访问和管理这些软件包。Ubuntu 的软件包管理是通过 apt 与 dpkg 进行的，dpkg 是 apt 的底层工具，用于管理.deb 格式的软件包。通过本章的学习读者可以掌握以下知识。

(1) 安装软件包。

(2) 更新软件包列表。

(3) 清理无用的软件包。

(4) apt-get 和 dpkg 包管理工具的使用方法。

6.1 软件安装必备知识

6.1.1 Linux 安装文件形式

Linux 操作系统中的软件安装方式有 3 种，分别为基于软件包存储库进行安装、二进制软件包进行安装、源代码包进行编译安装。

绝大多数 Linux 操作系统发行版都提供了基于软件包存储库的安装方式。该安装方式使用中心化的机制搜索和安装软件。软件存储在存储库中，并通过软件包的形式进行分发。软件包存储库有助于确保系统中使用的软件是经过审查的，并且软件的安装版本已经得到了开发人员和包维护人员的认可。

对于新开发或迭代速度较快的软件，存储库可能并未收集该软件包，或者存储库中所收集的相应软件包并不是最新的，此时通常可以直接下载官方提供的二进制软件包进行安装。对于开源的软件，还可以直接下载源代码进行安装。这两种软件包安装方式的难度也依次增大。

6.1.2 软件包管理工具

整个 Linux 操作系统都是由内核加上大量的软件包构成的，因此在 Linux 操作系统中软件包的管理非常重要。软件包通常不是孤立存在的,包与包之间可能存在依赖关系,甚至循环依赖。软件包管理工具让这一切变得简单,为在系统中安装、升级、卸载软件以及查询软件状态信息等提供了必要的支持。

不同 Linux 操作系统发行版提供的软件包管理工具并不完全相同。在 GNU/Linux 操作系统中,rpm 和 dpkg 是较常见的两类软件包管理工具。它们分别应用于基于 rpm 软件包和 deb 软件包的 Linux 发行版本。

rpm 软件包通常以.rpm 为扩展名。可以使用 rpm 命令或其他 rpm 软件包管理工具对其进行操作。CentOS、Fedora 和其他 Red Hat 家族成员通常使用 rpm 软件包管理工具。

Debian 及其衍生版,如 Ubuntu、Linux Mint 和 Raspbian 等,它们的包格式是.deb。可以使用 dpkg 程序来安装。

apt 软件包管理工具作为底层 dpkg 的前端,使用的频率更高。它提供了大多数常见的操作命令,如搜索存储库、安装软件包及其依赖项、管理软件包升级等。最近发布的大多数 Debian 衍生版都包含了 apt,它提供了一个简洁统一的接口。

6.1.3 软件依赖管理

在 Ubuntu 操作系统中,软件依赖关系通常在软件包的元数据中指定,软件包管理器根据这些依赖关系自动安装所需的软件包。

如果某个软件包依赖于其他软件包或库文件,软件包管理器会在安装过程中检查这些依赖关系,并自动安装所需的软件包或库文件。这个过程通常称为依赖关系解决。

通常情况下,用户不需要手动处理软件依赖关系,软件包管理器会自动处理。但是,如果用户使用第三方软件源或从源代码安装软件,可能会遇到依赖关系问题。在这种情况下,用户需要手动安装或解决依赖关系。

软件依赖管理不仅在安装新软件时起作用,在以下情况也会发挥作用。

(1) 在安装新软件时,被依赖的软件包和该软件不兼容,即包冲突。

(2) 删除其他软件依赖的软件包,即反依赖。

包管理系统遇到这些情况都会提示用户,让用户作出选择。例如,删除其他软件依赖的软件包时,包管理系统会提示要么删除所有相关软件,要么都不删除。

同步练习

6-1 在 Linux 中,软件可以以________或________的形式进行安装。

6-2 源代码是软件的________,需要经过编译才能生成可执行文件。

6-3 在 Linux 中,常用的软件包管理工具有________等。

6-4 软件包管理工具可以自动解决________,确保所需的依赖库和组件都正确安装。

6-5 在使用软件包管理工具安装软件时,可以使用________命令适用于 Debian/Ubuntu 操作系统,可以使用________命令适用于 Red Hat/CentOS 系统。

6-6 软件的依赖关系是指软件运行所需要的________。

6-7 在 Ubuntu 操作系统中，通过________命令，使用软件包管理工具可以方便地卸载软件。

6.2 apt 包管理工具

在 Ubuntu 操作系统中，一般使用 apt-get 进行软件安装。在基于 Debian 的 Linux 操作系统中，有各种可以与 apt 进行交互的工具，以方便用户安装、删除和管理软件包。apt-get 便是其中最受欢迎的命令行工具。apt 在 dpkg 的基础之上，运用了快速、便捷、高效的方法安装软件包，当软件包更新时，还可以自动管理关联文件和维护已有的配置文件。apt-get 和 apt 都是常用的软件包管理命令。

6.2.1 apt-get 命令简介

apt-get 是一个在 Debian 和 Ubuntu 操作系统中使用的命令行工具，用于管理软件包。它是 Advanced Package Tool(apt)的一部分，可以用来安装、升级、卸载和管理软件包及其依赖关系。使用 apt-get 命令需要具有超级用户权限(sudo)，如 sudo apt-get update。在执行命令之前，通常需要先更新软件源列表以获得最新的软件包信息。

第 16 集
微课视频

1. 命令语法

```
apt - get ␣[选项]␣[辅助命令]
```

2. 主要参数

在该命令中，选项主要参数的含义如表 6-1 所示。

表 6-1 apt-get 命令选项主要参数的含义

选　　项	参 数 含 义
-d	只下载软件包，不解压、不安装下载的软件包
-f	修复已安装软件包的依赖关系
-y	对于需要用户确认的请求，全部以 yes 作为回答
-c	指定 apt-get 命令默认文件之外的配置文件
-o	更改某一选项或几项配置文件的内容

辅助命令及主要含义如表 6-2 所示。

表 6-2 辅助命令及主要含义

选　　项	参 数 含 义
install	安装一个或多个软件
update	同步本地和软件源之间的软件包索引
upgrade	升级软件包

续表

选　　项	参数含义
remove	删除指定软件包
autoremove	删除指定软件包，并处理该软件包的依赖关系
purge	彻底删除指定的软件包，包括配置文件等内容
check	检查软件包依赖关系是否损坏
clean	清除软件包本地缓存

6.2.2 apt-get 安装软件包

apt-get 命令可以直接从软件源下载软件包并进行安装，所以在安装过程中必须保证 Ubuntu 操作系统处于网络连接状态。

接下来以安装 Chromium 浏览器为例，演示如何使用 apt-get 命令完成软件包的管理。Chromium 浏览器是 Chrome 浏览器的开源版本，所有 Chrome 上的功能都会在 Chromium 版本的浏览器上进行测试，所以 Chromium 浏览器中的组件是最新的，同时也保证了一定的稳定性。

实例 6-1 **使用 apt-get 命令安装 Chromium 浏览器**

终端输入命令如下。

```
linux@linux-virtual-machine:/home$ sudo apt-get install chromium-browser
[sudo] linux 的密码:
正在读取软件包列表... 完成
正在分析软件包的依赖关系树... 完成
正在读取状态信息... 完成
下列【新】软件包将被安装:
chromium-browser
升级了 0 个软件包,新安装了 1 个软件包,要卸载 0 个软件包,有 40 个软件包未被升级。
需要下载 49.2 kB 的归档。
解压缩后会消耗 165 kB 的额外空间。
获取:1 http://cn.archive.ubuntu.com/ubuntu jammy-updates/universe amd64 chromium-browser
amd64 1:85.0.4183.83-0ubuntu2.22.04.1 [49.2 kB]
已下载 49.2 kB,耗时 1 秒 (37.7 kB/s)
正在预设定软件包 ...
正在选中未选择的软件包 chromium-browser。
(正在读取数据库 ... 系统当前共安装有 205189 个文件和目录。)
准备解压 .../chromium-browser_1%3a85.0.4183.83-0ubuntu2.22.04.1_amd64.deb ...
=> Installing the chromium snap
==> Checking connectivity with the snap store
==> Installing the chromium snap
chromium 114.0.5735.198 已从 Canonical✓ 安装
=> Snap installation complete
正在解压 chromium-browser (1:85.0.4183.83-0ubuntu2.22.04.1) ...
正在设置 chromium-browser (1:85.0.4183.83-0ubuntu2.22.04.1) ...
update-alternatives: 使用 /usr/bin/chromium-browser 在自动模式中提供 /usr/bin/x-www-
browser (x-www-browser)
```

```
update-alternatives: 使用 /usr/bin/chromium-browser 在自动模式中提供 /usr/bin/gnome-www
-browser (gnome-www-browser)
正在处理用于 desktop-file-utils (0.26-1ubuntu3) 的触发器 ...
正在处理用于 hicolor-icon-theme (0.17-2) 的触发器 ...
正在处理用于 gnome-menus (3.36.0-1ubuntu3) 的触发器 ...
正在处理用于 mailcap (3.70+nmu1ubuntu1) 的触发器 ...
```

安装完成后，在应用程序管理界面即可看到 Chromium 图标，如图 6-1 所示。单击图标，即可打开浏览器，初始界面如图 6-2 所示。

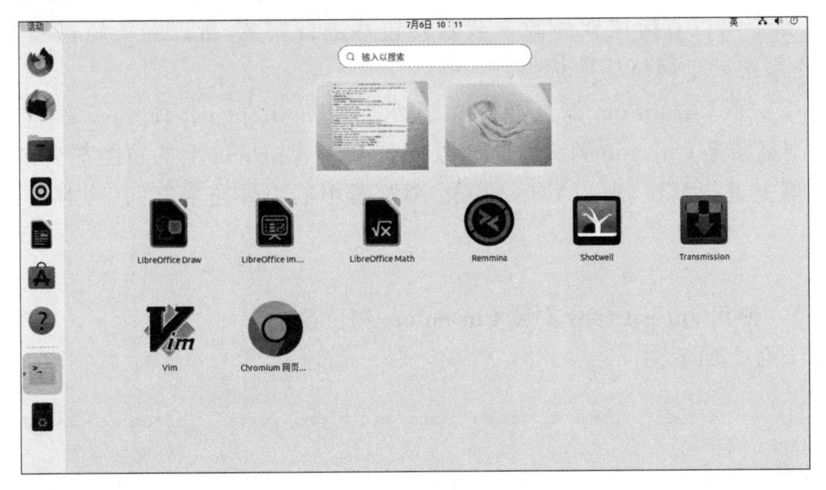

图 6-1 Chromium 浏览器已成功安装

图 6-2 Chromium 浏览器初始界面

6.2.3 apt-get 更新软件包

由于 apt-get 使用的是本地软件包索引，而且该索引通常并不会自动更新，所以在进行软件更新前，需要先更新本地软件包索引。

实例 6-2 使用 apt-get 命令更新本地软件包索引

终端输入命令如下。

```
linux@linux-virtual-machine:/home$ sudo apt-get update
[sudo] linux 的密码:
命中:1 http://cn.archive.ubuntu.com/ubuntu jammy InRelease
获取:2 http://cn.archive.ubuntu.com/ubuntu jammy-updates InRelease [119 kB]
获取:3 http://cn.archive.ubuntu.com/ubuntu jammy-backports InRelease [108 kB]
获取:4 http://cn.archive.ubuntu.com/ubuntu jammy-updates/main amd64 DEP-11 Metadata [99.4 kB]
获取:5 http://cn.archive.ubuntu.com/ubuntu jammy-updates/universe amd64 DEP-11 Metadata
[274 kB]
获取:6 http://cn.archive.ubuntu.com/ubuntu jammy-updates/multiverse amd64 DEP-11 Metadata
[940 B]
获取:7 http://cn.archive.ubuntu.com/ubuntu jammy-backports/main amd64 DEP-11 Metadata [8,
000 B]
获取:8 http://cn.archive.ubuntu.com/ubuntu jammy-backports/universe amd64 DEP-11 Metadata
[15.4 kB]
获取:9 http://security.ubuntu.com/ubuntu jammy-security InRelease [110 kB]
获取:10 http://security.ubuntu.com/ubuntu jammy-security/main amd64 DEP-11 Metadata [41.6 kB]
获取:11 http://security.ubuntu.com/ubuntu jammy-security/universe amd64 DEP-11 Metadata
[21.9 kB]
已下载 798 kB,耗时 11 秒 (75.5 kB/s)
正在读取软件包列表... 完成
```

通过 update 辅助命令，即可同步本地和软件源之间的软件包索引。

实例 6-3 使用 apt-get 命令更新软件包

终端输入命令如下。

```
linux@linux-virtual-machine:/home$ sudo apt-get upgrade
正在读取软件包列表... 完成
正在分析软件包的依赖关系树... 完成
正在读取状态信息... 完成
正在计算更新... 完成
下列软件包的版本将保持不变:
libinput-bin libinput10 ubuntu-desktop ubuntu-desktop-minimal ubuntu-standard
下列软件包将被升级:
fwupd fwupd-signed gdm3 gir1.2-gdm-1.0 gjs gnome-shell-extension-ubuntu-dock
grub-common grub-pc grub-pc-bin grub2-common iptables libegl-mesa0 libfwupd2
libfwupdplugin5 libgbm1 libgdm1 libgjs0g libgl1-mesa-dri libglapi-mesa
libglx-mesa0 libidn12 libip4tc2 libip6tc2 libmm-glib0 libnautilus-extension1a
```

```
libxatracker2 libxtables12 linux-firmware mesa-va-drivers mesa-vdpau-drivers
mesa-vulkan-drivers modemmanager nautilus nautilus-data ubuntu-drivers-common
升级了 35 个软件包,新安装了 0 个软件包,要卸载 0 个软件包,有 5 个软件包未被升级.
需要下载 281 MB 的归档.
解压缩后会消耗 10.2 kB 的额外空间.
您希望继续执行吗? [Y/n] y
获取:1 http://cn.archive.ubuntu.com/ubuntu jammy-updates/main amd64 ubuntu-drivers-
common amd64 1:0.9.6.2~0.22.04.4 [58.3 kB]
获取:2 http://cn.archive.ubuntu.com/ubuntu jammy-updates/main amd64 iptables amd64 1.8.7-
1ubuntu5.1 [455 kB]
获取:3 http://cn.archive.ubuntu.com/ubuntu jammy-updates/main amd64 libxtables12 amd64
1.8.7-1ubuntu5.1 [31.2 kB]
...
已下载 182 MB,耗时 1 分 51 秒 (1,632 kB/s)
正在从软件包中解出模板: 100%
正在预设定软件包 ...
(正在读取数据库 ... 系统当前共安装有 205203 个文件和目录.)
准备解压 .../00-ubuntu-drivers-common_1%3a0.9.6.2~0.22.04.4_amd64.deb ...
正在解压 ubuntu-drivers-common (1:0.9.6.2~0.22.04.4) 并覆盖 (1:0.9.6.1) ...
准备解压 .../01-iptables_1.8.7-1ubuntu5.1_amd64.deb ...
正在解压 iptables (1.8.7-1ubuntu5.1) 并覆盖 (1.8.7-1ubuntu5) ...
...
正在设置 libglapi-mesa:amd64 (22.2.5-0ubuntu0.1~22.04.3) ...
触发器 ...
正在处理用于 dbus (1.12.20-2ubuntu4.1) 的触发器 ...
正在设置 gir1.2-gdm-1.0:amd64 (42.0-1ubuntu7.22.04.3) ...
正在处理用于 install-info (6.8-4build1) 的触发器 ...
正在处理用于 mailcap (3.70+nmu1ubuntu1) 的触发器 ...
正在设置 nautilus (1:42.6-0ubuntu1) ...
正在设置 gdm3 (42.0-1ubuntu7.22.04.3) ...
通过 upgrade 辅助命令,已对 35 个软件包进行升级.
```

通过 upgrade 辅助命令,即可对 35 个软件包进行升级。

6.2.4 apt-get 删除软件包

使用 apt-get 命令删除软件包,有多个辅助命令可以使用。不同辅助命令的作用并不相同。常用的命令有 autoremove 和 purge。autoremove 命令可以自动处理依赖关系,尽量保证软件包删除后对系统中其他软件包共用的依赖造成的危害小,保留部分软件包配置文件;而 purge 命令则可以彻底将软件包删除,包括配置文件等内容。

实例 6-4 使用 apt-get 命令删除 Chromium 浏览器

终端输入命令如下。

```
1.    linux@linux-virtual-machine:/home$ sudo apt-get autoremove chromium-browser
2.    正在读取软件包列表... 完成
3.    正在分析软件包的依赖关系树... 完成
4.    正在读取状态信息... 完成
```

```
5.    下列软件包将被【卸载】:
6.    chromium-browser
7.    升级了 0 个软件包,新安装了 0 个软件包,要卸载 1 个软件包,有 5 个软件包未被升级.
8.    解压缩后将会空出 165 kB 的空间.
9.    您希望继续执行吗? [Y/n] y
10.   (正在读取数据库 ... 系统当前共安装有 205203 个文件和目录.)
11.   正在卸载 chromium-browser (1:85.0.4183.83-0ubuntu2.22.04.1) ...
12.   正在处理用于 hicolor-icon-theme (0.17-2) 的触发器 ...
13.   正在处理用于 gnome-menus (3.36.0-1ubuntu3) 的触发器 ...
14.   正在处理用于 mailcap (3.70+nmu1ubuntu1) 的触发器 ...
15.   正在处理用于 desktop-file-utils (0.26-1ubuntu3) 的触发器 ...
16.   linux@linux-virtual-machine:/home$ dpkg -l | grep chromium
17.   rc chromium-browser 1:85.0.4183.83-0ubuntu2.22.04.1 amd64
      Transitional package - chromium-browser -> chromium snap
18.   ii  chromium-codecs-ffmpeg-extra   1:85.0.4183.83-0ubuntu2.22.04.1
      amd64    Transitional package - chromium-codecs-ffmpeg-extra ->
      chromium-ffmpeg snap
```

对第 17 行进行分析。

```
rc  chromium-browser   1:85.0.4183.83-0ubuntu2.22.04.1   amd64
Transitional package-chromium-browser->chromium snap
```

其中,rc 表示软件包已被卸载/删除,但是软件包的配置文件仍然存在于系统中;chromium-browser 表示软件包名称;1:85.0.4183.83-0ubuntu2.22.04.1 表示软件包版本;amd64 表示 64 位平台;Transitional package - chromium-browser→chromium snap 为软件包描述。

第 17 集
微课视频

综上所述,该软件包(chromium-browser)已被成功删除,但是保留部分配置文件。

同步练习

6-8 apt-get 是用于在基于________的 Linux 系统中进行软件包________的命令。

6-9 使用________命令可以从官方软件源下载并安装软件包,以及解决软件包之间的________。

6-10 要通过 apt-get 命令安装一个软件包,可以使用________的方式,其中________是要安装的软件包的名称;卸载已安装的软件包可以使用________的方式。

6-11 使用 apt-get 命令更新软件包信息列表,可以使用________命令。

6-12 apt-get 命令的主要参数 d、f、y 分别表示什么含义?

6-13 如何使用 apt-get 命令安装软件包?

6.3 dpkg 包管理工具

6.3.1 dpkg 概述

Ubuntu 操作系统是 Debian 发行版本的一个分支,因此都会包含 dpkg 包管理工具。

dpkg 是 Debian 系列发行版软件包管理器的基础，主要用于安装、卸载、打包、解包和对软件包进行管理。

1. 命令语法

```
dpkg ␣[选项]␣软件包
```

2. 主要参数

在该命令中，选项主要参数的含义如表 6-3 所示。

表 6-3 dpkg 命令选项主要参数的含义

选　项	参数含义	选　项	参数含义
-i	安装本地.deb 格式安装包	-V	检查包完整性
-r	删除指定软件包	-s	显示指定软件包的详细状态
-P	彻底删除指定软件包	-l	列出所有软件包状态
-p	显示指定安装包可安装的软件版本	-L	列出属于指定软件包的文件
--unpack	解包本地.deb 格式安装包		

6.3.2 dpkg 安装软件包

dpkg 主要被用来管理.deb 包，接下来以安装 WPS 为例，详细介绍软件包的安装过程。

实例 6-5 使用 dpkg 命令安装 WPS 软件

(1) 首先需要将 wps-office_11.1.0.11698_amd64.deb 软件包提前下载至虚拟机中。进入 WPS 官网，找到最新版本 WPS 软件包。注意：选择 For Linux 字样的 WPS 软件包，如图 6-3 所示。

图 6-3 找到 For Linux 的 WPS 软件包

（2）单击“立即下载”按钮，进入如图 6-4 所示的页面。

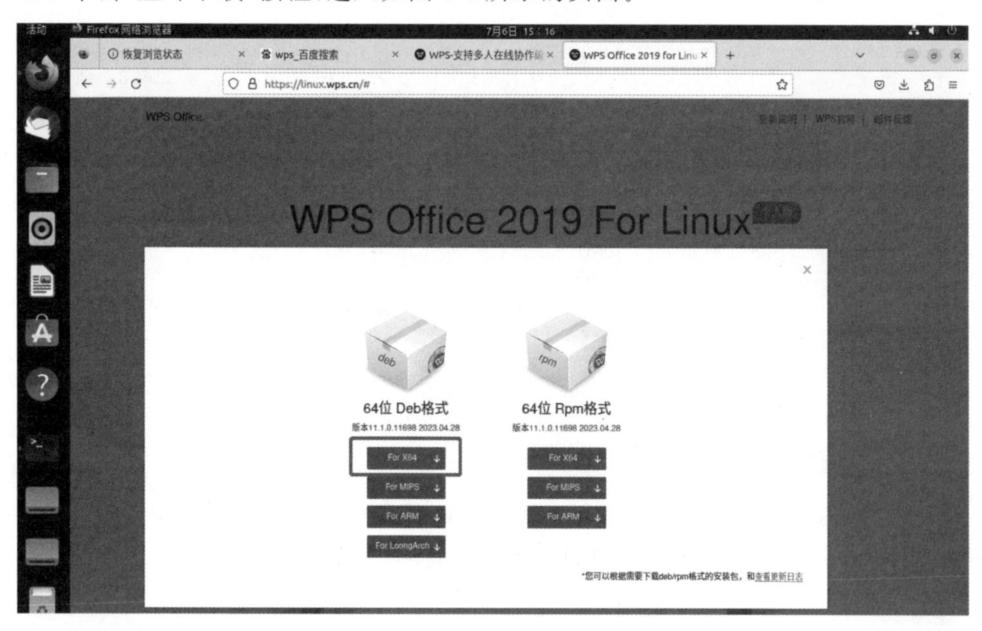

图 6-4　找到正确的 WPS 软件包

（3）单击左侧“64 位 Deb 格式”下方“For X64”按钮，浏览器开始下载软件包，如图 6-5 所示。

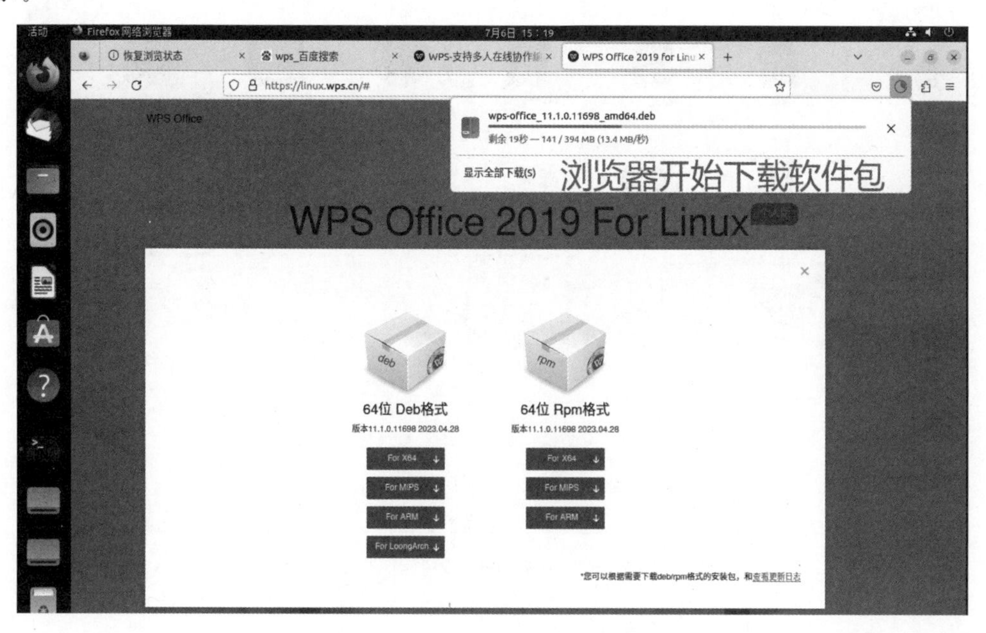

图 6-5　浏览器下载 WPS 软件包

（4）为了便于查找 WPS 软件包，将其存储在/tmp 目录中。

(5) 对软件包进行安装,终端输入命令如下。

```
linux@linux-virtual-machine:/tmp# ls␣-l␣wps-office_11.1.0.11698_amd64.deb
-rw-rw-r-- 1 linux linux 413452358 7月  6 14:20 wps-office_11.1.0.11698_ amd64.deb
linux@linux-virtual-machine:/tmp# dpkg␣-i␣wps-office_11.1.0.11698_amd64.deb
[sudo] linux 的密码:
正在选中未选择的软件包 wps-office.
(正在读取数据库 ... 系统当前共安装有 205189 个文件和目录.)
准备解压 wps-office_11.1.0.11698_amd64.deb ...
正在解压 wps-office (11.1.0.11698) ...
正在设置 wps-office (11.1.0.11698) ...
正在处理用于 fontconfig (2.13.1-4.2ubuntu5) 的触发器 ...
正在处理用于 hicolor-icon-theme (0.17-2) 的触发器 ...
正在处理用于 shared-mime-info (2.1-2) 的触发器 ...
正在处理用于 mailcap (3.70+nmu1ubuntu1) 的触发器 ...
正在处理用于 gnome-menus (3.36.0-1ubuntu3) 的触发器 ...
正在处理用于 desktop-file-utils (0.26-1ubuntu3) 的触发器 ...
```

软件包安装完成后,即可在应用程序管理界面看到相关 WPS 软件,可对文本文件、电子表格文件、PPT 文件以及 PDF 文件进行编辑与查阅,如图 6-6 所示。

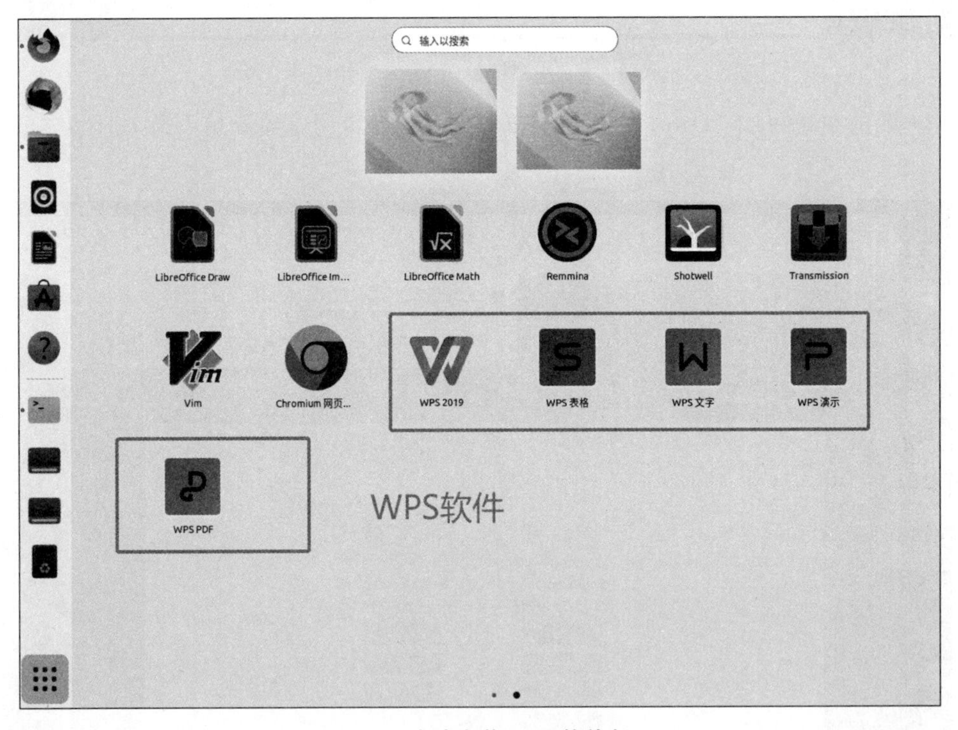

图 6-6　成功安装 WPS 软件包

6.3.3　dpkg 删除软件包

使用 dpkg 命令删除软件包分为两个步骤,具体操作如下。

1. 确定软件包是否存在

通常一个软件包安装完成后只有一项安装信息，也有部分软件在安装过程中会同时安装多个附加组件。当删除软件时，不仅需要删除程序主文件，还需要删除该软件的附加组件包。

实例 6-6 **获取含有 WPS 软件关键字的软件包**

终端输入命令如下。

```
linux@linux-virtual-machine:/tmp$ dpkg -l | grep wps
ii  libwps-0.4-4:amd64  0.4.12-2build1  amd64  Works text file format import filter library (shared library)
ii  wps-office  11.1.0.11698  amd64  WPS Office, is an office productivity suite.
```

本例中，首先通过使用 dpkg 命令的-l 选项查询所有安装的软件包信息，其次通过 grep 指令进行匹配，输出带有 wps 关键字的软件包，最终可以看到在当前计算机中只有一个 wps-office 软件包。输出的软件包信息状态共分为 5 个字段，每个字段具体含义如下。

（1）ii 表示软件包已成功安装。除此之外，还有 iu 表示软件未安装成功；rc 表示软件已卸载或删除，但是配置文件依然存在。

（2）wps-office 为软件包名称。

（3）11.1.0.11698 为软件包版本号。

（4）amd64 为软件包平台，表示 64 位平台。

（5）WPS Office, is an office productivity suite 为软件包描述。

2. 删除软件包

使用-r 选项删除软件包，dpkg 会自动搜索要删除的软件包信息，当软件包删除后，会自动对系统相关配置文件进行修改。

实例 6-7 **删除 wps-office 软件包**

终端输入命令如下。

```
linux@linux-virtual-machine:/tmp$ sudo dpkg -r wps-office
[sudo] linux 的密码:
(正在读取数据库 ... 系统当前共安装有 226912 个文件和目录.)
正在卸载 wps-office (11.1.0.11698) ...
正在处理用于 mailcap (3.70+nmu1ubuntu1) 的触发器 ...
正在处理用于 gnome-menus (3.36.0-1ubuntu3) 的触发器 ...
正在处理用于 desktop-file-utils (0.26-1ubuntu3) 的触发器 ...
正在处理用于 shared-mime-info (2.1-2) 的触发器 ...
正在处理用于 hicolor-icon-theme (0.17-2) 的触发器 ...
正在处理用于 fontconfig (2.13.1-4.2ubuntu5) 的触发器 ...
```

此时，重新进入应用程序管理界面，已经看不到相关 WPS 软件，如图 6-7 所示。

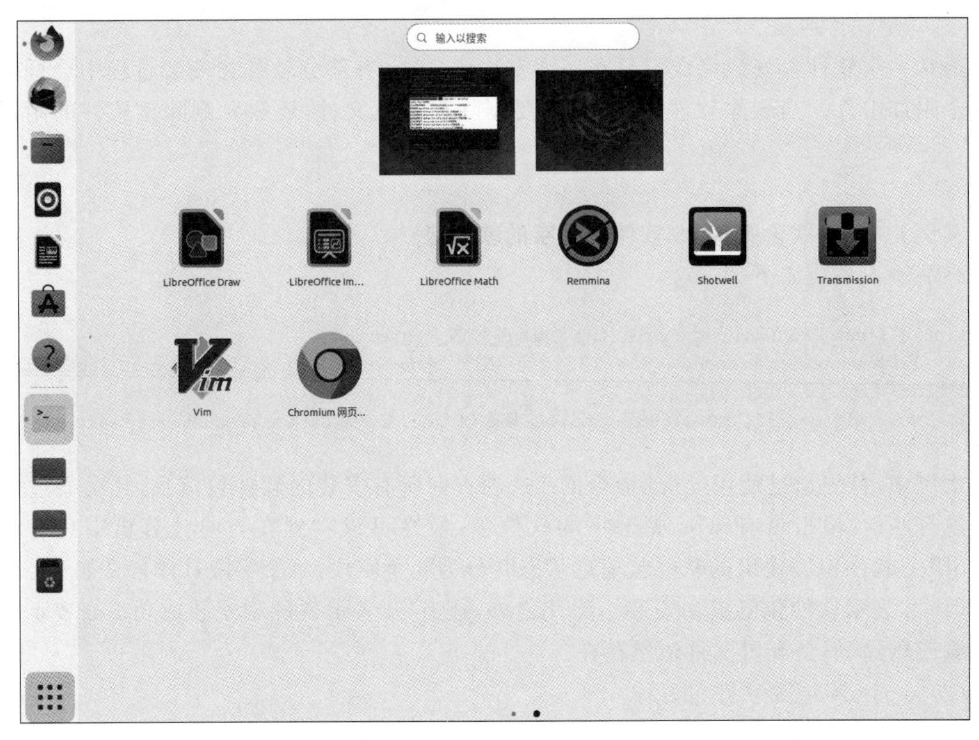

图 6-7 删除 WPS 软件包

同步练习

6-14 dpkg 是用于在基于________的 Linux 系统中进行软件包________的低级工具。

6-15 使用 dpkg 命令可以直接操作系统上的________，而不需要通过官方软件源下载。

6-16 要通过 dpkg 安装一个软件包，可以使用________的方式，其中________是要安装的软件包文件的名称；卸载已安装的软件包可以使用________的方式。

6-17 使用 dpkg 命令查询已安装的软件包，可以使用________命令。

第7章

进程管理

在Ubuntu操作系统中，进程是非常重要的组成部分。进程是操作系统分配资源的基本单位，它运行着所有应用程序和服务。每个进程都有其自身的地址空间、数据栈、文件描述符、信号处理器等资源。Ubuntu操作系统调度进程的数量决定了系统的性能和稳定性。如果系统的进程数过多，会导致CPU、内存等资源的繁忙使用，从而降低系统的响应速度和稳定性。而进程过少，可能会导致系统服务不足，降低系统的可用性。因此，进程管理对于保证Ubuntu操作系统的性能和稳定性非常重要。管理员需要能够监控并控制进程的运行状态，及时发现问题并解决问题，从而保障系统的正常运行。同时，对进程进行优化、调整和限制等措施，也可以有效提高系统的性能和安全性。

第18集
微课视频

本章介绍Ubuntu操作系统进程管理，读者可以掌握以下内容。

(1) 进程的概念。了解何为进程，以及进程与程序的区别和关系。

(2) 进程的状态。认识进程的状态，如运行、睡眠、僵尸等，以及对进程进行状态管理的方法。

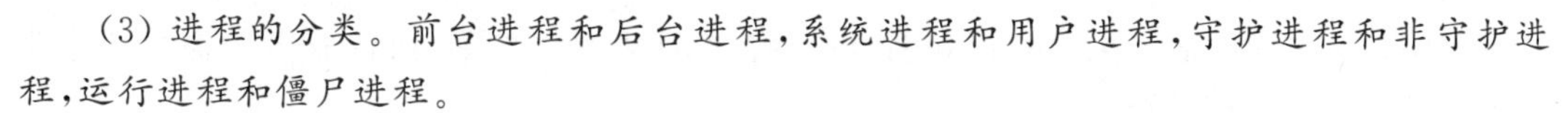

(3) 进程的分类。前台进程和后台进程，系统进程和用户进程，守护进程和非守护进程，运行进程和僵尸进程。

(4) 进程优先级。理解进程的优先级和如何设置进程的优先级。

(5) 常用命令。nice、renice、kill、ps、top、pstree。

以上内容是Ubuntu操作系统进程管理需要掌握的基本内容，掌握了这些基础知识，就可以更好地管理和维护系统中的进程。

7.1 Linux 进程概述

在Linux中，进程是指正在运行的程序的实例。每个进程都有一个唯一的进程标识符(PID)，用于在系统中标识该进程。

进程可以在前台运行，即在终端显示输出；也可以在后台运行，即不在终端显示输出。当在终端中启动一个程序时，该程序默认在前台运行，直到该程序退出或手动使用键盘快捷键将其切换到后台运行。

可以使用以下命令查看系统中正在运行的进程列表。

```
root@linux:/home/linux# ps aux
USER   PID %CPU %MEM    VSZ   RSS TTY      STAT START   TIME COMMAND
root     1  0.0  0.2 166788 11844 ?        Ss   15:07   0:02 /sbin/init splash
root     2  0.0  0.0      0     0 ?        S    15:07   0:00 [kthreadd]
root     3  0.0  0.0      0     0 ?        I<   15:07   0:00 [rcu_gp]
root     4  0.0  0.0      0     0 ?        I<   15:07   0:00 [rcu_par_gp]
...
```

执行该命令将显示所有进程的详细信息，包括 PID、进程所有者、CPU 利用率、内存使用情况等。

可以使用以下命令结束（杀死）一个进程。

```
sudo kill PID
```

其中，PID 是进程的标识符。可以在运行 ps aux 命令时查找特定进程的 PID。请注意，使用该命令结束一个进程可能会导致数据丢失或不可预测的结果，应谨慎使用。

有时程序可能会在后台运行，并且不在终端显示输出。在这种情况下，可以使用以下命令列出正在后台运行的进程。

```
jobs
```

该命令列出了当前终端中正在运行的所有作业，包括进程 ID 和作业号。可以使用以下命令将后台进程提到前台并在终端显示。

```
fg %job_number
```

其中，job_number 是在使用 jobs 命令时列出的作业号。例如，执行 fg %1 命令把作业号为 1 的进程切换到前台。

以上是 Linux 进程概述的简要介绍，Linux 进程管理非常强大和灵活，用户可以使用各种命令控制正在运行的进程并管理系统资源。

7.1.1 进程的概念

在计算机系统中，进程是指一个正在运行的程序。每个进程都有它自己的内存空间和系统资源，如 CPU 时间、文件描述符、信号处理器和其他系统资源。进程的启动和结束是由操作系统控制的，因此进程具有一定的独立性和封闭性，进程之间通过信号、管道、共享内存等机制可以进行通信和同步。

在 Ubuntu 操作系统中，每个进程都有一个唯一的标识符 PID（Process ID），用于区分不同的进程。可以通过运行系统命令 ps 或 top 查看正在运行的进程。在 Ubuntu 中，进程是 Linux 操作系统的基本管理单元。通过管理进程，可以在一定程度上控制系统的性能和资源分配。

7.1.2 程序和进程

Ubuntu进程和程序的区别在于进程是正在执行的程序，即程序在执行过程中产生的实体，包含程序的指令、数据、堆栈等信息；而程序是一组指令集合，是一份静态的文件，通常以可执行文件的形式存储在硬盘上。

简单来说，一个程序可能有多个进程，即在不同的时间、不同的环境中执行程序会产生不同的进程。一个进程可以依赖其他的进程来运行，但是程序的存在与否不会影响其他程序的运行。在Ubuntu操作系统中，可以通过执行ps命令查看正在运行的进程，而程序则通常存储于/bin、/usr/bin、/usr/sbin等目录中。

7.1.3 进程的状态

Ubuntu是一种流行的开源Linux操作系统。在Ubuntu系统中，用户可以通过命令行或图形界面管理系统中的进程。当用户打开终端窗口并输入ps -aux命令时，系统将显示当前正在运行的所有进程的信息。除了进程的名称和进程ID之外，用户还会看到每个进程的状态。进程的状态在Ubuntu操作系统中非常重要，因为它们向用户提供了进程在操作系统中的状态和活动详细信息。本节将详细介绍Ubuntu进程的状态以及每个状态的作用。

```
root@linux:/home/linux# ps ␣ -aux
USER       PID %CPU %MEM   VSZ   RSS TTY   STAT START   TIME COMMAND
root         2 0.0  0.0     0     0 ?     S    15:07   0:00 [kthreadd]
root         3 0.0  0.0     0     0 ?     I<   15:07   0:00 [rcu_gp]
root         4 0.0  0.0     0     0 ?     I<   15:07   0:00 [rcu_par_gp]
root         5 0.0  0.0     0     0 ?     I<   15:07   0:00 [slub_flushwq]
root         6 0.0  0.0     0     0 ?     I<   15:07   0:00 [netns]
root        10 0.0  0.0     0     0 ?     I<   15:07   0:00 [mm_percpu_wq]
root        11 0.0  0.0     0     0 ?     I    15:07   0:00 [rcu_tasks_kthread]
root        14 0.0  0.0     0     0 ?     S    15:07   0:00 [ksoftirqd/0]
root        15 0.0  0.0     0     0 ?     I    15:07   0:04 [rcu_preempt]
...
```

在Ubuntu操作系统中，每个进程都有一个状态代码，用于指示其当前的状态。以下是Ubuntu中进程状态的列表。

- D：休眠状态(Uninterruptible Sleep)。
- R：运行状态(Running)。
- S：阻塞状态(Interruptible Sleep)。
- T：停止状态(Stopped)。
- Z：僵尸状态(Zombie)。
- I：空闲状态(Idle)。

进程状态的具体含义可能因为操作系统版本、内核版本或工具的不同而略有差异，但下面是一些进程状态的通用解释。

- I：Idle，进程处于空闲状态。
- I<：Idle，进程处于空闲状态，但是优先级比较高。
- Ss：Supervisor，进程以守护进程方式运行。
- SN：Uninterruptible Sleep，进程被中断，处于不可中断状态。
- Ssl：Sleep，进程正在睡眠，使用了较少的 CPU 资源。
- Ssl+：Sleep，进程正在睡眠，使用了较多的 CPU 资源。
- R+：Running，进程正在运行，且优先级比较高。
- SNsl：Sleeping，进程被中断，正在睡眠，使用了较少的 CPU 资源。
- S< s：Sleep，进程正在睡眠，但是等待某个事件的发生(如网络连接)，使用了较少的 CPU 资源。

需要强调的是，这里列出的只是一些通用解释，具体的含义需要参考操作系统文档或者相关的工具说明。而且，不同的操作系统可能会使用不同的进程状态码。

1. 休眠状态(D 状态)

休眠状态是指进程在等待某种事件(通常是 I/O 操作)完成时，进程将被暂停并进入休眠状态。在休眠状态下，进程不响应任何信号，因此这种状态也被称为"无法中断的休眠状态"。进程通常在等待设备数据就绪或执行磁盘操作时进入休眠状态。此时，进程中的代码将被阻止运行，直到需要的事件发生或已经达到等待时间。

在 Ubuntu 操作系统中，休眠状态(D 状态)的进程通常会表示为 D 或< D+。它们通常与 I/O 或磁盘操作相关，并且可以通过执行 ps -ef 命令来查看。需要注意的是，由于这种状态是无法中断的，因此结束进程可能需要等待完成 I/O 操作或重新启动系统。

2. 运行状态(R 状态)

运行状态指的是正在执行的进程，它可以访问 CPU 并执行其代码。在 Ubuntu 操作系统中，运行状态(R 状态)的进程将表示为 R 或<。这些进程是可中断的，因此它们可以随时被挂起或终止。

通常情况下，进程将在后台运行，以使用户能够继续使用终端或 Graphical User Interface(GUI)。在有些情况下，进程可能会被指定为前台进程，此时，终端处于此进程的控制下，用户无法使用终端，直到进程完成执行。

3. 阻塞状态(S 状态)

阻塞状态也称为可中断的休眠状态，此状态表明进程正在等待某些条件的满足。通常，这些条件涉及输入/输出操作时的等待，如键盘输入、网络通信或磁盘 I/O 操作。

在 Ubuntu 操作系统中，阻塞状态(S 状态)的进程将被表示为 S，并且进程可以被信号打断，以更改其状态。如果在一个进程等待条件的满足时，使用 Ctrl+C 组合键(打断终端键)会使终端在后台运行，同样进行阻塞状态和运行状态切换的信号还有 SIGTSTP、SIGSTOP、SIGTTIN 和 SIGTTOU。

4. 停止状态(T 状态)

停止状态指的是进程被中止或暂停状态。这种状态通常是由于进程接收了某些信号而导致的。例如，当进程收到 SIGSTOP 信号时，它将进入停止状态（T 状态），并且不会响应其他的信号。进程通常会在停止状态下等待重新启动或终止运行。

在 Ubuntu 操作系统中，停止状态（T 状态）的进程表示为 T 或< stopped >。可以使用 kill 命令或重新启动终端停止或继续运行进程。需要注意的是，在这种状态下，进程将不再使用 CPU 资源。

5. 僵尸状态（Z 状态）

进程在完成执行后会退出，但在退出后，可能会留下一些未回收的资源和状态。这时，操作系统会将进程标记为僵尸进程，并将其状态设置为 Z 状态。

在 Ubuntu 操作系统中，僵尸状态（Z 状态）的进程表示为 Z 或< defunct >。此时，进程已经退出，但其父进程仍然在运行中，并且正在等待回收子进程的资源。因此，僵尸状态进程最终会被回收掉。

6. 空闲状态（I 状态）

进程的空闲状态通常指的是进程处于就绪状态，但没有可执行的任务。换句话说，空闲状态是指进程已经获得了必要的资源，可以开始执行，但当前没有可执行的代码或任务需要被执行。

7.1.4　进程的分类

在 Ubuntu 操作系统中，进程可以根据不同的方法进行分类。下面列出几种常见的分类方法。

（1）前台进程和后台进程：前台进程是用户当前在使用的程序；后台进程是在后台运行的程序，不影响用户的操作。

（2）系统进程和用户进程：系统进程是由操作系统启动并运行的进程；用户进程是由用户启动并运行的进程。

（3）守护进程和非守护进程：守护进程是在后台运行并提供一些系统服务和管理的进程；非守护进程是由用户启动的进程。

（4）运行进程和僵尸进程：运行进程是正在运行的进程；僵尸进程是一种已经完成了运行但是父进程未回收资源的进程。

（5）线程和进程：线程是进程的一部分，每个进程至少有一个线程；线程共享进程的资源，如内存空间和文件描述符等。

在 Ubuntu 操作系统中，使用不同的命令和参数可以查看不同类型的进程，如 ps、top、systemctl 命令等。同时，对于不同类型的进程，需要采取不同的管理措施，以确保系统的正常运行。

7.1.5　进程优先级

在 Ubuntu 操作系统中，进程优先级是指操作系统对进程进行调度和分配资源的顺序。进程优先级可以影响进程获取 CPU 时间片的频率，从而影响进程的执行速度和响应能力。

在Linux系统中，进程优先级范围为−20～19，较小的数值表示较高的优先级。

Ubuntu的进程优先级采用了Linux的完全抢占式调度模型，即根据进程的优先级决定进程在处理器上的运行顺序。进程优先级可以分为实时优先级和普通优先级两个范围。

1. 实时优先级

实时任务是对时间敏感的任务，需要在确定的时间内完成。实时优先级范围为−20～0，较小的值表示较高的优先级。实时任务又可以分为以下两种类型。

(1) 实时FIFO策略：根据进程的优先级将其排入队列，优先级高的进程先于优先级低的进程执行。

(2) 实时循环策略：根据一定的时间轮转方式进行调度，让每个优先级相同的进程均匀地获得时间片。

2. 普通优先级

普通进程是对时间要求相对较低且不会干扰实时任务的进程。普通优先级范围为1～19，较小的值表示较高的优先级。

进程的优先级调整一般需要root权限或特殊权限。通过调整进程优先级，可以根据不同需求对进程的执行顺序进行调整，如提高某个进程的响应速度或降低某个进程对系统资源的占用。

需要注意的是，进程优先级并非唯一影响进程性能的因素，还有其他因素，如CPU核数、内存大小、I/O负载等，也会对进程的执行产生影响。因此，在调整进程优先级时需综合考虑各种因素和系统需求。

总之，在Ubuntu操作系统中，进程优先级是通过操作系统进行调度和决策的一项重要机制，合理调整进程优先级可以提高系统的性能和资源利用效率。

同步练习

7-1 什么是进程？

7-2 进程和程序有什么区别？

7-3 进程可以具有哪些状态？请简要解释每种状态的含义。

7-4 进程可以按照什么方式进行分类？

7-5 按照进程的优先级分类，有哪些类别？

7-6 进程的优先级对系统有什么作用？

7-7 在操作系统中，进程的优先级较高意味着什么？

7-8 如何修改进程的优先级？请说明一种方法。

7-9 为什么需要修改进程的优先级？

7-10 进程的优先级与进程的执行时间有什么关系？

7-11 ________是计算机中正在运行的程序的实例。

7-12 进程的优先级决定了它在操作系统调度中获取CPU时间片的________。

7-13 要使用renice命令修改进程的优先级，首先需要知道进程的________。

7.2 进程状态监测

在操作系统中，进程可以处于不同的状态，包括运行态、就绪态、阻塞态等。用户可以通过相应的命令进行进程状态的监测。

7.2.1 静态监控进程状态命令 ps

在 Ubuntu 操作系统中，可以使用 ps 命令查看系统中当前正在运行的进程的状态。该命令可以列出所有进程的信息，包括进程号(PID)、进程的状态、占用的 CPU 和内存等信息。

在终端中输入以下命令，可以列出系统中当前正在运行的所有进程。

```
root@linux:/home/linux# ps␣-e
    PID TTY          TIME CMD
      1 ?        00:00:02 systemd
      2 ?        00:00:00 kthreadd
      3 ?        00:00:00 rcu_gp
      4 ?        00:00:00 rcu_par_gp
      5 ?        00:00:00 slub_flushwq
      6 ?        00:00:00 netns
      8 ?        00:00:00 kworker/0:0H-events_highpri
     10 ?        00:00:00 mm_percpu_wq
     11 ?        00:00:00 rcu_tasks_kthread
     12 ?        00:00:00 rcu_tasks_rude_kthread
     13 ?        00:00:00 rcu_tasks_trace_kthread
     14 ?        00:00:00 ksoftirqd/0
```

第 19 集
微课视频

1. 命令语法

```
ps␣[options]
```

2. 主要参数

(1) -e：显示所有进程，包括其他用户的进程。

(2) -f：显示完整的进程信息，包括进程的整个命令行。

(3) -l：使用长格式显示进程信息，包含更多的列，并在标题行显示标签。

(4) -u [用户]：显示指定用户的进程信息。

(5) aux 或-aux：组合使用多个选项，常用于显示所有进程的详细信息，包括所有用户的进程。

实例 7-1 静态查看系统进程状态

(1) 显示当前用户所有运行的进程。

```
ps
```

(2) 显示所有进程的详细信息,包括进程树关系。

```
ps -ef
```

(3) 显示所有进程的详细信息,包括进程命令行参数。

```
ps -f
```

(4) 显示指定用户(如 user1)的所有进程。

```
ps -u user1
```

(5) 显示所有进程的详细信息,包括其他用户的进程。

```
ps aux
```

7.2.2 动态监控进程运行状态的命令 top

在 Ubuntu 操作系统中,可以使用 top 命令实时监控系统中进程的运行状态。top 命令会持续地刷新进程的信息,以便了解当前系统的运行情况。

在终端中输入以下命令。

```
root@linux:/home/linux# top

top - 18:37:11 up  3:30,  1 user,  load average: 0.20, 0.18, 0.18
任务: 294 total,   1 running, 293 sleeping,   0 stopped,   0 zombie
%Cpu(s):  1.4 us,  1.4 sy,  0.0 ni, 97.0 id,  0.0 wa,  0.0 hi,  0.3 si,  0.0 st
MiB Mem :  3888.9 total,   710.6 free,   1770.4 used,   1407.9 buff/cache
MiB Swap:  3898.0 total,   3898.0 free,      0.0 used.   1846.7 avail Mem

进程号 USER   PR  NI   VIRT     RES     SHR     %CPU  %MEM   TIME+ COMMAND
1969 linux    20  0    4405108  278868  145076 S  4.7   7.0    0:19.48 gnome-shell
2601 linux    20  0    658636   74356   57368 S   1.7   1.9    0:03.98 gnome-terminal-
687 root      20  0    178820   8708    7452 S    0.3   0.2    0:51.79 vmtoolsd
3684 root     20  0    0        0       0 I       0.3   0.0    0:00.02 kworker/1:2-events
3688 root     20  0    21916    4260    3392 R    0.3   0.1    0:00.06 top
...
```

1. 命令语法

```
top [options]
```

2. 主要参数

(1) -d [秒数]: 指定刷新间隔的秒数。

(2) -n [次数]: 指定刷新显示的次数后自动退出。

(3) -p [进程号]: 只显示指定进程号的信息。

(4) -u [用户名]：只显示指定用户名的进程信息。

(5) -s [字段]：以指定的字段为排序依据，默认以 CPU 使用率为排序依据。

(6) -h：显示所有线程的详细信息。

(7) -q：安静模式，不显示头部信息。

通过 top 命令可以实时监控进程的运行状态、CPU 占用率、内存占用率等信息，从而及时发现问题并采取适当的措施。

实例 7-2　**动态查看系统进程状态**

(1) 以默认设置启动 top，实时显示系统状态和进程信息。

```
top
```

(2) 每隔 2s 刷新一次，显示指定用户的进程信息。

```
top␣-d␣2␣-u␣username
```

(3) 显示指定进程号的信息。

```
top␣-p␣1234
```

(4) 每隔 3s 刷新一次，显示指定次数后自动退出。

```
top␣-d␣3␣-n␣10
```

7.2.3　查看进程树命令 pstree

在 Ubuntu 操作系统中，可以使用 pstree 命令查看进程树，即查看系统中某个进程的子进程和父进程关系。该命令可以非常直观地以树结构的方式展示。

1. 命令语法

```
pstree␣[options]
```

2. 主要参数

(1) -a 或--arguments：显示每个进程的完整命令行参数。

(2) -p 或--show-pids：显示每个进程的进程 ID。

(3) -n 或--numeric-sort：按照数字顺序对进程进行排序。

(4) -u 或--unicode：使用 Unicode 字符绘制树状图。

在终端中输入以下命令就可以显示进程树。

```
pstree
```

如果想要查看某个进程的进程树,可以使用以下命令。

```
pstree -p PID
```

其中,PID是要查看进程树的进程号。该命令将以PID的形式显示进程树,更加详细。

需要注意的是,pstree命令需要安装才能使用,如果系统上没有安装该命令,可以使用以下命令进行安装。

```
sudo apt-get install pstree
```

同步练习

7-14 ps命令用于显示当前系统中的________信息。

7-15 top命令用于实时显示________和各个进程的资源占用情况。

7-16 pstree命令用于以________的方式展示当前进程及其子进程的关系。

7-17 ps -aux命令可以显示________的进程信息。

7-18 top -n 5命令会在执行后显示系统资源占用情况________。

7-19 pstree -p命令会显示进程树,并以________的方式显示进程信息。

7-20 使用ps -ef | grep [关键词]可以通过关键词过滤显示包含指定________的进程信息。

7-21 top -h命令可以将top命令的输出按照________进行显示。

7-22 使用ps -o pid,cmd --sort=-pid命令可以按照________的逆序显示进程信息。

7-23 ps -ef和ps aux命令在显示进程信息方面有什么区别?

7-24 top命令可以通过哪个键切换排序方式?

7-25 如何使用kill命令终止一个进程?请给出一个示例。

7.3 进程状态控制

7.3.1 调整进程优先级命令nice

在Ubuntu操作系统中,可以使用nice命令调整进程的优先级。通过调整进程的优先级,可以更好地控制系统资源的使用情况,提高系统的性能和稳定性。

默认情况下,新创建的进程的优先级都是0,这意味着它们具有正常的优先级。可以使用nice命令修改进程的优先级,将值指定为−20~19的整数,值越小表示优先级越高。

1. 命令语法

```
nice [-n <优先级>] [命令]
```

2. 主要参数

(1) -n <优先级>：指定进程的优先级，默认值为10，取值范围为－20～19。

(2) 命令：需要执行的命令。

在终端中输入以下命令，可以将进程的优先级调整为－20。

```
sudo nice -n -20 pid
```

其中，pid是要调整优先级的进程号。

需要注意的是，只有root用户才能将进程的优先级调整为负值。如果使用普通用户身份将进程的优先级调整为负值，系统会忽略这个请求。如果想要查看进程的优先级，可以使用以下命令。

```
ps -l PID
```

其中，PID是要查询优先级的进程号。在ps命令的输出中，NI字段(nice值)显示进程的优先级，值越小表示优先级越高。

实例7-3 **使用nice命令调整进程优先级**

(1) 将./my_program命令以默认优先级10运行。

```
nice ./my_program
```

(2) 将./my_program命令以优先级5运行。

```
nice -n 5 ./my_program
```

(3) 将./my_program命令以优先级15运行。

```
nice -n 15 ./my_program
```

7.3.2 改变进程优先级命令renice

在Ubuntu操作系统中，可以使用renice命令改变正在运行进程的优先级，不需要像nice命令一样在启动进程时就指定优先级。通过改变进程优先级，可以让系统在资源分配上更加灵活。

1. 命令语法

```
renice [-n <优先级>] [-g|-p|-u] [进程 ID 或用户名]
```

2. 主要参数

(1) -n <优先级>：指定进程的新优先级值。取值范围为－20～19，值越小表示优先级越高。

(2) -g：根据进程组进行优先级修改。

(3) -p：根据进程 ID 进行优先级修改。

(4) -u：根据用户名进行优先级修改。

(5) 进程 ID 或用户名：需要修改优先级的进程的 ID 或用户名。

接下来通过一个例子说明 renice 命令的使用。首先，使用以下命令查看系统中正在运行的进程及其优先级。

```
ps axo pid,ni,comm
```

该命令会列出所有进程的 PID、优先级和命令名称。找到要调整优先级的进程的 PID，并使用 renice 命令改变优先级。例如，下面的命令将 ID 为 12345 的进程的优先级增加 3。

```
renice +3 -p 12345
```

需要注意的是，只有 root 用户才有权限将优先级调整为负值。

再次使用 ps axo pid,ni,comm 命令查看进程列表，并确保进程的优先级已经更改。如果成功，可以看到进程的优先级已经发生了变化。

需要注意的是，renice 命令只能调整与当前用户相关的进程的优先级。如果想修改其他用户的进程优先级，必须以 root 用户的身份运行该命令。

实例 7-4　**使用 renice 命令调整进程优先级**

(1) 将 ID 为 123 的进程的优先级提高为 5。

```
renice -n 5 -p 123
```

(2) 将所有属于 username 用户的进程的优先级降低为 10。

```
renice -n 10 -u username
```

(3) 将 ID 为 456 的进程组的优先级设为 0。

```
renice -n 0 -g 456
```

7.3.3 向进程发送信号的命令 kill

在 Ubuntu 操作系统中，可以使用 kill 命令向进程发送信号。通过发送不同的信号，可以控制进程的行为，如终止进程、重启进程等。

1. 命令语法

```
kill [options] <PID>...
```

2. 主要参数

(1) -s <信号>：指定要发送的信号编号或名称(如 SIGTERM)。

(2) -l 或--list：列出所有可用的信号编号或名称。

(3) -a 或--all：发送信号给所有进程组中的进程。

(4) -p 或--pidfile <文件>：从指定的文件中读取要发送信号的进程 ID。

(5) -<信号>：缩写形式的参数，直接指定要发送的信号(如-9 表示发送 SIGKILL 信号)。

3. 常用信号

(1) SIGTERM：默认的终止信号(15)，以正常方式终止进程。

(2) SIGKILL：强制终止信号(9)，立即终止进程而不允许清理操作。

(3) SIGHUP：终端挂起信号(1)，通常用于重启或重新加载进程。

(4) SIGSTOP：暂停信号(19 或 17)，暂停进程的执行。

接下来通过一个例子说明 kill 命令的使用。使用以下命令查看系统中正在运行的进程及其 PID。

```
ps aux
```

该命令会列出所有进程的详细信息，包括进程的 PID。找到要发送信号的进程的 PID，并使用 kill 命令向进程发送信号。例如，下面的命令将发送信号-9(强制终止进程)给进程 ID 为 12345 的进程。

```
kill -9 12345
```

需要注意的是，只有 root 用户才有权限向其他用户的进程发送信号。

使用 ps aux 命令查看进程列表，并确保进程已经被杀死。如果成功，可以看到该进程已经不在列表中。需要注意的是，不同的信号会对进程产生不同的影响。例如，-9 信号是强制终止进程，无论进程是否愿意，都会被终止。建议在发送信号之前，先了解各种信号的含义和影响。

同步练习

7-26 ________命令用于执行指定命令，并设置该命令的优先级和调度策略。

7-27 使用 renice [优先级] [进程 ID]命令可以修改已运行进程的________。

7-28 kill 命令用于终止进程，常见的信号是________。

7-29 使用 killall [进程名]命令可以根据进程名终止________匹配的进程。

7-30 使用 kill -9 [进程 ID]命令可以强制终止指定进程，常见的信号是________。

7-31 nice -n [优先级] [命令]命令用于同时________并运行一个具有指定优先级的命令。

7-32 kill -l 命令用来列出可用的________列表。

7-33 使用 killall -u [用户名]命令可以根据用户名终止该用户的________进程。

7-34 使用 kill -STOP [进程 ID]命令可以________(挂起)指定进程的执行。

7-35 SIGTERM 和 SIGKILL 分别代表什么含义?

7-36 如果想暂停(挂起)一个进程,应该使用哪个信号?

7-37 查询优先级的进程号,什么字段显示的是进程的优先级?

第8章 网络管理与服务器搭建

学习 Ubuntu 操作系统网络管理与服务器搭建是管理员必备技能之一，它能提高服务器管理效率和服务器安全性。通过本章，读者可以学习 Ubuntu 操作系统的网络管理及常用服务器模型的配置方法，主要可以掌握以下内容。

（1）常用网络的管理命令：ifconfig、ip、route、netstat、ping 等。

（2）了解 Samba 服务器协议，掌握 Samba 服务器的配置方法。

（3）了解 TFTP 服务器协议，掌握 TFTP 服务器配置方法。

（4）了解 NFS 服务器协议，掌握 NFS 服务器配置方法。

（5）了解 DHCP 服务器协议，了解 DHCP 服务器配置方法。

8.1 常用网络管理命令

第 20 集
微课视频

8.1.1 网络设备配置命令 ifconfig

ifconfig 是 Linux 系统中用于配置网络设备的命令。该命令将显示当前系统中配置的所有网络接口信息，如 IP 地址、MAC 地址、网络状态等。

1. 命令语法

```
ifconfig␣[选项]␣[网络设备]␣[地址族]␣[地址]␣[up/down]
```

2. 主要参数

（1）选项：ifconfig 命令的可选参数，用于指定执行命令时的一些选项和标志。如-a：显示所有网络接口的信息，包括未被激活的接口；-s：显示简化的接口信息，只显示接口名和统计信息。

（2）网络设备：要配置或显示信息的网络设备的名称，如 ens33、eth0 等。

（3）地址族：要配置的地址的协议族，通常为 inet（IPv4）或 inet6（IPv6）。

（4）地址：要配置的 IP 地址或其他网络参数，例如 IP 地址、子网掩码等。

（5）up/down：可选参数，用于启用（up）或禁用（down）指定的网络设备。

3. 常用输出信息及其含义

（1）RX packets：接收的数据包数量。

(2) TX packets：发送的数据包数量。

(3) RX bytes：接收的字节数量。

(4) TX bytes：发送的字节数量。

(5) inet addr：网络接口的 IPv4 地址。

(6) netmask：网络接口的 IPv4 子网掩码。

(7) broadcast：网络接口的广播地址。

(8) MTU：网络接口的最大传输单元大小。

(9) HWaddr：网络接口的物理地址(MAC 地址)。

4. 常用命令及示例

(1) 显示所有网络接口的信息。

```
root@linux:/home/linux# ifconfig ␣-a
ens33: flags=4099<UP,BROADCAST,MULTICAST>  mtu 1500
        ether 00:0c:29:f6:93:56  txqueuelen 1000  (以太网)
        RX packets 1503886  bytes 1170802049 (1.1 GB)
        RX errors 277  dropped 0  overruns 0  frame 0
        TX packets 280730  bytes 26410437 (26.4 MB)
        TX errors 0  dropped 0 overruns 0  carrier 0  collisions 0
        device interrupt 19  base 0x2000

lo: flags=73<UP,LOOPBACK,RUNNING>  mtu 65536
        inet 127.0.0.1  netmask 255.0.0.0
        inet6 ::1  prefixlen 128  scopeid 0x10<host>
        loop  txqueuelen 1000  (本地环回)
        RX packets 5922  bytes 498668 (498.6 KB)
        RX errors 0  dropped 0  overruns 0  frame 0
        TX packets 5922  bytes 498668 (498.6 KB)
        TX errors 0  dropped 0 overruns 0  carrier 0  collisions 0
```

(2) 激活指定的网络接口。

```
root@linux:/home/linux# ifconfig ␣ens33 ␣up
```

(3) 禁用指定的网络接口。

```
root@linux:/home/linux# ifconfig ␣ens33 ␣down
```

(4) 配置指定网络接口的 IP 地址和子网掩码。

```
root@linux:/home/linux# ifconfig ␣ens33 ␣inet ␣192.168.3.67 ␣netmask 255.255.255.0
```

以上是 ifconfig 命令的一些常用选项和示例，使用该命令需要管理员权限。

同步练习

8-1 ifconfig 命令是一种在 Ubuntu 操作系统中常用的________命令。

8-2 使用 ifconfig 命令可以查看计算机上________的配置和状态。

8-3 在 Ubuntu 操作系统中，可以使用 ifconfig 命令设置和修改________、________和________。

8-4 在 ifconfig 命令的输出中，RX 表示接收的________，TX 表示发送的________。

8-5 ifconfig 命令的作用是什么？

8-6 如何使用 ifconfig 命令？

8.1.2 网络综合管理命令 ip

在 Linux 系统中，ip 命令是一个重要的网络管理工具，用于配置和管理网络接口、路由、ARP 缓存等网络相关设置。

1. 命令语法

```
ip␣[选项]␣[命令]␣[对象]␣[操作]
```

2. 主要参数

（1）选项：可选参数，用于指定命令的特定选项或标志。例如，-4 表示 IPv4 相关选项，-6 表示 IPv6 相关选项。

（2）命令：指定要执行的操作或查询的类型，如 address、link、route、neigh 等。

（3）对象：指定要操作的网络接口、IP 地址、路由表等。根据不同的命令，对象可以是具体的接口名、地址、子网掩码等。

（4）操作：对对象执行的具体操作。根据不同的命令和对象，操作可以是添加、修改、删除等。

3. 常用操作方法及其含义

（1）显示网络接口信息。

ip link show：显示所有网络接口的状态和属性。

ip address show：显示所有网络接口的 IP 地址信息。

ip -4 address show：只显示 IPv4 地址信息。

ip -6 address show：只显示 IPv6 地址信息。

（2）管理网络接口。

ip link set dev <interface> up：启用指定的网络接口。

ip link set dev <interface> down：禁用指定的网络接口。

ip link set dev <interface> mtu <MTU>：设置指定网络接口的最大传输单元(MTU)大小。

（3）配置 IP 地址和子网掩码。

ip address add <address>/<mask> dev <interface>：为指定的网络接口添加 IP 地址

和子网掩码。

ip address del <address>/<mask> dev <interface>：从指定的网络接口删除 IP 地址和子网掩码。

(4) 配置路由表。

ip route show：显示当前的路由表。

ip route add <prefix> via <gateway> dev <interface>：添加一条路由表条目。

ip route del <prefix> via <gateway> dev <interface>：删除一条路由表条目。

(5) 管理网络邻居表。

ip neigh show：显示网络邻居表，包含与本地主机相连的设备的 MAC 地址。

ip neigh add <ip_address> lladdr <mac_address> dev <interface>：添加一个邻居表条目。

ip neigh del <ip_address> dev <interface>：删除一个邻居表条目。

4. 常用命令及示例

(1) 显示网络接口信息。

```
root@linux:/home/linux# ip link show
1: lo: <LOOPBACK,UP,LOWER_UP> mtu 65536 qdisc noqueue state UNKNOWN mode DEFAULT group default
qlen 1000
   link/loopback 00:00:00:00:00:00 brd 00:00:00:00:00:00
2: ens33: <BROADCAST,MULTICAST,UP,LOWER_UP> mtu 1500 qdisc fq_codel state UP mode DEFAULT
group default qlen 1000
   link/ether 00:0c:29:f6:93:56 brd ff:ff:ff:ff:ff:ff
   altname enp2s1
```

(2) 启用或禁用网络接口。

```
root@linux:/home/linux#  ip link set ens33 up
root@linux:/home/linux#  ip link set ens33 down
```

(3) 修改网络接口名称。修改网络接口名需要先禁用网络接口，否则网络设备忙，将网络接口改为 testname，用 ifconfig 查看新的接口名。

```
root@linux:/home/linux# ip link set ens33 down
root@linux:/home/linux# ip link set ens33 name testname
root@linux:/home/linux# ip link set ens33 up
root@linux:/home/linux# ifconfig
lo: flags=73<UP,LOOPBACK,RUNNING>  mtu 65536
        inet 127.0.0.1 netmask 255.0.0.0
        inet6 ::1 prefixlen 128 scopeid 0x10<host>
        loop txqueuelen 1000 (本地环回)
        RX packets 5996  bytes 505793 (505.7 KB)
        RX errors 0  dropped 0  overruns 0  frame 0
        TX packets 5996  bytes 505793 (505.7 KB)
        TX errors 0  dropped 0 overruns 0  carrier 0  collisions 0
```

```
testname: flags=4163<UP,BROADCAST,RUNNING,MULTICAST>  mtu 1500
        ether 00:0c:29:f6:93:56 txqueuelen 1000 (以太网)
        RX packets 1507720   bytes 1175658328 (1.1 GB)
        RX errors 280   dropped 0   overruns 0   frame 0
        TX packets 282437   bytes 26560066 (26.5 MB)
        TX errors 0   dropped 0 overruns 0   carrier 0   collisions 0
        device interrupt 19   base 0x2000
```

(4) 显示网络接口的 IP 地址信息。

```
root@linux:/home/linux# ip addr show
1: lo: <LOOPBACK,UP,LOWER_UP> mtu 65536 qdisc noqueue state UNKNOWN group default qlen 1000
    link/loopback 00:00:00:00:00:00 brd 00:00:00:00:00:00
    inet 127.0.0.1/8 scope host lo
        valid_lft forever preferred_lft forever
    inet6 ::1/128 scope host
        valid_lft forever preferred_lft forever
2: testname: <BROADCAST,MULTICAST,UP,LOWER_UP> mtu 1500 qdisc fq_codel state UP group default
qlen 1000
    link/ether 00:0c:29:f6:93:56 brd ff:ff:ff:ff:ff:ff
    altname enp2s1
    altname ens33
```

同步练习

8-7　使用 ip 命令可以查看和配置网络接口的________、________和________等。

8-8　在 Ubuntu 操作系统中，可以使用 ip 命令启用或禁用________。

8-9　ip 命令还可用于显示网络接口的________和________。

8-10　在 ip 命令的输出中，inet 表示________，inet6 表示________。

8-11　ip 命令的作用是什么？

8-12　如何使用 ip 命令？

8-13　根据"ip addr add/del IP 地址 dev 网络接口名称"语法添加、删除 IP 地址。

8-14　根据 ip route show 语法显示 Linux 系统的路由信息。

8-15　根据"ip route add/del/replace 目标地址/掩码 via 网关 dev 网络接口名称"语法添加、删除、修改路由表。

8-16　根据 ip neigh show 语法显示邻居表信息。

8-17　根据 ip tunnel show 语法显示隧道信息。

8-18　根据"ip tunnel add/del 隧道名称 mode 隧道类型 remote 远程地址 local 本地地址"语法创建、删除隧道。

8.1.3　路由表维护命令 route

route 是一个命令行工具，用于查看和配置 Linux 系统的 IP 路由表，以下是关于

Ubuntu 中 route 命令的介绍。

1. 命令语法

```
route ␣[选项]␣[命令]␣[目标网络或主机]␣[操作]
```

2. 主要参数

(1) 选项：可选参数，用于指定特定的功能或标志。例如，-n 表示以数字格式显示路由表。

(2) 命令：指定要执行的操作类型。常见的命令有 add、del、show 等。

(3) 目标网络或主机：指定要操作的目标网络或主机。可以是具体的 IP 地址、子网、网络接口等。

(4) 操作：对目标执行的具体操作。根据不同的命令和目标，操作可以是添加、删除、显示等。

3. 常用操作方法及其含义

(1) 显示路由表信息。

route 或 route -n：显示当前的路由表。默认情况下，IP 地址和主机名会被解析为可读的格式。

route -n：显示数字格式的路由表，IP 地址不会进行解析。

(2) 添加和删除路由表条目。

route add default gw <gateway>：添加一个默认路由，将流量发送到指定的网关。

route add -net <network> netmask <netmask> gw <gateway>：添加一个特定网络的路由，指定目标网络、子网掩码和网关。

route del default gw <gateway>：删除默认路由。

route del -net <network> netmask <netmask>：删除特定网络的路由。

(3) 修改和更新路由表。

route change default gw <gateway>：修改默认路由的网关地址。

route change -net <network> netmask <netmask> gw <gateway>：修改特定网络的路由，指定新的网关。

(4) 持久化路由。

在大多数 Linux 发行版中，通过配置文件来持久化路由更为常见。路由规则常存储在以下位置之一：

/etc/network/interfaces

/etc/sysconfig/network-scripts/

/etc/network/interfaces.d/

4. 常用命令及示例

(1) 显示当前路由表。

```
root@linux:/home/linux# route␣-n
内核 IP 路由表
目标            网关            子网掩码         标志  跃点   引用   使用 接口
0.0.0.0         192.168.3.1     0.0.0.0         UG    100    0      0 ens33
169.254.0.0     0.0.0.0         255.255.0.0     U     1000   0      0 ens33
192.168.3.0     0.0.0.0         255.255.255.0   U     100    0      0 ens33
```

(2) 添加一个静态路由。

```
route␣add␣-net␣192.168.1.0␣netmask␣255.255.255.0␣gw␣192.168.0.2
```

其中,-net 表示目标网络地址;netmask 表示目标网络的子网掩码;gw 表示该路由的下一条网关地址。

(3) 删除一个静态路由。

```
route␣del␣-net␣192.168.1.0␣netmask␣255.255.255.0␣gw␣192.168.0.2
```

同步练习

8-19 使用 route 命令可以查看和配置系统的________。

8-20 在 Ubuntu 操作系统中,可以使用 route 命令添加或删除________。

8-21 route 命令还可以显示每个目标网络的________和________。

8-22 在 route 命令输出中,0.0.0.0 表示________,即用于访问其他网络的路由。

8-23 route 命令中常用的参数有哪些?

8-24 如何使用 route 命令?

8.1.4 检查网络状态命令 netstat

在 Ubuntu 操作系统中,netstat 命令是用于显示网络连接、网络接口和网络协议统计信息的工具。

1. 命令语法

```
netstat␣[选项]
```

2. 主要参数

(1) a:显示所有连接,包括正在监听、已经建立的连接以及连接关闭的套接字。

(2) n:使用数字形式显示 IP 地址和端口号。

(3) t:显示传输控制协议(Transmission Control Protocol,TCP)连接情况。

(4) u:显示用户数据报协议(User Datagram Protocol,UDP)连接情况。

(5) l:显示监听状态的连接。

(6) p：显示占用 Socket 的进程详细信息。

(7) r：显示路由表。

(8) s：显示统计摘要信息，例如使用的协议、错误等。

3. 常用操作方法及其含义

(1) netstat -a：显示所有活动的连接(包括 TCP 和 UDP)和监听端口。

(2) netstat -t：仅显示 TCP 连接和监听端口。

(3) netstat -u：仅显示 UDP 连接和监听端口。

(4) netstat -n：以数字形式显示所有连接的 IP 地址和端口号。

(5) netstat -p：显示进程 ID 和程序名称相关的连接信息。

(6) netstat -r：显示路由表信息。

(7) netstat -s：显示统计摘要信息。

4. 常用命令及示例

(1) 显示所有 TCP 连接。

```
root@linux:/home/linux# netstat - atn
激活 Internet 连接 (服务器和已建立连接的)
Proto Recv - Q Send - Q Local Address          Foreign Address        State
tcp        0      0 127.0.0.1:631           0.0.0.0:*              LISTEN
tcp        0      0 127.0.0.53:53           0.0.0.0:*              LISTEN
tcp        0      0 192.168.3.60:43804      146.75.114.49:443      ESTABLISHED
tcp6       0      0 ::1:631                 :::*                   LISTEN
```

(2) 显示所有 UDP 监听的端口号。

```
root@linux:/home/linux# netstat - uln
激活 Internet 连接 (仅服务器)
Proto Recv - Q Send - Q Local Address          Foreign Address        State
udp        0      0 0.0.0.0:5353            0.0.0.0:*
udp        0      0 0.0.0.0:38675           0.0.0.0:*
udp        0      0 127.0.0.53:53           0.0.0.0:*
udp        0      0 0.0.0.0:631             0.0.0.0:*
udp6       0      0 :::5353                 :::*
udp6       0      0 :::51510                :::*
```

(3) 显示所有 TCP 连接及占用 Socket 连接的进程信息。

```
root@linux:/home/linux# netstat - atnp
激活 Internet 连接 (服务器和已建立连接的)
Proto Recv - Q Send - Q Local Address     Foreign Address     State       PID/Program name
tcp    0      0 127.0.0.1:631          0.0.0.0:*           LISTEN      49308/cupsd
tcp    0      0 127.0.0.53:53          0.0.0.0:*           LISTEN      7789/systemd - resolv
tcp    0      0 192.168.3.60:43804     146.75.114.49:443   ESTABLISHED 4549/fwupdmgr
tcp6   0      0 ::1:631                :::*                LISTEN      49308/cupsd
```

同步练习

8-25 使用 netstat 命令可以显示计算机上所有________。

8-26 在 Ubuntu 操作系统中，可以使用 netstat 命令查看________和________。

8-27 netstat 命令还可以显示已建立的________和________。

8-28 在 netstat 命令的输出中，LISTEN 表示________的网络连接。

8-29 列举 netstat 命令中常用的参数，并解释其用途。

8-30 如何使用 netstat 命令？

8.1.5 网络故障检测命令 ping

在 Ubuntu 操作系统中，ping 命令是用于测试主机之间网络连接的工具。它通过向目标主机发送互联网控制报文协议(Internet Control Message Protocol，ICMP)回显请求消息(通常称为“ping 包”)并等待回答测试目标主机是否可达。

1. 命令格式

```
ping ␣[选项]␣<目标主机>
```

2. 常用选项

(1) c <次数>：指定 ping 命令发送数据包的次数。

(2) i <间隔时间>：设置发送数据包的时间间隔。

(3) w <超时时间>：设置等待响应的超时时间。

(4) q：只显示结果，不显示详细信息。

3. 常用输出信息及其含义

(1) 64 bytes from 192.168.0.1：icmp_seq=1 ttl=64 time=1.23 ms：表示成功接收到回显应答，其中 ttl 是 IP 包的生存时间，time 是从发送到接收的时延。

(2) Request timeout：表示请求超时，没有接收到回应。

(3) Destination Host Unreachable：表示无法到达目标主机。

4. 常用命令及示例

(1) 向目标主机发送 4 个数据包。

```
root@linux:/home/linux# ping ␣-c ␣4 ␣www.baidu.com
PING www.a.shifen.com (220.181.38.150) 56(84) bytes of data.
64 bytes from 220.181.38.150 (220.181.38.150): icmp_seq = 1 ttl = 52 time = 33.5 ms
64 bytes from 220.181.38.150 (220.181.38.150): icmp_seq = 2 ttl = 52 time = 65.8 ms
64 bytes from 220.181.38.150 (220.181.38.150): icmp_seq = 3 ttl = 52 time = 51.3 ms
64 bytes from 220.181.38.150 (220.181.38.150): icmp_seq = 4 ttl = 52 time = 41.6 ms

--- www.a.shifen.com ping statistics ---
4 packets transmitted, 4 received, 0% packet loss, time 3005ms
rtt min/avg/max/mdev = 33.529/48.042/65.806/12.027 ms
```

(2) 设置数据包大小为64B,间隔时间为1s,超时时间为2s。

```
root@linux:/home/linux# ping -c 4 -s 64 -i 1 -w 2 www.baidu.com
PING www.a.shifen.com (220.181.38.149) 64(92) bytes of data.
72 bytes from 220.181.38.149 (220.181.38.149): icmp_seq=1 ttl=52 time=35.9 ms
72 bytes from 220.181.38.149 (220.181.38.149): icmp_seq=2 ttl=52 time=33.3 ms

--- www.a.shifen.com ping statistics ---
2 packets transmitted, 2 received, 0% packet loss, time 1002ms
rtt min/avg/max/mdev = 33.258/34.584/35.910/1.326 ms
```

同步练习

8-31 使用ping命令可以测试计算机与其他设备之间的________。

8-32 在Ubuntu操作系统中,可以通过ping命令向目标设备发送________。

8-33 ping命令会显示目标设备的________和________。

8-34 在Ubuntu操作系统中,可以使用ping命令检查网络故障和排除问题的________。

8-35 ping命令的作用是什么?

8-36 如何使用ping命令?

第21集 微课视频

8.2 配置Samba服务器

第22集 微课视频

Samba是一款开源的软件,它提供了在Linux和UNIX系统上运行Windows文件和打印服务。使用Samba服务器,用户可以在Linux/UNIX系统上共享文件和打印机,实现文件共享、打印机共享和身份验证等功能。

8.2.1 SMB介绍

SMB(Server Message Block)协议是一种用于共享文件、打印机以及一些其他资源的网络协议。它最初由IBM开发,后来被微软广泛应用于Windows操作系统中。SMB协议能够在局域网内的不同计算机之间进行通信,允许一台计算机访问另外一台计算机上共享的文件或打印机,也可以通过SMB协议进行文件传输和数据交换。SMB协议有SMB1、SMB2和SMB3这3个版本,其中SMB1存在安全问题,建议使用更新的SMB2或SMB3版本。

8.2.2 Samba配置

在Ubuntu操作系统中,要使用Samba服务器,可以按照以下步骤进行操作。

(1) 打开终端,输入以下命令安装Samba。

```
sudo apt-get install samba
```

(2) 安装后，编辑/etc/samba/smb.conf 配置文件配置 Samba 服务器。可以通过以下命令备份原始配置文件。

```
sudo cp /etc/samba/smb.conf /etc/samba/smb.conf.bak
```

然后使用文本编辑器打开 smb.conf 文件进行编辑。

(3) 在 Samba 服务器中创建一个共享目录。例如，要在服务器上创建/home/samba 目录，可以使用以下命令。

```
sudo mkdir /home/samba
sudo chmod -R 777 /home/samba
```

上述命令将在/home/samba 目录下创建一个新的共享目录，并设置相应的访问权限。

(4) 在 Samba 配置文件 smb.conf 中添加一个新的共享。

```
[samba_share]
comment = Samba Share
path = /home/samba
writable = yes
read only = no
create mask = 0777
directory mask = 0777
guestok = yes
```

上述配置将在 Samba 服务器上创建一个共享[samba_share]，并允许用户读取和写入此共享中的数据。

(5) 创建一个新的 Samba 用户并设置密码。

```
sudo smbpasswd -a username
```

其中，username 为新用户的名称。接下来，新用户将被提示输入用户密码。

(6) 重启 Samba 服务使配置生效。

```
sudo service smbd restart
```

完成以上步骤后，其他计算机就可以通过 Samba 客户端连接到 Samba 服务器，从而访问 Samba 共享。

实例 8-1　Samba 服务器配置

本例以 Ubuntu 操作系统为例演示 Samba 服务器的配置方法。

(1) 安装 Samba 包并配置，打开终端，操作如下。

```
1.    root@ubuntu:/home/linux# sudo apt-get install samba samba-common
2.    Reading package lists... Done
3.    Building dependency tree
```

```
4.    Reading state information... Done
5.    The following additional packages will be installed:
6.    attr ibverbs-providers libcephfs2 libibverbs1 libnl-route-3-200 libpython-stdlib
7.    librados2 python python-crypto python-dnspython python-ldb python-minimal python-
      samba
8.    python-tdb python2.7 python2.7-minimal samba-common-bin samba-dsdb-modules
9.    samba-vfs-modules tdb-tools
10.   Suggested packages:
11.   python-doc python-tk python-crypto-doc python-gpgme python2.7-doc binfmt-
      support bind9
12.   bind9utils ctdb ldb-tools ntp | chrony smbldap-tools winbind heimdal-clients
13.   The following NEW packages will be installed:
14.   attr ibverbs-providers libcephfs2 libibverbs1 libnl-route-3-200 libpython-stdlib
15.   librados2 python python-crypto python-dnspython python-ldb python-minimal python-
      samba
16.   python-tdb python2.7 python2.7-minimal samba samba-common samba-common-bin
17.   samba-dsdb-modules samba-vfs-modules tdb-tools
18.   0 upgraded, 22 newly installed, 0 to remove and 0 not upgraded.
19.   Need to get 9,443 kB of archives.
20.   After this operation, 52.4 MB of additional disk space will be used.
21.   Do you want to continue [Y/n] y
22.   Get:1 http://us.archive.ubuntu.com/ubuntu bionic/main amd64 python2.7-minimal amd64
      2.7.15~rc1-1 [1,292 kB]
23.   …
```

第1行安装Samba服务器安装包；第2～20行安装过程提示；第21行选择y继续安装，第23行后是安装过程，几分钟后安装成功。

(2) 创建Samba用户和密码。

```
1.    root@ubuntu:/home/linux#   mkdir /home/linux/samba
2.    root@ubuntu:/home/linux#   chmod 777 /home/linux/samba
3.    root@ubuntu:/home/linux#   useradd sambauser
4.    root@ubuntu:/home/linux#   smbpasswd -a sambauser
5.    New SMB password:
6.    Retype new SMB password:
7.    Added user sambauser.
```

第1行创建一个Samba服务器共享文件夹，名字为samba，位置任意；第2行修改samba文件夹权限，选择777，权限对所有用户开放；第3行创建用户，用户名为sambauser，也可以使用现有用户；第4行修改用户密码，命令为smbpasswd，按Enter键后，提示用户输入新的密码；第5行和第6行两次输入密码，本书中所有密码均为123456；第7行提示安装用户密码配置成功。

(3) 修改Samba配置文件。

打开Samba服务器配置文件smb.conf，命令为# vi /etc/samba/smb.conf，内容如下所示。注意：不同版本的Linux系统，代码位置不一定相同，但是操作方法一样。在该文件最后添加几行代码，修改文件保存退出。

```
1.    ; write list = root, @lpadmin
2.    [samba]
3.    comment = share folder
4.    browseable = yes
5.    path = /home/linux/samba
6.    create mask = 0700
7.    directory mask = 0700
8.    valid users = sambauser
9.    force user = sambauser
10.   force group = sambauser
11.   public = yes
12.   available = yes
13.   writable = yes
```

第 1 行为原 smb. conf 文件的最后一行数据；第 2～13 行为新添加的数据。

第 2 行为共享的文件夹；第 3 行声明该文件夹为共享文件夹，可以不用写；第 4 行表示只有通过 Samba 服务共享当前文件允许可见，其他非当前共享文件不影响本身效果；第 5 行为共享文件夹的路径；第 6 行表示设置对新创建的文件的权限，可以不写；第 7 行表示设置对新创建的文件夹的权限，可以不写；第 8～10 行授权用户，本次设置均为 sambauser；第 11 行表示全局状态下的共享文件是否公开允许可见；第 12 行表示指定该共享资源是否可用；第 13 行表示是否可写。

（4）重启 Samba 服务器，查看 Linux 系统 IP 地址。

```
1.    root@ubuntu:/home/linux# service␣smbd␣restart
2.    root@ubuntu:/home/linux# ifconfig
3.    ens33: flags = 4163 < UP, BROADCAST, RUNNING, MULTICAST > mtu 1500
4.    inet 192.168.230.131   netmask 255.255.255.0 broadcast 192.168.230.255
      inet6 fe80::22a2:19c3:2e4c:cf9e prefixlen 64 scopeid 0x20 < link >
      ether 00:0c:29:95:06:35 txqueuelen 1000 (Ethernet)
      RX packets 615745 bytes 907162231 (907.1 MB)
      RX errors 0 dropped 0 overruns 0 frame 0
      TX packets 54527 bytes 4165955 (4.1 MB)
      TX errors 0 dropped 0 overruns 0 carrier 0 collisions 0
```

第 1 行为重新启动 Samba 服务器；第 2 行查看当前 Linux 的 IP 地址；第 4 行显示 IP 地址为 192. 168. 230. 131。

（5）在 Windows 和 Linux 网络都畅通的情况下，在 Windows 系统登录 Samba 服务器。设置 Linux 系统的 IP 为 192. 168. 230. 131，在 Windows“运行”对话框中输入该 IP 地址，如图 8-1 所示。

（6）单击“确定”按钮，弹出如图 8-2 的登录界面，输入用户名 sambauser 和刚才设置登录 Samba 服务器的密码 123456。

（7）登录后，复制一个文件，如图 8-3 所示。这时访问 Linux 系统下该文件夹，也可以看到该文件，实现了同一个文件在两个系统间进行共享。

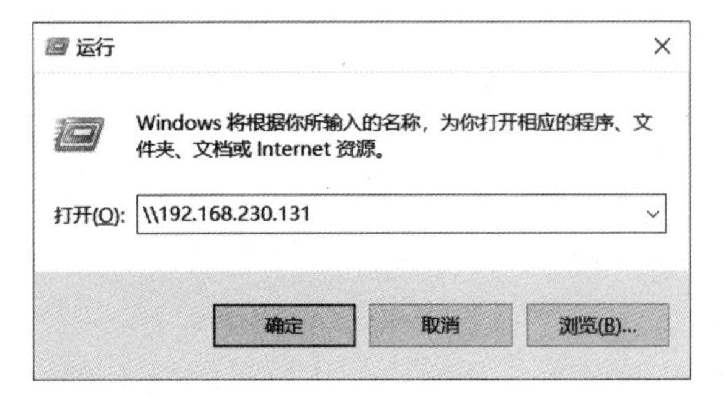

图 8-1　通过 IP 访问 Samba 服务器

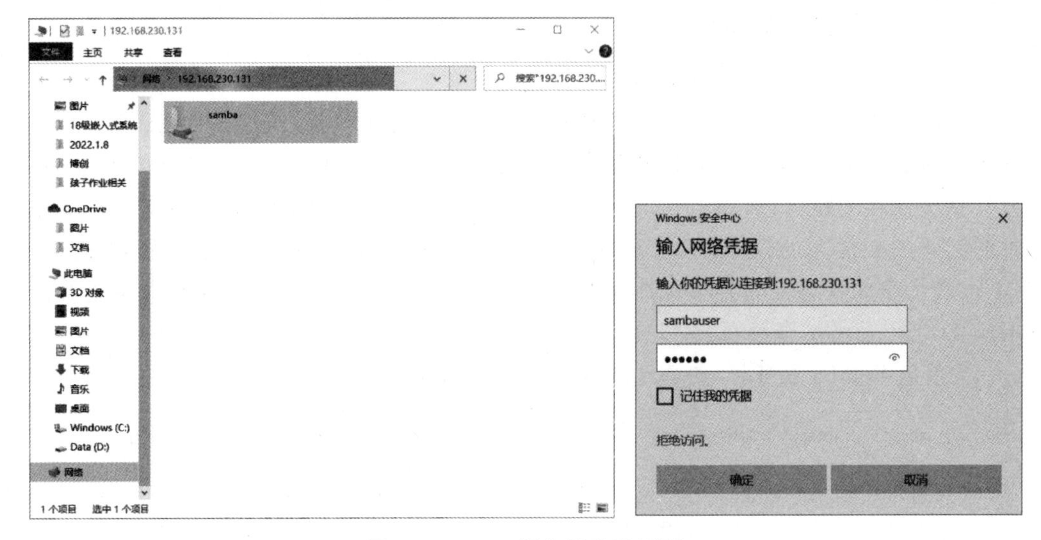

图 8-2　Samba 服务器登录界面

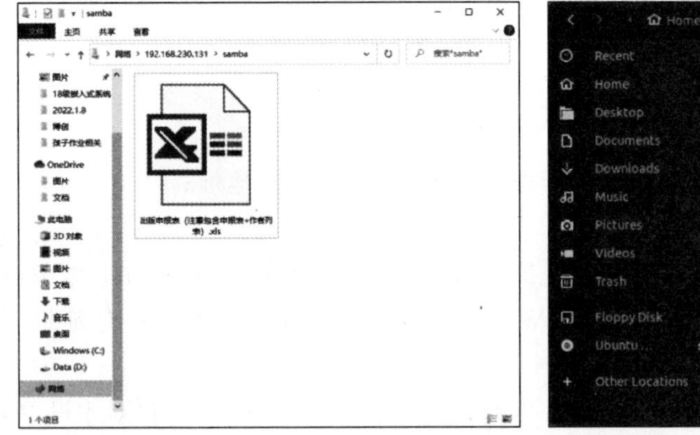
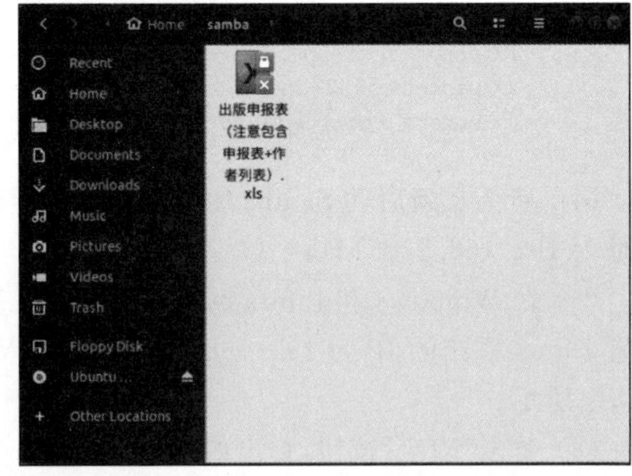

图 8-3　实现文件共享

同步练习

8-37 Samba 是一个开放源代码的________服务。

8-38 使用 Samba 服务器可以在不同的操作系统之间共享________。

8-39 使用________命令可以为指定用户设置 Samba 密码。

8-40 在 Samba 中,使用________的概念管理网络中多台计算机的组织和通信。

8-41 smb.conf 是 Samba 服务器的主配置文件,通常位于________目录下。

8-42 Samba 在哪个操作系统上最常用?

8-43 Samba 服务器提供哪些常见的网络服务功能?

8-44 smbclient 命令用于什么目的?

8-45 结合个人计算机系统,配置 Samba 服务器。

8.3 配置 TFTP 服务器

8.3.1 TFTP 介绍

简易文件传输协议(Trivial File Transfer Protocol,TFTP)是在 UDP 基础上实现的。TFTP 通常用于在局域网内传输小文件,如声音、图像、配置文件等,它可以在不需要复杂的安全认证和连接控制的情况下快速地进行文件传输。

第 23 集
微课视频

TFTP 设计简单,但支持的功能有限。通常情况下,TFTP 只支持文件的下载和上传,并且没有目录列表功能。另外,TFTP 也没有任何安全机制,因此在使用时需要注意数据的安全性。

8.3.2 TFTP 配置

在 Ubuntu 操作系统中,要配置 TFTP 服务器,需要以下步骤。

(1) 安装 TFTP 服务器软件,在终端中输入以下命令进行安装。

```
sudo apt-get update
sudo apt-get install tftpd tftp xinetd
```

(2) 配置 TFTP 服务器,编辑/etc/default/tftpd 配置文件,使其包含以下参数。

```
TFTP_USERNAME = "tftp"
TFTP_DIRECTORY = "/var/lib/tftpboot"
TFTP_ADDRESS = "0.0.0.0:69"
TFTP_OPTIONS = " -- secure"
```

其中,TFTP_DIRECTORY 是 TFTP 服务器的根目录; TFTP_ADDRESS 是 TFTP 服务器的 IP 地址和端口号; TFTP_OPTIONS 指定 TFTP 服务器使用安全模式,提高服务器的安全性。

(3) 在终端中输入以下命令，创建 TFTP 服务器的根目录并设置目录访问权限。

```
sudo mkdir /var/lib/tftpboot
sudo chmod -R 777 /var/lib/tftpboot
```

(4) 启动 TFTP 服务器，在终端中输入以下命令。

```
sudo systemctl restart tftpd
```

(5) 验证 TFTP 服务器是否可用。在终端中输入以下命令，测试 TFTP 服务器是否工作正常。

```
sudo sh -c 'echo "Hello, World." > /var/lib/tftpboot/test.txt'
tftp 127.0.0.1
tftp> get test.txt
tftp> quit
```

以上操作会将一段文本写入 TFTP 服务器根目录下的 test.txt 文件中，随后打开 TFTP 客户端工具，从本地 IP 所对应的 TFTP 服务器获取刚刚写入的文件，通过这种方式即可验证 TFTP 服务器是否配置正确并且可用。

实例 8-2 TFTP 服务器配置

(1) 安装 TFTP 服务器，需要以下 3 个安装包：xinetd、tftp 和 tftpd。

```
root@ubuntu:/home/linux/#  sudo apt-get install xinetd
root@ubuntu:/home/linux/#  sudo apt-get install tftp tftpd
```

(2) 配置服务器，修改配置文件，在/etc/xinetd.d/tftp 目录下打开 tftp 的配置文件，操作结果为

```
# default: off
# description: The tftp server serves files using the trivial file transfer \
# protocol. The tftp protocol is often used to boot diskless \
# workstations, download configuration files to network-aware printers, \
# and to start the installation process for some operating systems.
service tftp
{
        socket_type             = dgram
        protocol                = udp
        wait                    = yes
        user                    = root
        server                  = /usr/sbin/in.tftpd
        server_args             = -s /tftpboot
        disable                 = no
        per_source              = 11
```

```
        cps                         = 100 2
        flags                       = IPv4
    }
    service tftp
    {
        socket_type                 = dgram
        protocol                    = udp
        wait                        = yes
        user                        = root
        server                      = /usr/sbin/in.tftpd
        server_args                 = -s /home/linux//tftp/
        disable                     = no
        per_source                  = 11
        cps                         = 100 2
        flags                       = IPv4
    }
```

其中，server_args 设置的/home/linux/tftp/目录是 TFTP 的目录，TFTP 客户端就是从这个目录里获取文件的。保存文件。

(3) 使用 mkdir/home/linux/tftp/命令建立 TFTP 服务器的目录。然后设置/home/linux/tftp/的访问权限为 777。

```
1.   root@ubuntu:/home/linux/#        mkdir tftp
2.   root@ubuntu:/home/linux/#        chmod 777 tftp -R
3.   root@ubuntu:/home/linux/#        cd /tftp
4.   root@ubuntu:/home/linux//tftp#   touch test
```

第 1 行在当前文件夹下创建 TFTP 目录；第 2 行对目前目录下的所有档案与子目录进行相同的权限变更(777 和-R 组合)；第 3～4 行进入该目录，在该目录下创建 test 文件。

利用 vi 工具在新建的 test 文件中输入 hello 字符。

(4) 启动 TFTP 服务器。

```
root@ubuntu:/home/linux/# /etc/init.d/xinetd restart
[ ok ] Restarting xinetd (via systemctl): xinetd.service.
```

(5) 测试 TFTP 服务器，再启动一个新的终端，新终端当前目录选择为 home 文件夹，如下所示。

```
1.   root@ubuntu:/home#   tftp 192.168.230.131
2.   tftp> get test
3.   Received 10 bytes in 0.0 seconds
4.   tftp> q
5.   root@ubuntu:/home#   ls
6.   linux test
7.   root@ubuntu:/home#   cat test
8.   hello!
9.   root@ubuntu:/home#
```

第 1 行为 Ubuntu 的 IP 地址，连接 TFTP 服务器；第 2 行为获取 test 文件；第 3 行为退出 TFTP 服务器，输入命令 q；第 6 行为通过查看当前目录有 test 文件，说明操作成功；第 7 行为利用 cat 命令，查看 test 中内容，说明数据成功接收。

同步练习

8-46 TFTP 是一个简化的________。

8-47 TFTP 客户端可以使用 tftp 命令与 TFTP 服务器进行________。

8-48 TFTP 服务器通常用于在局域网中________文件映像、配置文件等。

8-49 TFTP 是什么意思？

8-50 TFTP 服务器通常用于哪些场景？

8-51 在 Linux 中，常见的 TFTP 服务器软件包括哪些？

8-52 结合个人计算机系统，配置 TFTP 服务器。

第 24 集 微课视频

8.4 配置 NFS 服务器

8.4.1 NFS 介绍

第 25 集 微课视频

NFS(Network File System)是一种网络文件系统协议，允许不同的计算机通过网络共享文件和目录。它最初是由 Sun Microsystems 开发的，现在被广泛应用于各种 UNIX 和 Linux 系统中。

利用 NFS 协议，用户可以在本地计算机上访问远程文件系统上的文件，就好像它们在本地计算机上一样。NFS 还能够提供安全的访问控制，以控制用户对共享文件的访问权限。与此同时，它也支持通过加密通信进行数据传输的机制，以保护文件信息的安全性。

NFS 协议支持多种不同的版本，其中最常用的是 NFSv3 和 NFSv4。此外，还有一些增强版本，如 NFSv4.1 和 NFSv4.2，它们提供了更好的性能和功能。NFS 协议也是许多存储解决方案的核心组件，如 NAS(Network Attached Storage)和 SAN(Storage Area Network)等。

8.4.2 NFS 配置

配置 NFS 服务器需要进行以下几个步骤。

(1) 安装 NFS 服务器。

在 Ubuntu 操作系统中，可以使用以下命令安装 NFS 服务器。

```
sudo apt update
sudo apt install nfs-kernel-server
```

（2）创建共享目录。

在NFS服务器上创建一个共享目录，用于共享给NFS客户端访问。例如，创建一个名为/mnt/nfs的目录。

```
sudo mkdir -p /mnt/nfs
```

（3）配置共享目录。

找到/etc/exports文件，使用文本编辑器打开，添加共享目录的配置信息。例如，添加以下内容。

```
/mnt/nfs 192.168.0.0/24(rw,sync,no_subtree_check)
```

其中，/mnt/nfs是共享目录的路径；192.168.0.0/24是NFS客户端的IP地址范围；rw表示可读写；sync表示同步；no_subtree_check表示不检查子树。

（4）导出共享目录。

配置完成后，使用以下命令重新导出共享目录。

```
sudo exportfs -a
```

（5）启动NFS服务器。

最后，启动NFS服务器并设置开机自启。

```
sudo systemctl start nfs-kernel-server
sudo systemctl enable nfs-kernel-server
```

实例 8-3　NFS服务器配置

本例以Ubuntu系统为例演示NFS服务器的配置方法，主要步骤如下。

（1）安装NFS。

```
root@ubuntu:/home/linux/# apt-get install nfs-kernel-server
Reading package lists... Done
Building dependency tree
Reading state information... Done
The following additional packages will be installed:
  initscripts insserv keyutils libevent-2.0-5 libnfsidmap2 libtirpc1
  nfs-common rpcbind sysv-rc
Suggested packages:
  bootchart2 open-iscsi watchdog bum
The following NEW packages will be installed:
  initscripts insserv keyutils libevent-2.0-5 libnfsidmap2 libtirpc1
  nfs-common nfs-kernel-server rpcbind sysv-rc
0 upgraded, 10 newly installed, 0 to remove and 33 not upgraded.
Need to get 663 kB of archives.
```

```
After this operation, 2,644 kB of additional disk space will be used.
Do you want to continue?[Y/n] y
Get:1 http://mirrors.ustc.edu.cn/ubuntu xenial/main amd64 insserv amd64 1.14.0-5ubuntu3
[38.2 kB]
….
```

(2) 查看 NFS 的端口是否打开。

```
root@ubuntu:/home/linux/# netsta -tl
Active Internet connections (only servers)
Proto Recv-Q Send-Q Local Address           Foreign Address         State
tcp        0      0 0.0.0.0:nfs             0.0.0.0:*               LISTEN
tcp        0      0 0.0.0.0:49927           0.0.0.0:*               LISTEN
tcp        0      0 0.0.0.0:36649           0.0.0.0:*               LISTEN
tcp        0      0 0.0.0.0:netbios-ssn     0.0.0.0:*               LISTEN
tcp        0      0 0.0.0.0:sunrpc          0.0.0.0:*               LISTEN
tcp        0      0 localhost:domain        0.0.0.0:*               LISTEN
tcp        0      0 localhost:ipp           0.0.0.0:*               LISTEN
tcp        0      0 0.0.0.0:39259           0.0.0.0:*               LISTEN
tcp        0      0 0.0.0.0:58043           0.0.0.0:*               LISTEN
tcp        0      0 0.0.0.0:microsoft-ds    0.0.0.0:*               LISTEN
tcp6       0      0 [::]:nfs                [::]:*                  LISTEN
tcp6       0      0 [::]:51497              [::]:*                  LISTEN
tcp6       0      0 [::]:netbios-ssn        [::]:*                  LISTEN
tcp6       0      0 [::]:51855              [::]:*                  LISTEN
tcp6       0      0 [::]:sunrpc             [::]:*                  LISTEN
tcp6       0      0 ip6-localhost:ipp       [::]:*                  LISTEN
tcp6       0      0 [::]:39451              [::]:*                  LISTEN
tcp6       0      0 [::]:58109              [::]:*                  LISTEN
tcp6       0      0 [::]:microsoft-ds       [::]:*                  LISTEN
```

(3) 启动 NFS 服务器。

```
root@ubuntu:/home/linux/# /etc/init.d/nfs-kernel-server restart
[ ok ] Restarting nfs-kernel-server (via systemctl): nfs-kernel-server.service.
```

(4) NFS 共享目录设置为/home/linux。

(5) 配置 NFS,加入允许被哪些计算机访问、访问的目录和访问权限。使用 # vi/etc/exports 命令打开 exports 文件,在该文件中添加数据。

```
/home/linux *(insecure,rw,sync,no_root_squash,no_subtree_check)
```

(6) 修改后需要重新启动 NFS 服务器。

(7) 挂载 NFS 服务器上的共享目录。

使用 mount 命令挂载 NFS 服务器上的共享目录。mount 命令的一般语法格式为

```
mount nfssrvname:/Share-Directory /mnt-Point
```

其中,nfssrvname 表示 NFS 服务器主机名,也可用 IP 地址;Share-Directory 表示 NFS 服务器导出的共享资源目录,必须用绝对路径,与 nfssrvname 用冒号隔开;mnt-Point 表示共享资源将挂载到客户端主机上的位置,在挂载前一定要确保挂载目录已经存在。

可以看到,挂载之后的本机/mnt/nfsshare 目录和本机的/home/linux 目录是一样的,也就是说通过 NFS 服务器把本机的/home/linux 目录挂载到了本机/mnt/nfsshare 目录下。注意,NFS 服务器实际在应用中用于两台不同的 Linux 主机间的挂载,这里为了演示方便,使用自身系统。具体操作如下。

```
1.  root@ubuntu:/home/linux/#  mount ␣-t ␣nfs ␣localhost:/home/linux ␣/mnt/nfsshare
2.  root@ubuntu:/home/linux/#  ls ␣/mnt/nfsshare/
3.  chapter2  dir1         doc        examples.desktop  Pictures  Templates
4.  chapter3  dir1.rar     Documents  hello.c           Public    Videos
5.  Desktop   dir1.tar.gz  Downloads  Music             samba
```

同步练习

8-53　NFS 是一种用于在网络上共享文件系统的________。

8-54　在 NFS 服务器的配置文件中,可使用 exportfs 命令将共享目录添加到________中。

8-55　客户端可以通过挂载 NFS 共享目录到本地目录访问远程文件系统,使用的命令是________。

8-56　NFS 服务器使用的主配置文件通常是________。

8-57　NFS 全称是什么含义?

8-58　NFS 服务器的主要用途是什么?

8-59　NFS 服务器使用的主配置文件通常是什么?

8-60　客户端如何访问 NFS 共享目录?

8-61　结合个人计算机系统,配置 NFS 服务器。

8.5　配置 DHCP 服务器

8.5.1　DHCP 介绍

动态主机配置协议(Dynamic Host Configuration Protocol,DHCP)是一个用于自动分配 IP 地址、子网掩码、默认网关和其他网络参数的协议。DHCP 可以帮助计算机在加入网络时自动获得正确的网络配置信息,避免手动配置网络参数的麻烦,提高了网络的灵活性和可维护性。

DHCP 是面向连接的、基于客户端/服务器模型的协议。DHCP 服务器主要用于管理、维护和分发网络配置信息，而DHCP客户端主要用于请求和接收网络配置信息。DHCP具有动态分配IP地址的特点，它可以根据需要动态重新分配IP地址，避免了IP地址冲突的问题。

DHCP广泛应用于局域网、互联网服务提供商以及其他需要自动分配IP地址的场合，为网络配置、管理和维护带来了便利。

8.5.2 DHCP配置

在Ubuntu上配置DHCP，可以按照以下步骤进行。

(1) 安装ISC DHCP服务。

```
sudo apt-get update
sudo apt-get install isc-dhcp-server
```

(2) 配置ISC DHCP服务。

编辑/etc/dhcp/dhcpd.conf文件，配置网络地址池、网关、子网掩码、域名系统(Domain Name System,DNS)服务器等参数。

```
  subnet 192.168.0.0 netmask 255.255.255.0 {
  range 192.168.0.10 192.168.0.100;
  option routers 192.168.0.1;
  option domain-name-servers 8.8.8.8, 8.8.4.4;
}
```

这里定义了一个IP地址池，地址范围为192.168.0.10～192.168.0.100，网关为192.168.0.1，DNS服务器为8.8.8.8和8.8.4.4。

(3) 配置网络接口。

编辑/etc/network/interfaces文件，设置网络接口为静态IP或DHCP。

```
auto ens33
iface ens33 inet dhcp
```

这里将ens33网络接口设置为DHCP模式。

(4) 启动DHCP服务。

使用以下命令启动或重启ISC DHCP服务。

```
sudo systemctl enable isc-dhcp-server
sudo systemctl restart isc-dhcp-server
```

(5) 测试DHCP功能。

启动连接到该网络的计算机，如果设置为自动获取IP地址，应该可以自动从DHCP服务器获取IP地址等网络配置信息。需要注意的是，具体的配置步骤可能因网络环境和DHCP服务器软件而略有不同。

同步练习

8-62 DHCP是一种用于自动分配IP地址和其他网络相关配置的________。

8-63 DHCP服务器可以为客户端分配的IP地址范围称为________。

8-64 在DHCP服务器的配置文件中,可以设置默认网关、DNS服务器等________。

8-65 客户端可以通过向DHCP服务器发送________获取网络配置信息。

8-66 DHCP是什么意思?

8-67 DHCP服务器的主要作用是什么?

8-68 结合个人计算机系统,配置DHCP服务器。

第三篇　编程与开发

Ubuntu 是一种常用的操作系统，很适合进行编程和开发。本篇主要介绍 Ubuntu 常用的编程工具及编程软件的相关知识，具体包括以下章节：

第9章 Shell 编程

Shell 编程是指使用 Linux 操作系统的 Shell(命令行解释器)编写脚本和自动化任务。Shell 脚本是由一系列 Shell 命令和控制结构组成的文本文件,它们被解释为一系列操作。本章通过学习 Shell 编程,使用户掌握以下内容。

(1) Shell 是一种命令行解释器,它能够执行用户输入的一系列命令。Shell 脚本是一种基于 Shell 解释器执行的脚本文件,其扩展名通常为.sh。

(2) 脚本基本语法,Shell 脚本的第 1 行通常为指定解释器,如#!/bin/bash 表示以 Bash 解释器执行;Shell 脚本中的命令一般以换行符分隔,也可以用分号分隔多个命令;注释用#符号表示,在它后面的内容都不会被当作命令执行。

第 26 集
微课视频

(3) Shell 脚本中可以定义变量并赋值,如 name="Tom";中间不能有空格,变量名通常为大写字母;使用时可以用"$变量名"来引用,如 echo $name,则输出 Tom。

(4) Shell 脚本支持各种运算符,如算术运算符包括+、-、*、/、取模等;比较运算符包括-eq、-ne、-gt、-lt、-ge、-le 等;逻辑运算符包括!、-a、-o 等。

(5) Shell 脚本支持 if-then-else、for、while 等过程控制语句。

(6) Shell 脚本支持数组操作,同时可以定义并调用函数。

9.1 Shell 基础

Shell 是一种命令行解释器,它是操作系统与用户之间的桥梁。用户可以在 Shell 界面输入自己的命令,Shell 将这些命令解释并传递给系统内核来执行,最后将执行结果返回给用户。

9.1.1 Shell 简述

Shell 有很多种,如 Bourne Shell(sh)、Bourne-Again Shell(Bash)、C Shell(csh)等。它们的语法和功能略有不同,但都有基本的命令行解释器功能,如执行命令、输出结果、环境变量配置等。

Shell 编程是使用 Shell 语言编写脚本程序。脚本程序可以包含一系列的命令和逻辑处理,可以完成各种各样的任务,如文件管理、进程管理、系统配置等。Shell 脚本文件一般以.sh 为扩展名。

Shell 编程的优点是简单易学、编辑方便、执行速度快等。Shell 脚本运行时,可以直接在命令行中输入命令调用,也可以将脚本文件作为一个整体传递给 Shell 解释器执行。

Shell 脚本可以跨平台执行,因为它们可以在不同的操作系统(如 Linux、UNIX、macOS 等)上运行,只要对应的 Shell 解释器存在即可。因此,Shell 编程已经成为运维、脚本自动化工具等开发人员的必备技能之一。

9.1.2 Bash 与 Shell

Bash 是 Shell 的一种,它是 UNIX 和 Linux 系统中最常用的 Shell 之一。Shell 作为操作系统与用户之间的桥梁,负责解释用户输入的命令并调用对应的系统程序完成对应的功能。

在 UNIX/Linux 系统中,有多种 Shell 可供选择,如 Bourne Shell(sh)、C Shell(csh)、Korn Shell(ksh)、Bourne-Again Shell(Bash)等,而 Bash 是其中功能最为强大、使用最为广泛的 Shell 之一。

相对于其他 Shell,Bash 的优点在于语法更加简洁,并且支持许多功能强大的扩展和特性,在进行脚本编程时也非常方便,因此 Bash 在 UNIX/Linux 系统中得到了广泛的应用。

总之,Bash 是一种 Shell,是目前 UNIX 和 Linux 系统中最常用的一种 Shell,它的功能非常强大,可以用于脚本编程和命令行操作。

9.1.3 脚本编程步骤

Shell 脚本编程是一种脚本编程语言,可以用来编写批处理任务或自动化脚本。Shell 脚本编程的基本步骤如下。

(1) 打开文本编辑器,如 vim 或 nano。

(2) 创建脚本文件。使用编辑器创建新的 Shell 脚本文件,文件扩展名为.sh,如 filename.sh,也可不添加文件扩展名。

(3) 添加脚本代码。使用编辑器添加 Shell 脚本代码,包括命令、变量、函数等。

(4) 添加注释。为 Shell 脚本添加注释,以提高代码可读性,方便自己和他人理解代码的含义。

(5) 保存和退出。保存 Shell 脚本文件。

(6) 添加执行权限。使用 chmod 命令添加脚本文件的可执行权限:chmod +x filename.sh。

(7) 执行 Shell 脚本。在终端执行 Shell 脚本,操作命令为./filename.sh。

注意:Shell 脚本编程具有一定的复杂度,编写脚本时需要尽可能减少错误,并始终保持良好的编程风格和注释规范。因此,建议初学者多使用样例练习 Shell 脚本编程,以便掌握更多的语法和技能。

9.2 变量

Shell 变量是一种用于存储数据的机制，它们可以包含数字、字符串，也可以是数组。在Shell 编程中，变量通常用于存储命令或程序的输出，或者用于存储程序中的中间结果或用户输入的数据。Shell 变量可以在程序中简化代码，从而让程序更加具有可读性和易维护性。

在 Shell 中，变量的定义和使用都非常简单。变量名可以包含字母、数字和下画线，但不能以数字开头。变量名通常用大写字母，这是一个惯例，在 Shell 中大小写是敏感的，所以可以使用任何字母的大小写组合作为变量名。使用变量时需要在变量名前加上美元符号($)，但在定义变量时不需要。

以下是定义和使用变量的示例。

```
#!/bin/bash
my_name = "John"
echo ␣"My name is ${my_name}"
```

在上面的例子中，变量 my_name 被定义为 John，在输出语句中使用时需要使用花括号括起来。输出结果为 My name is John。

注意：定义变量时等号两边不能有空格，如 my_name = "John"是错误的。此外，在 Shell 程序中还有一些系统变量，这些变量无须事先定义，可以直接使用。例如，$HOME 表示当前用户的默认目录，$PWD 表示当前工作目录，$USER 表示当前用户名等。

同步练习

9-1 打开终端，编写打印“Hello World!”的 Shell 脚本。

9.2.1 变量声明

在 Shell 中，可以使用=符号声明并赋值变量，如

```
name = "John"
```

在上面的例子中，声明了变量 name，并把它的值设置为 John。需要注意的是，变量名和等号之间不能有空格。

注意：在使用变量时，推荐使用花括号将变量名括起来。这样可以提高代码可读性和维护性，如

```
echo ␣"My name is ${name}"
```

在这个例子中，${name}的值将被输出，输出结果和前面的例子相同，仍为 My name is John。

9.2.2 变量赋值

在 Shell 中,可以使用=符号将一个值赋给变量,如

```
name = "John"
```

这行代码会将字符串 John 赋值给变量 name。

需要注意的是,等号两侧不能有空格,否则 Shell 会将它们作为两个参数,而不是赋值操作。同时,变量名只能由字母、数字和下画线组成,并且不能以数字开头。

如果需要给变量赋一个空值,可以将等号右侧的值置为空字符串,如

```
message = ""
```

这行代码会将空字符串赋值给变量 message。

如果变量的值包含空格或特殊字符,可以使用单引号或双引号将其括起来,如

```
message = 'Hello, World! '
```

或

```
message = "Hello, World! "
```

在这两个例子中,变量 message 的值都是“Hello,World!”。

需要注意的是,使用单引号将变量括起来时,变量不会被扩展(即变量名会原样输出);而使用双引号括起来时,变量会被扩展(即变量名会被替换为变量的值)。

例如,假设有一个变量 name 的值为 John,则下面的表达式会输出 My name is $ name,因为变量名 $ name 没有被扩展。

```
echo ␣'My name is $ name'
```

而下面的表达式会输出 My name is John,因为变量名 $ name 被扩展为变量的值。

```
echo ␣"My name is $ name"
```

9.2.3 变量引用

在 Shell 中,可以使用 $ 符号引用变量的值,如

```
name = "John"
echo ␣$ name
```

这段代码会输出 John,因为 $ name 被展开为变量 name 的值。

如果需要引用变量的一部分,可以使用花括号将变量名括起来,如

```
greeting="Hello, World!"
echo ${greeting:0:5}
```

这行代码会输出 Hello,因为${greeting:0:5}会从 greeting 变量的第 0 个位置(即第 1 个字符)开始获取 5 个字符,即 Hello。

```
a=1
b=2
c=a
echo ${!c}      # 输出 1
echo ${!c*}     # 输出 a
echo ${!c@}     # 输出 a
```

这里${!c}会使用变量 c 的值作为变量名,并输出该变量的值;${!c*}和${!c@}则会输出以 c 变量值作为前缀的所有变量名。

注意:如果变量名和其他字符紧挨在一起,那么可以将变量名和其他字符用花括号分隔开。例如,下面的代码就可以正确识别${name}suffix 中的变量名 name。

```
name="John"
echo ${name}suffix
```

这行代码会输出 Johnsuffix。但是,如果直接写成$namesuffix,则 Shell 会将其作为一个变量名,查找不到该变量而报错。

9.2.4 变量分类

在 Shell 中,变量可以分为环境变量和本地变量两类。

1. 环境变量

环境变量是特定于进程或用户的变量,可以在 Shell 进程及其子进程中使用。常见的环境变量如下。

(1) PATH:环境变量中的一个关键变量,它指定了可执行文件的搜索路径。

(2) HOME:当前用户的默认目录。

(3) USER:当前用户名。

(4) SHELL:默认 Shell 程序的路径。

(5) PWD:当前工作目录。

(6) LANG、LC_ALL、LC_CTYPE 等:语言、字符集等环境变量。

2. 本地变量

本地变量是指当前 Shell 进程中使用的变量,仅在该进程中有效,不会影响其他进程。在设置本地变量时,通常使用赋值符号=,如

```
foo="bar"
```

此时，变量 foo 的值为 bar。

需要注意的是，如果想在脚本中让子进程或其他 Shell 实例继承本地变量，可以使用 export 命令将变量导出为环境变量。例如：

```
foo = "bar"
export ␣foo
```

此时，变量 foo 就会被导出到环境变量中，可以在子进程或其他 Shell 实例中使用。

实例 9-1　Shell 脚本变量编程应用

```
#!/bin/bash
# 定义变量
name = "Tom"
age = 20
# 输出变量
echo ␣"My name is $ name"
echo ␣"I am $ age years old."
# 定义数组
fruits = ("apple" "banana" "orange")
# 输出数组元素
echo ␣"My favorite fruit is $ {fruits[0]}"
# 获取数组长度
echo ␣"I like $ { # fruits[@]} kinds of fruits"
```

运行该脚本，将输出以下内容。

```
root@ubuntu:/home/chapter9 # chmod ␣777 ␣91
root@ubuntu:/home/chapter9 # ./91
My name is Tom
I am 20 years old.
My favorite fruit is apple
I like 3 kinds of fruits
```

本例中，定义了两个变量 name 和 age，以及一个数组 fruits，并输出它们的值。注意，在输出变量时，使用 $ 符号引用变量的值。在输出数组元素时，使用花括号引用数组的某个元素。另外，使用@len 获取数组的长度。

同步练习

9-2　在 Shell 脚本中，变量用于存储________。

9-3　在 Shell 脚本中，变量可以是________、________或________。

9-4　变量的名称在使用时需要以________开头。

9-5　在 Shell 脚本中，声明一个变量，可以使用________符号进行赋值。

9-6 为变量赋值时，一般采用________的格式。

9-7 使用变量的值，可以通过________或使用花括号（${变量名}）进行引用。

9-8 通过添加________关键字，可以将变量导出为环境变量。

9-9 在Shell脚本中，可以使用________命令从用户输入中读取值赋给变量。

9-10 变量的值可以通过在命令行中使用________来显示。

9-11 在Shell脚本中，可以通过________命令删除变量。

9-12 可以通过________变量的值获取上一个执行的命令的退出状态。

9-13 在Shell脚本中，可以使用________获取传递给脚本的参数个数。用________引用脚本自身和传递给脚本的参数。

9-14 什么是变量？如何声明一个变量？

9-15 如何将变量导出为环境变量？

9-16 运行脚本./test.sh a b c d e f g，分析以下脚本代码的输出结果。

```
#test.sh
#!/bin/sh
echo "number of vars:" $#
echo "values of vars:" $*
echo "value of var1:" $1
echo "value of var2:" $2
echo "value of var3:" $3
echo "value of var4:" $4
```

第27集
微课视频

9.3 运算符

9.3.1 算术运算符

在Shell中，算术运算可以用算术运算符进行。常用的算术运算符如表9-1所示。

表9-1 算术运算符

运算符	描述	示例
+	加法	`expr 2 + 3` 结果为5
-	减法	`expr 5 - 2` 结果为3
*	乘法	`expr 3 * 4` 结果为12
/	除法	`expr 8 / 4` 结果为2
%	取余数	`expr 9 % 4` 结果为1

需要注意的是，Shell中的算术运算符只支持整型数值的运算，如果需要进行浮点数运算，需要使用其他方式，如在bc命令中进行高精度的浮点数运算。同时，在进行算术运算时，需要将运算式用反引号或$()括起来，如

```
echo `expr 2 + 3`
echo $(expr 5 - 2)
```

另外，如果需要对变量进行运算并将结果赋给另一个变量，可以使用如下方式。

```
a=2
b=3
c=`expr $a + $b`
echo $c
```

以上代码将把变量 a 和 b 的值相加的结果赋给变量 c，并输出变量 c 的值。

9.3.2 位运算符

在 Shell 中，位运算符用于对整型数据进行位运算。常见的位运算符如表 9-2 所示。

表 9-2 位运算符

运算符	描述	示例
&	按位与	$((3 & 5))结果为 1
|	按位或	$((3 | 5))结果为 7
^	按位异或	$((3^ 5))结果为 6
~	按位取反	$((~3))结果为 -4
<<	左移	$((3 << 2))结果为 12
>>	右移	$((12 >> 2))结果为 3

可以通过 Shell 脚本使用位运算符对数据进行位操作。以下是一个 Shell 脚本的例子，其中使用了位运算符对给定的整数进行位操作。

实例 9-2 **Shell 位运算编程**

```
#!/bin/bash
# 定义两个整数
a=5  # 二进制表示为 0101
b=3  # 二进制表示为 0011
# 按位与运算
c=$(($a & $b))
echo "a & b = $c"      # 输出 1,二进制表示为 0001
# 按位或运算
c=$(($a | $b))
echo "a | b = $c"      # 输出 7,二进制表示为 0111
# 按位异或运算
c=$(($a ^ $b))
echo "a ^ b = $c"      # 输出 6,二进制表示为 0110
# 按位取反运算
c=$((~$a))
echo "~a = $c"         # 输出 -6,二进制表示为 1111 1111 1111 1111 1111 1111 1111 1111 1111
                       # 1111 1111 1111 1111 1111 1111 1010
```

```
# 左移运算
c=$(($a << 2))
echo "a << 2 = $c" # 输出 20,二进制表示为 10100
# 右移运算
c=$(($a >> 1))
echo "a >> 1 = $c" # 输出 2,二进制表示为 0010
```

运行该脚本将输出以下内容。

```
root@ubuntu:/home/chapter9# chmod 777 92
root@ubuntu:/home/chapter9# ./92
a & b = 1
a | b = 7
a ^ b = 6
~a = -6
a << 2 = 20
a >> 1 = 2
```

在示例中,使用$符号获取变量的值,并使用$(())结构将表达式计算结果赋给变量c,最后使用echo命令打印结果。注意,运算符周围的空格是必要的,否则可能会导致语法错误。

9.3.3 逻辑运算符

在Shell中,逻辑运算符用于对布尔类型的数据进行逻辑运算。常见的逻辑运算符如表9-3所示。

表9-3 逻辑运算符

运算符	描述	示例
!	非	`!true`结果为false
-a	或	`true -a false`结果为false
-o	与	`true -o false`结果为true

需要注意的是,Shell中的逻辑运算符只支持布尔类型的数据,因此在进行逻辑运算时需要确保参与运算的数据是布尔类型。在进行逻辑运算时,需要将运算式用方括号或双括号括起来,如

```
a=true
b=false
c= [ $a -a $b ] 
echo $c
```

以上代码将对变量a和b进行逻辑与运算,将结果赋给变量c,并输出变量c的值。

需要注意的是,双括号括起来的逻辑表达式可以直接进行数值运算,而方括号则需要借助于test命令,如

```
a=3
b=5
c=$(( $a + $b))
d= [ $a -eq $b ] 
echo $c
echo $d
```

以上代码将对变量 a 和 b 进行数值相加运算，并将结果赋给变量 c，然后进行变量 a 和 b 是否相等的逻辑判断，并将结果赋给变量 d，最后输出变量 c 和 d 的值。

实例 9-3 **Shell 逻辑运算符编程，判断两个数的大小**

```
#!/bin/bash

# 定义两个变量，并分别赋值
num1=10
num2=20

# 使用逻辑运算符判断 num1 是否等于 num2
if ! [ $num1 -eq $num2 ] 
then
    echo "num1 is not equal to num2."
fi

# 使用逻辑运算符判断 num1 是否大于 0，并且 num2 是否小于 50
if [ $num1 -gt 0 -a $num2 -lt 50 ] 
then
    echo "num1 is greater than 0 and num2 is less than 50."
fi

# 使用逻辑运算符判断 num1 是否小于 5，或者 num2 是否大于 100
if [ $num1 -lt 5 -o $num2 -gt 100 ] 
then
    echo "num1 is less than 5 or num2 is greater than 100."
fi
```

运行该脚本，将输出以下内容。

```
root@ubuntu:/home/chapter9# chmod 777 93
root@ubuntu:/home/chapter9# ./93 34 150
num1 is not equal to num2.
num1 is greater than 0 and num2 is less than 50.
```

在上述 Shell 脚本中，第 1 个条件判断使用了!运算符，表示对之后的条件进行取反；第 2 个条件判断使用了-a 运算符，表示两个条件都必须为真才能执行后续的语句；第 3 个条件判断使用了-o 运算符，表示两个条件中只要有一个为真就可以执行后续的语句。

9.3.4　三元运算符

在 Shell 中，可以使用 test 命令和 &&、‖ 逻辑运算符实现三元运算符。语法如下。

```
[ condition ] && echo "true" || echo "false"
```

其中，condition 表示一个条件表达式，如果为真则执行第 1 个语句，否则执行第 2 个语句。

例如，下面的代码将判断一个数字是否大于或等于 10，并输出相应的结果。

```
num=9
[ $num -ge 10 ] && echo "greater than or equal to 10" || echo "less than 10"
```

如果将 num 赋值为 11，那么输出结果将是 greater than or equal to 10。

注意：三元运算符的嵌套容易导致代码混乱，难以维护，因此应该谨慎使用，尽量采用其他逻辑结构实现相同的功能。

实例 9-4　使用 test 命令和 &&、‖ 逻辑运算符实现三元运算符

```
#!/bin/bash

# 定义两个变量，并分别赋值
num1=10
num2=20

# 使用逻辑运算符和 test 命令实现三元运算符功能
result=$((num1 > num2 ? 0 : 1))
echo "result = $result"

# 使用逻辑运算符 && 和 || 实现三元运算符功能
((num1 > num2)) && echo "num1 > num2" || echo "num1 <= num2"
```

运行该脚本，将输出以下内容。

```
root@ubuntu:/home/chapter9# chmod 777 94
root@ubuntu:/home/chapter9# ./94
result = 1
num1 <= num2
```

在上述 Shell 脚本中，第 1 个例子使用了 test 命令和逻辑运算符实现了三元运算符的功能，如果 num1 大于 num2，则 result 等于 0，否则等于 1。第 2 个例子使用了逻辑运算符 && 和 ‖ 实现三元运算符功能，如果 num1 大于 num2，则输出“num1 > num2”，否则输出“num1 <= num2”。

9.3.5 赋值运算符

在 Shell 中，可以使用赋值运算符对变量进行赋值。常用的赋值运算符有以下 5 种。

(1) 等号运算符=：将等号右侧数值赋给左侧的变量，如 var=10。

(2) 双等号运算符==：一般用于字符串比较，判断两字符串是否相等，如

```
if [ "$str1" == "$str2" ]; then
    echo "Two strings are equal."
fi
```

(3) 加等于运算符+=：将右侧的值追加到左侧变量的值末尾，如 var+="test"。

(4) 减等于运算符-=：将右侧的值从左侧变量的值中减去，如 var-=5。

(5) 乘等于运算符*=：将右侧的值与左侧变量的值相乘并赋给左侧变量，如 var*=2。

注意：在变量名和等号之间不能有空格，否则会被解释为命令而出现语法错误。例如，var = 10 是错误的赋值表达式。

在 Shell 脚本中，=用于变量赋值，==用于字符串比较；+=用于字符串拼接和数值相加赋值，-=用于数值减法赋值，*=用于数值乘法赋值。接下来，通过实例深入理解赋值运算符的使用方法。

实例 9-5 赋值运算符综合应用

```
var1=10
var2=3

# 使用=运算符给变量赋值
var3=$var1
echo "var3 = $var3"

# 使用+=运算符增加变量的值
let "var1+=5"
echo "var1 = $var1"

# 使用-=运算符减少变量的值
let "var2-=1"
echo "var2 = $var2"

# 使用*=运算符进行乘法运算
let "var1*=2"
echo "var1 = $var1"


# 使用==运算符判断变量是否相等
if [ $var1 == 30 ]
then
  echo "var1 equals 30"
```

```
else
  echo "var1 does not equal 30"
```

运行该脚本,将输出以下内容。

```
root@ubuntu:/home/chapter9# chmod 777 95
root@ubuntu:/home/chapter9# ./95
var3 = 10
var1 = 15
var2 = 2
var1 = 30
var1 equals 30
```

该脚本定义了3个变量var1、var2和var3,分别进行了赋值、加减乘运算和相等判断,其中使用了=、+=、-=、*=和==运算符。

9.3.6 运算符优先级

在Shell中,运算符的优先级从高到低依次如下。

(1) 圆括号():在括号内的表达式优先计算。

(2) 取反(!):优先级仅次于圆括号,它会对后面的表达式进行取反操作。

(3) 幂运算(**):幂运算的优先级高于乘、除和取模运算。

(4) 乘、除、取模运算(*、/、%):这3个运算符优先级相等,从左到右顺序计算。

(5) 加、减运算(+、-):这两个运算符优先级相等,从左到右顺序计算。

(6) 关系运算符(<、>、<=、>=、=、!=):这6个运算符优先级相等,从左到右顺序计算。

(7) 逻辑与(&&):逻辑运算符中,逻辑与的优先级高于逻辑或。

(8) 逻辑或(||):逻辑或的优先级低于逻辑与。

注意:由于各种运算符的优先级可能会导致表达式的含义被改变,因此在编写复杂表达式时,应该使用圆括号明确优先级,以保证表达式的正确性和易读性。

9.3.7 let命令

在Shell中,let命令用于进行算术运算,它的一般形式为

```
let arg1 operator arg2
```

其中,arg1和arg2是要进行运算的表达式或变量;operator是要使用的算术运算符。

let命令支持的算术运算符如下。

(1) +:加法运算。

(2) -:减法运算。

(3) *:乘法运算。

(4) /：除法运算。

(5) %：取余运算。

(6) **：求幂运算。

let 命令的返回值为计算结果的整数值，如果表达式或变量含有非法字符或语法错误，let 命令会返回一个非零值以提示用户。

let 命令的使用示例如下。

```
#!/bin/bash
a=10
b=20
let "c = $a + $b"
echo "c = $c"
```

以上脚本将输出

```
c = 30
```

在这个例子中，使用 let 命令进行加法运算，将两个变量相加并将结果保存到另一个变量中。

注意：在 let 命令中使用变量时需要将其用 $ 符号包围，否则会被解释为字符，导致语法错误。

同步练习

9-17 在 Shell 脚本中，用于数值计算的加法运算符是________。

9-18 Shell 脚本中的赋值运算符是________。

9-19 用于字符串连接的运算符是________。

9-20 逻辑与运算符是________。

9-21 逻辑或运算符是________。

9-22 用于比较两个值是否不等的运算符是________。

9-23 利用 test 命令进行文件比较的运算符是________。

9-24 算术求余的运算符是________。

9-25 在条件判断中，检查一个值是否小于或等于另一个值的运算符是________。

9-26 用于执行命令并将输出重定向的运算符是________或________。

9-27 利用 test 命令判断文件是否存在的运算符是________。

9-28 用于执行命令并将输出赋给变量的运算符是________。

9-29 执行命令返回值的运算符是________。

9-30 什么是运算符？

9-31 如何进行数值计算？

9-32 如何进行条件判断？

9-33 如何进行逻辑判断？
9-34 如何执行命令并将输出赋给变量？

9.4 分支语句

9.4.1 if 语句

在 Shell 脚本中，if 语句是用于条件判断的基本结构，fi 则是 if 语句的结束标志。

if 语句的一般格式如下。

```
if [ condition ]; then
    # commands
fi
```

其中，condition 表示需要进行判断的条件，如果为真(返回 0)，执行 then 后面的命令，否则跳过 then 后面的命令。

condition 可以使用各种比较运算符、逻辑运算符、文件判断运算符等进行组合，具体如下。

(1) -eq：等于。

(2) -ne：不等于。

(3) -lt：小于。

(4) -le：小于或等于。

(5) -gt：大于。

(6) -ge：大于或等于。

(7) -a：与。

(8) -o：或。

(9) -z：判断字符串是否为空。

(10) -n：判断字符串是否非空。

(11) -f：判断文件是否存在并且是一个普通文件。

(12) -d：判断文件是否存在并且是一个目录。

(13) -e：判断文件是否存在。

例如，下面的示例使用了 if 语句和-lt(小于)比较运算符判断变量值大小。

```
#!/bin/bash
a=10
b=20
if [ $a -lt $b ]; then
    echo "a is less than b"
fi
```

运行脚本，将输出以下内容。

```
a is less than b
```

需要注意的是，在条件判断表达式中使用变量时需要将其用 $ 符号包围，否则会被解释为字符，导致语法错误。

if 语句中的所有命令执行完毕后，必须用 fi 结束此语句。在多个嵌套的 if 语句中，一个 fi 对应一个 if，形式类似于成对的括号。

例如，下面的示例说明了 if 语句嵌套的用法。

```
#!/bin/bash
a=10
b=20
if [ $a == $b ]; then
    echo "a is equal to b"
else
    if [ $a -gt $b ] ; then
        echo "a is greater than b"
    else
        echo "a is less than b"
    fi
fi
```

运行脚本，将输出以下内容。

```
a is less than b
```

9.4.2 case 语句

case 是一种用于匹配多个值的条件语句，类似于 switch 语句。在 Shell 脚本中，case 语句的一般格式如下。

```
case 变量 in
  值1)
    命令序列1
    ;;
  值2)
    命令序列2
    ;;
  值3)
    命令序列3
    ;;
  *)
    默认命令序列
    ;;
esac
```

case 语句的执行过程如下。

(1) 先判断变量和值 1 是否匹配,如果匹配,执行命令序列 1,然后跳出 case 语句,进入 esac。

(2) 如果不匹配,继续判断变量和值 2 是否匹配,如果匹配,执行命令序列 2,然后跳出 case 语句,进入 esac。

(3) 以此类推,直到所有值都比对完成。

(4) 如果变量和所有值都不匹配,执行默认命令序列,并跳出 case 语句,进入 esac。

其中,值可以是一个字符串或一个正则表达式,值与命令序列之间需要使用两个分号分隔。

分析下面的示例,采用 case 语句,根据输入的数字进行比对,判断输出是星期几。

```
#!/bin/bash
echo -n "请输入数字: "
read num
case $num in
  1)
    echo "星期一"
    ;;
  2)
    echo "星期二"
    ;;
  3)
    echo "星期三"
    ;;
  4)
    echo "星期四"
    ;;
  5)
    echo "星期五"
    ;;
  6)
    echo "星期六"
    ;;
  7)
    echo "星期日"
    ;;
  *)
    echo "输入错误"
    ;;
esac
```

如果输入 1,则输出“星期一”; 如果输入 8,则输出“输入错误”。

实例 9-6 if 和 case 语句综合应用

```
#!/bin/bash

# 提示用户输入一个数字
read -p "Please enter a number between 1 and 5: " num
```

```
# 使用 if 语句判断该数字的范围,并输出相应的提示信息
if [[ $num -lt 1 || $num -gt 5 ]]
then
  echo "Invalid input"
else
  echo -n "You entered "
  case $num in
    1) echo "one";;
    2) echo "two";;
    3) echo "three";;
    4) echo "four";;
    5) echo "five";;
  esac
fi
```

运行该脚本,将输出以下内容。

```
root@ubuntu:/home/chapter9# chmod 777 96
root@ubuntu:/home/chapter9# ./96
Please enter a number between 1 and 5: 3
You entered three
```

该脚本通过使用 read 命令从用户那里获取一个数字,然后使用 if 语句判断这个数字是否在 1～5 的范围内。如果不在范围内,输出“Invalid input”提示信息;如果在范围内,则使用 case 语句输出相应的文字提示信息。

同步练习

9-35 Shell 脚本中的 if 语句的一般语法是________。

9-36 在 Shell 脚本中,用于多条件判断的关键字是________。

9-37 case 语句的一般语法是________。

9-38 在 if 语句中,可以使用________关键字添加一个默认情况。

9.5 循环语句

9.5.1 for 语句

在 Shell 脚本中,for 循环语句用于对一组值进行遍历,一般格式如下。

```
for 变量 in 值1 值2 ... 值n
do
  命令序列
done
```

其中，变量为循环控制变量，值 1～值 n 是要循环遍历的值。for 循环会依次将这些值赋给循环控制变量，然后执行相应的命令序列。每次循环完毕后，循环控制变量会更新到下一个值，直到遍历完所有的值才终止。

下面是一个例子，使用 for 循环输出 1～5 的数字。

```
#!/bin/bash
for i in 1 2 3 4 5
do
  echo $i
done
```

该脚本将输出数字 1～5，并且每个数字独占一行。

除了直接列出一组值，还可以使用 Shell 提供的序列操作符，如{m..n}，表示生成 m～n 的整数序列；或者使用{a,b,c}，表示生成一个字符串序列。

```
#!/bin/bash
# 使用 {m..n} 生成整数序列
for i in {1..5}
do
  echo $i
done
# 使用 {a,b,c} 生成字符串序列
for name in {Tom,Jerry,Spike}
do
  echo "Hello, $name!"
done
```

这个脚本会输出 1～5，每个数字独占一行；以及 3 个字符串，分别是 Tom、Jerry 和 Spike。

除了显示指定一组值，还可以从文件中读取一组值作为循环遍历的值。

```
#!/bin/bash
# 从文件中读取一组值
for country in $(cat countries.txt)
do
  echo "I'm from $country."
done
```

这个脚本会从 countries.txt 文件中读取一组国家名称，然后将它们作为循环遍历的值，输出对应的句子。

9.5.2 while 语句

在 Shell 脚本中，while 循环语句用于循环执行某个命令序列，一般格式如下。

```
while 命令序列
do
  循环体
done
```

其中，命令序列会被不断执行，直到其返回值为 0 为止。如果返回值非 0，那么循环体会被执行，然后再次执行命令序列。循环体执行完毕后，循环会回到开始位置，继续执行命令序列。

下面的示例使用 while 循环读取用户输入的数字，并将其累加起来，直到输入的数字为 0。

```
#!/bin/bash
sum=0
while true
do
  read -p "请输入一个数字(输入 0 退出): " num
  if [ $num -eq 0 ]
  then
    break
  fi
  sum=$((sum+num))
done
echo "累加结果: $sum"
```

这个脚本会不断让用户输入数字，然后将其累加到 sum 变量中，如果输入的数字为 0，那么循环会退出，输出变量 sum 的值。

除了使用 true 构造一个无限循环外，也可以使用条件语句控制循环的进入和退出。

```
#!/bin/bash
# 使用条件语句构造循环
num=1
while [ $num -le 5 ]
do
  echo "循环次数: $num"
  num=$((num+1))
done
```

这个脚本会输出 5 行数字，每行数字都表示当前循环的次数。

除了可以在循环条件中使用比较运算符，还可以使用 test 命令进行条件判断。

```
#!/bin/bash
#使用 test 命令进行条件判断
num=1
while test $num -le 5
do
  echo "循环次数: $num"
  num=$((num+1))
done
```

这个脚本与上一个例子功能相同，只是使用了 test 命令进行条件判断。

9.5.3 until 语句

在 Shell 脚本中，until 循环语句用于循环执行某个命令序列，直到其返回值为 0 为止，一般格式如下。

```
until 命令序列
do
  循环体
done
```

其中,命令序列会被不断执行,直到其返回值为0为止。如果返回值不为0,那么循环体会被执行,然后再次执行命令序列。循环体执行完毕后,循环会回到开始位置,继续执行命令序列。

下面的示例使用until循环读取用户输入的数字,并将其累加起来,直到输入的数字为0。

```
#!/bin/bash
sum=0
until [ $num -eq 0 ]
do
  read -p "请输入一个数字(输入 0 退出): " num
  sum=$((sum+num))
done
echo "累加结果: $sum"
```

该脚本与之前使用while循环的例子功能相同,只是使用了until循环。如果用户输入的数字不等于0,那么命令序列会被不断执行,直到输入的数字为0,才会退出循环。

除了使用条件判断控制循环的进入和退出,还可以使用true或false构造循环。

```
#!/bin/bash
# 使用 true 命令构造循环
num=1
until false
do
  echo "循环次数: $num"
  num=$((num+1))
done
```

这个脚本会不断输出循环次数,直到手动终止脚本的运行。

```
#!/bin/bash
# 使用 false 命令构造循环
num=1
until true
do
  echo "循环次数: $num"
  num=$((num+1))
  if [ $num -ge 5 ]
  then
    break
  fi
done
```

这个脚本会输出4行文本，每行表示当前循环的次数。通过 if 语句判断循环的次数是否大于或等于5，如果是，则退出循环。

9.5.4 select 语句

在 Shell 脚本中，select 语句用于创建交互式菜单，以便用户可以从预定义的选项中进行选择，一般格式如下。

```
select 变量名 in 选项列表
do
  循环体
done
```

其中，变量名指定用户选择的选项编号，选项列表是一组用空格分隔的字符串，表示用户可以选择的选项。循环体中的命令序列会在用户选择一个选项后而执行。

下面的示例使用 select 命令创建一个简单的交互式菜单，用户可以选择不同的车型，并显示所选车型的信息。

```
#!/bin/bash
OPTIONS="SUV 轿车 跑车 自行车 退出"
PS3="请选择您喜欢的车型:"
select CHOICE in $OPTIONS
do
  case $CHOICE in
    "SUV")
      echo "您选择了 SUV,有足够的空间和越野能力."
      ;;
    "轿车")
      echo "您选择了轿车,便于城市里的行驶."
      ;;
    "跑车")
      echo "您选择了跑车,拥有极致的速度和驾驶乐趣."
      ;;
    "自行车")
      echo "您选择了自行车,环保、健康又经济."
      ;;
    "退出")
      break
      ;;
    *)
      echo "请选择菜单中的选项(1-5)."
      ;;
  esac
done
```

在这个脚本中，定义了名为 OPTIONS 的字符串，其中包含5个选项，并设置了 PS3 变量作为提示信息。PS3 是一种特殊的环境变量，该变量设置了使用 select 语句时的提示符。select 语句让脚本能够为用户提供一个菜单，让用户通过输入数字选择其中的一项。通过

select 命令创建了一个交互式菜单，用户可以从菜单中选择一个选项。根据用户的选择，使用 case 语句显示相应的信息。如果用户选择退出，则脚本会退出循环。

当运行这个脚本时，将会显示以下交互式菜单。

```
1) SUV
2) 轿车
3) 跑车
4) 自行车
5) 退出
请选择您喜欢的车型:
```

用户可以输入菜单中的选项编号，如输入 1，然后按 Enter 键，脚本会显示以下信息。

```
您选择了 SUV,有足够的空间和越野能力.
```

随后，脚本会再次显示菜单，等待用户重新输入。

9.5.5 continue 和 break 语句

在 Shell 编程中，continue 和 break 语句主要用于控制循环的执行流程，下面进行详细说明。

continue 语句用于跳过循环中当前的迭代，直接开始下一次迭代。它只能用于 Shell 的 for 循环或 while 循环。示例如下。

```
for i in 1 2 3 4 5
do
    if [ $i == 3 ]; then
        continue
    fi
    echo "当前数字为: $i"
done
```

在本例中，当 $i 等于 3 时，continue 语句将跳过本次迭代并直接进行下一轮迭代。输出结果为

```
当前数字为: 1
当前数字为: 2
当前数字为: 4
当前数字为: 5
```

break 语句用于立即退出 for 循环或 while 循环。示例如下。

```
while :
do
    echo "输入 'quit' 退出循环."
    read input
```

```
    if [ $input == "quit" ]; then
        break
    fi

    echo "你输入的是: $input"
done
echo "完成循环"
```

在本例中,用户输入 quit 时,break 语句将退出 while 循环。输出结果为

```
输入 'quit' 退出循环.
hello
你输入的是: hello
输入 'quit' 退出循环.
world
你输入的是: world
输入 'quit' 退出循环.
quit
完成循环
```

实例 9-7 循环语句综合应用

(1) 使用 for 语句输出 1～5 的数字。

```
#!/bin/bash
echo "Using for loop:"
for num in 1 2 3 4 5
do
  echo $num
done
echo ""
```

(2) 使用 while 语句实现猜数游戏。

```
echo "Guess a number between 1 and 10:"
secret_num=7
while true
do
  read guess_num
  if [ $guess_num -eq $secret_num ]
  then
    echo "Congratulations! You guessed it!"
    break
  else
    echo "Try again: "
  fi
done
echo ""
```

(3) 使用 until 语句实现倒计时。

```
echo "Countdown starts:"
num=10
until [ $num -lt 1 ]
do
  echo $num
  num=$(( num - 1 ))
  sleep 1
done
echo "Time's up!"
echo ""
```

(4) 使用 select 语句实现菜单选择。

```
echo "Choose an animal:"
options=("cat" "dog" "fish" "quit")
select animal in "${options[@]}"
do
  case $animal in
    "cat")
      echo "Meow"
      ;;
    "dog")
      echo "Woof"
      ;;
    "fish")
      echo "Blub"
      ;;
    "quit")
      break
      ;;
    *) echo "Invalid option";;
  esac
done
echo ""
```

(5) 使用 continue 语句跳过循环中的某一次迭代。

```
echo "Skipping even numbers:"
for num in {1..10}
do
  if [ $(( num % 2 )) -eq 0 ]
  then
    continue
  fi
  echo $num
done
```

运行该脚本,将输出以下内容。

```
root@ubuntu:/home/chapter9# chmod 777 97
root@ubuntu:/home/chapter9# ./97
Using for loop:
1
2
3
4
5

Guess a number between 1 and 10:
6
Try again:
7
Congratulations! You guessed it!

Countdown starts:
10
9
8
7
6
5
4
3
2
1
Time's up!

Choose an animal:
1) cat
2) dog
3) fish
4) quit
#? 2
Woof
#? 4

Skipping even numbers:
1
3
5
7
9
```

通过这些语句的综合使用,可以实现更加复杂的脚本功能。

同步练习

9-39 for循环的一般语法是________。

9-40 while循环的一般语法是________。

9-41 在Shell脚本中,用于按条件循环执行一系列命令,直到条件不满足时停止的关键字是________。

9-42 until循环的一般语法是________。

9-43 在循环中,可以使用________关键字使当前循环进入下一次迭代。

9-44 在Shell脚本中,用于选择菜单选项并执行相应命令的关键字是________。

9-45 select语句的一般语法是________。

9-46 在循环中,可以使用变量________获取用户选择的选项(在select语句中)。

9-47 选择菜单选项时,可以使用________关键字设置提示符。

9-48 在循环中,可以使用________关键字进行算术运算。

9-49 for循环用于什么目的?

9-50 while循环和until循环有什么区别?

9-51 如何跳过当前循环的迭代?

9-52 如何终止循环,并跳出循环体?

9-53 select语句用于什么目的?

9.6 数组

9.6.1 定义数组

在Shell编程中,通过以下方式定义数组。

```
array_name = (value1 value2 ... valuen)
```

其中,array_name是数组的名称;value1,value2,…,valuen是数组元素的值,多个元素值之间用空格分隔。也可以使用下标定义数组元素的值,如

```
array_name[0] = value1
array_name[1] = value2
array_name[2] = value3
```

以下是一个具体的例子。

```
#!/bin/bash

# 定义一个包含5个元素的数组
my_array = (apple banana "Fruit Basket" orange watermelon)

# 访问数组元素
echo␣"第一个元素: ${my_array[0]}"
echo␣"第二个元素: ${my_array[1]}"
```

```
echo "第三个元素: ${my_array[2]}"
echo "第四个元素: ${my_array[3]}"
echo "第五个元素: ${my_array[4]}"
```

运行 Shell 脚本,输出结果如下。

```
第一个元素: apple
第二个元素: banana
第三个元素: Fruit Basket
第四个元素: orange
第五个元素: watermelon
```

9.6.2 获取数组长度

在 Shell 编程中,可以通过 ${#array_name[@]}或 ${#array_name[*]}获取数组的长度,其中 array_name 是数组的名称。

以下是一个简单的脚本示例。

```
#!/bin/bash
# 定义一个包含 5 个元素的数组
my_array=(apple banana "Fruit Basket" orange watermelon)
# 获取数组长度
length=${#my_array[@]}
# 输出数组长度
echo "数组长度为: $length"
```

输出结果为

```
数组长度为: 5
```

${#my_array[@]}和 ${#my_array[*]}的区别在于:当数组元素中含有空格时,使用[@]会将其识别为多个元素,而[*]则会视为一个元素。

实例 9-8　求一个数字列表的平均数

```
#!/bin/bash

# 定义数字列表
nums=(3 9 15 7 28 37)

# 初始化总数和计数器
total=0
count=0

# 遍历数组,累加数字和计数器
for i in "${nums[@]}"
```

```
do
    total=$(($total+$i))
    count=$(($count+1))
done

# 计算平均数
average=$(($total/$count))

# 输出结果
echo "数字列表: ${nums[@]}"
echo "总数: $total"
echo "计数器: $count"
echo "平均数: $average"
```

运行该脚本，将输出以下内容。

```
root@ubuntu:/home/chapter9# chmod 777 98
root@ubuntu:/home/chapter9# ./98
数字列表: 3 9 15 7 28 37
总数: 99
计数器: 6
平均数: 16
```

本例使用数组存储数字列表，通过遍历数组的方式计算数字总和以及数组元素个数，最后计算平均数并输出结果。这种方式可以方便地处理大量数字，让程序变得简单而高效。

同步练习

9-54　在Shell脚本中，用于存储多个值的数据结构是________。

9-55　数组中的第1个元素的索引是________。

9-56　可以使用________获取数组的长度。

9-57　如何声明一个数组？

9-58　如何引用数组中的元素？

9.7　函数

9.7.1　函数定义

在Shell编程中，函数可以被用来封装一些具有特定功能的代码块，使得代码更加易读、易用以及易于维护。Shell函数一般格式为

```
function 函数名 {
  # 函数代码
}
```

或

```
函数名() {
  # 函数代码
}
```

其中,函数名是自定义的函数名称,可以是字母、数字和下画线的组合,但不能以数字开头。函数体中的代码是实现函数功能的语句块。

例如,以下是一个打印 Hello World 的函数定义。

```
function hello {
  echo "Hello World!"
}
```

或

```
hello() {
  echo "Hello World!"
}
```

定义好函数后,可以通过函数名调用它,如

```
hello                    //函数名
```

输出结果为

```
Hello World!
```

需要注意的是,函数定义应该放在脚本的开头,以便在调用时能够正常运行。同时,如果函数有返回值,可以使用 return 语句在函数中返回该值。

9.7.2 函数参数

在 Shell 函数中可以定义参数,使函数更加灵活和通用。Shell 函数的参数可以通过 \$1、\$2、\$3 等特殊字符串变量进行引用,分别表示第 1 个、第 2 个、第 3 个参数。

以下是一个带有参数的函数的定义方式。

```
function add {
  result=$(($1 + $2))
  echo "The result is: $result"
}
```

或

```
add() {
  result=$(($1 + $2))
  echo "The result is: $result"
}
```

在此函数中，$1 和 $2 代表传入的第 1 个和第 2 个参数，计算结果保存在变量 result 中并输出。

按照以下方式调用函数：

```
add 10 20
```

输出为

```
The result is: 30
```

需要注意的是，在调用函数时，传递的参数是按照顺序与函数定义中的参数进行对应的，也就是第 1 个参数将替换 $1，第 2 个参数将替换 $2，以此类推。如果传递的参数数目不足，未提供的参数将按照空字符串对待。

Shell 函数还支持默认参数和可选参数，这需要用到 Shell 的高级特性。如果用户对此感兴趣，可以参考 Shell 脚本编程指南或 Shell 编程教程等一系列书籍。

9.7.3 函数返回值

在 Shell 中，函数可以使用 return 语句返回一个值，返回值可以是数字、字符串或其他的数据类型。例如：

```
function add() {
  result=$(($1 + $2))
  return $result
}
```

这里的 add()函数接收两个参数，将两个参数相加，然后使用 return 语句返回结果。在调用该函数后，用户可以使用 $?获取返回值。注意返回值为 0～255 的整数。

```
add 10 20
echo $?
```

由于 add()函数返回值为 30，所以 echo 命令将输出 30。

另一种方式是将返回值直接输出到标准输出中，然后在调用函数时使用命令替换进行读取。例如：

```
function add() {
  result=$(($1 + $2))
  echo $result
}
sum=$(add 10 20)
echo $sum
```

此时输出的结果也是 30。

除了使用 return 语句返回值之外，函数还可以使用全局变量保存结果，如

```
function add() {
  global_result = $(( $1 + $2))
}
```

运行函数如下。

```
add 10 20
echo $global_result
```

此时输出的结果仍是30。

注意：返回值并不是函数独立于调用它的程序的一个值，因此需要在函数中预留一个变量，把函数的计算结果存入这个变量，然后调用函数的程序使用这个变量。

实例9-9　实现一个简单的计算器

要求其中每个操作都封装在一个函数中。

```
#!/bin/bash

# 定义加法函数
function add() {
    echo $(( $1 + $2))
}

# 定义减法函数
function subtract() {
    echo $(( $1 - $2))
}

# 定义乘法函数
function multiply() {
    echo $(( $1 * $2))
}

# 定义除法函数
function divide() {
    echo $(( $1 / $2))
}

# 定义求余函数
function modulus() {
    echo $(( $1 % $2))
}

# 获取用户输入的计算表达式
read -p "请输入计算表达式(格式: a + b): " expression

# 解析表达式
```

```
IFS=' ' read -ra tokens <<< "$expression"
a=${tokens[0]}
operator=${tokens[1]}
b=${tokens[2]}

# 根据运算符调用相应的计算函数
case $operator in
    "+")
        result=$(add $a $b)
        ;;
    "-")
        result=$(subtract $a $b)
        ;;
    "*")
        result=$(multiply $a $b)
        ;;
    "/")
        result=$(divide $a $b)
        ;;
    "%")
        result=$(modulus $a $b)
        ;;
    *)
        echo "错误的运算符"
        exit 1
        ;;
esac

# 输出计算结果
echo "计算结果: $result"
```

运行该脚本，将输出以下内容。

```
root@ubuntu:/home/chapter9# chmod 777 99
root@ubuntu:/home/chapter9# ./99
请输入计算表达式(格式: a + b): 56 + 65
计算结果: 121
root@ubuntu:/home/chapter9# ./99
请输入计算表达式(格式: a + b): 65 * 56
计算结果: 3640
```

本例使用函数封装不同的计算操作(加、减、乘、除、求余)，函数的返回值用于保存计算结果。输入的计算表达式根据空格分隔成3部分，即操作数a、运算符和操作数b，通过解析运算符调用相应的计算函数完成计算。这种方式让程序变得模块化，更易于扩展、维护。

同步练习

9-59 在 Shell 脚本中,用于封装可重复使用的代码逻辑的关键字是________。

9-60 在 Shell 脚本中,可以使用________关键字或直接使用函数名加括号的形式声明函数。

9-61 函数的一般形式为________。

9-62 在 Shell 脚本中,可以通过调用________执行函数。

9-63 在函数中,可以通过________关键字返回函数的退出状态。

9-64 什么是函数?

9-65 编写一个 Shell 脚本,获取指定目录下的所有文件(包括子目录中的文件),并按文件大小排序输出。

9-66 编写一个 Shell 脚本,统计指定目录下不同类型的文件数量。

9-67 编写一个 Shell 脚本,统计指定目录下每个文件类型占用的存储空间大小,并从大到小排序输出。

9-68 编写一个 Shell 脚本,获取指定目录下最新修改的 10 个文件,并输出文件名和修改时间。

第10章

Linux C 编程

Linux C 编程是在 Linux 操作系统下使用 C 语言进行编程的一种方式。由于 Linux 系统的开放性和可定制性，加上 C 语言本身的性能优势，所以 Linux C 编程成为开发高性能、高可靠性应用程序的首选方式。要进行 Linux C 编程，首先需要在 Linux 环境下搭建 C 语言编程环境，通过本章读者可以掌握以下内容。

(1) 安装 C 编译器。在 Linux 上使用 C 编程，需要安装一个 C 语言编译器，如 GCC。GCC 是 Linux 最常用的编译器，很多 Linux 发行版会默认安装它。

(2) 编写 C 代码。使用任何文本编辑器，如 vim、Emacs、gedit 等，在 Linux 上创建一个 C 文件(扩展名为.c)，然后用 C 语言编写代码，进一步巩固第 3 章内容。

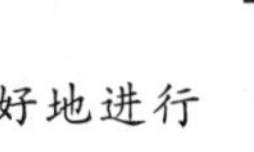

第28集
微课视频

(3) 学习编译代码。使用 C 语言编译器将 C 代码编译为可执行程序，学习 GCC 工具的使用。

(4) 了解高级的开发工具和技术，如 Makefile、调试器、动态链接库等，可以更好地进行 Linux C 编程。

本章将系统阐述有关 Linux C 编程开发的重要内容。

10.1 GCC 编译工具

GCC 代表"GNU 编译器集合"，是几种主要编程语言编译器的集成分布。这些语言目前包括 C、C++、Objective-C、Objective-C++、Fortran、Ada、D、Go 和 BRIG(HSAIL)。GCC 编译器通常以 gcc 命令的形式在终端(Shell)中使用。

10.1.1 GCC 编译器

1. 检查是否安装 GCC

在终端中输入 gcc -v 命令，用于检查 Ubuntu 系统是否已安装 GCC 编译器。

```
linux@linux:~/桌面$ gcc␣-v
找不到命令 "gcc",但可以通过以下软件包安装它:
sudo apt install gcc
```

根据提示，表明该系统暂未安装 GCC 编译器，可通过 sudo apt install gcc 命令安装编译器。具体安装流程如下。

```
linux@linux:~/桌面$ sudo apt install gcc
[sudo] linux 的密码:
正在读取软件包列表... 完成
正在分析软件包的依赖关系树... 完成
正在读取状态信息... 完成
将会同时安装下列软件:
  binutils binutils-common binutils-x86-64-linux-gnu gcc-11 libasan6
  libbinutils libc-dev-bin libc-devtools libc6-dev libcc1-0 libcrypt-dev
...
```

2. 查看 GCC 版本

在终端中再次输入 gcc -v 命令查看 GCC 编译器版本。根据查询结果可知 GCC 版本为 gcc version 11.3.0（Ubuntu 11.3.0-1ubuntu1～22.04）。

```
root@linux:/home/linux/桌面# gcc -v
Using built-in specs.
COLLECT_GCC=gcc
COLLECT_LTO_WRAPPER=/usr/lib/gcc/x86_64-linux-gnu/11/lto-wrapper
OFFLOAD_TARGET_NAMES=nvptx-none:amdgcn-amdhsa
OFFLOAD_TARGET_DEFAULT=1
Target: x86_64-linux-gnu
...
Thread model: posix
Supported LTO compression algorithms: zlib zstd
gcc version 11.3.0 (Ubuntu 11.3.0-1ubuntu1~22.04)
```

3. GCC 支持的文件类型

GCC 支持编译源文件的扩展名及其解释如表 10-1 所示。

表 10-1 GCC 支持编译源文件的扩展名及其解释

扩展名	解释	扩展名	解释
.c	C 原始程序	.C/.cc/.cxx	C++原始程序
.s	汇编语言原始程序	.S	已经过预编译的汇编语言原始程序
.i	已经过预编译的 C 原始程序	.ii	已经过预编译的 C++原始程序
.h	头文件	.o	目标文件
.a	静态库文件	.so	动态库文件

10.1.2 GCC 编译流程

GCC 的编译流程分为 4 个步骤，依次为预编译→编译→汇编→链接。以 hello.c 文件编译过程为例，编译流程如图 10-1 所示。

```
//hello.c 源文件
#include <stdio.h>
int main()
{
    printf("Hello World\n");
    return 0;
}
```

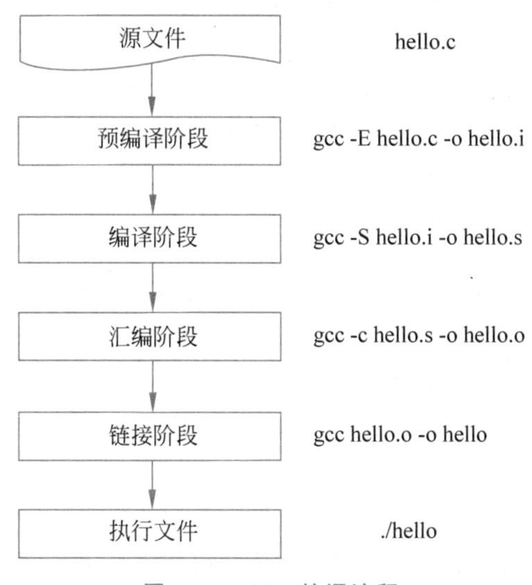

图 10-1 GCC 编译流程

1. 预编译阶段

(1) 预编译阶段主要完成 3 个任务：展开头文件、宏替换、去掉注释行。

(2) 预编译之后的文件还是一个 C 程序，通常是以.i 作为文件扩展名。

(3) 用户可以通过使用-E 参数实现代码的预编译过程。

具体实现过程如下。

```
root@linux:/home/linux/chapter10# gcc␣-E␣hello.c␣-o␣hello.i
root@linux:/home/linux/chapter10# ll
总计 32
drwxr-xr-x   2 root  root   4096   3月 23 11:56 ./
drwxr-x---  16 linux linux  4096   3月 23 10:38 ../
-rw-r--r--   1 root  root   153    3月 23 10:46 hello.c
-rw-r--r--   1 root  root   18021  3月 23 11:56 hello.i
```

通过分析 hello.i 文件可以发现：hello.i 文件较长，大小为 18021B，比 hello.c 文件的 153B 大很多，主要原因就是 stdio.h 头文件内容展开在 hello.c 文件中，完成预编译。

2. 编译阶段

(1) GCC 首先要检查代码的规范性、是否有语法错误等，以确定代码实际要完成的工作。

(2) 检查无误后，GCC 把代码编译成汇编代码，得到一个以.s 作为文件扩展名的汇编文件。

（3）用户可以使用-S参数实现代码编译过程。

具体实现过程如下。

```
root@linux:/home/linux/chapter10#    gcc - S hello.i - o hello.s
root@linux:/home/linux/chapter10#    ls
hello.c hello.i  hello.s
```

编译后生成汇编语言文件 hello.s，可以用 vi 工具查看汇编后的汇编代码。

3. 汇编阶段

（1）汇编阶段是把编译阶段生成的.s文件转换为目标文件。

（2）汇编阶段最终得到一个以.o为扩展名的二进制文件。

（3）用户可以使用-c参数实现代码汇编过程。

具体实现过程如下。

```
root@linux:/home/linux/chapter10# gcc - c hello.s - o hello.o
root@linux:/home/linux/chapter10# ls
hello.c hello.i  hello.o  hello.s
```

hello.o为二进制文件，如果用vi工具打开则为乱码，需要使用专用的二进制文件工具打开查看。

4. 链接阶段

在这个阶段，GCC编译器调用链接器，进而对程序需要调用的函数库进行链接，最终得到一个可执行的二进制文件。

在这里涉及一个重要的概念——函数库。

例如，通过printf()函数打印“Hello World!”语句，在这段程序中并没有定义printf()函数的实现，头文件stdio.h在预编译中包含进去的也只有该函数的声明：

```
extern int printf (const char * __restrict __format, ...);
```

可以看到，该头文件中没有定义函数的实现，那么该函数是如何实现的呢？

实现的方法是系统把这些函数都集成到了名为libc.so.6的库文件中，在没有特别指定时，GCC会在系统默认的路径/usr/lib64进行搜索查找，也就是链接到libc.so.6库函数，这就是printf()函数的实现过程，即链接的作用。

具体实现过程如下。

```
root@linux:/home/linux/chapter10# gcc hello.o - o hello
root@linux:/home/linux/chapter10# ls
hello  hello.c  hello.i  hello.o  hello.s
root@linux:/home/linux/chapter10# ./hello
Hello World
Hello World
Hello World
```

注意：在 Linux 下使用 GCC 编译器编译单个文件十分简单，在终端直接输入 gcc hello.c 命令，会自动生成一个可执行文件，文件名为 a.out（也可以通过-o 参数指定生成的文件名）。也就是通过一个简单的命令就可以将以上 4 个步骤全部执行完毕。当然，如果需要单步执行也是可以的。

10.1.3　GCC 编译参数分析

GCC 常用的编译参数主要包括总体参数、告警和出错参数、优化参数和体系结构相关参数。下面对每类中最常用的参数进行讲解。

1. 总体参数

GCC 总体参数如表 10-2 所示。

表 10-2　GCC 总体参数

参　　数	含　　义
-c	只编译不链接，生成.o 目标文件
-S	只编译不汇编，生成汇编代码
-E	只进行预编译，不作其他处理
-g	在可执行程序中包含标准调试信息
-o file	把输出文件输出到 file 中
-D	程序编译时指定一个宏
-v	打印出编译器内部编译各过程的命令行信息和编译器的版本
-I dir	在头文件的搜索路径列表中添加 dir 目录
-L dir	在库文件的搜索路径列表中添加 dir 目录
-static	链接静态库
-l library	链接名为 library 的库文件

2. 告警和出错参数

GCC 告警和出错参数如表 10-3 所示。

表 10-3　GCC 告警和出错参数

参　　数	含　　义
-ansi	支持符合 ANSI 标准的 C 程序
-pedantic	允许发出 ANSI C 标准所列的全部告警信息
-pedantic-error	允许发出 ANSI C 标准所列的全部错误信息
-w	关闭所有告警
-Wall	允许发出 GCC 提供的所有有用的告警信息
-werror	把所有告警信息转化为错误信息，并在告警发生时终止编译过程

3. 优化参数

GCC 可以对代码进行优化，它通过编译参数-On 控制优化代码的生成，其中 n 是一个代表优化级别的整数。对于不同版本的 GCC，n 的取值范围及其对应的优化效果可能并不完全相同，常用的取值范围为 0～2 或 0～3。

不同的优化级别对应不同的优化处理工作。使用优化参数-O,主要进行线程跳转和延迟退栈两种优化。使用优化参数-O2,除了完成所有-O1级别的优化之外,同时还要进行一些额外的调整工作,如处理器指令调度等。使用优化参数-O3则包括循环展开和其他一些与处理器特性相关的优化工作。

4. 体系结构相关参数

GCC体系结构相关参数如表10-4所示。

表10-4 GCC体系结构相关参数

参数	含义
-mieee-fp/-mno-ieee-fp	使用/不使用IEEE标准进行浮点数的比较
-msoft-float	输出包含浮点库调用的目标代码
-mshort	把int类型作为16位处理,相当于short int
-mrtd	强行将函数参数个数固定的函数用ret NUM返回,节省调用函数的一条命令
-mcpu=type	针对不同的CPU使用相应的CPU命令。可选择的type有i386、i486、pentium和i686等

实例10-1 指定一个宏(-D)

在程序中可以通过使用#define定义一个宏,也可以通过宏控制某段代码是否能够被执行。代码如下。

```
1.   #include <stdio.h>
2.   int main()
3.   {
4.       int num = 60;
5.       printf("num = %d\n", num);
6.   #ifdef DEBUG
7.       printf("定义了 DEBUG 宏, num++\n");
8.       num++;
9.   #else
10.      printf("未定义 DEBUG 宏, num--\n");
11.      num--;
12.  #endif
13.      printf("num = %d\n", num);
14.      return 0;
15.  }
```

由于在程序中并没有定义DEBUG宏,所以第7行和第8行的代码就不会被执行,执行结果如下。

```
1.   root@linux:/home/linux/chapter10#    gcc␣10-1.c␣-o␣10-1
2.   root@linux:/home/linux/chapter10#    ./10-1
3.   num = 60
4.   未定义 DEBUG 宏, num--
5.   num = 59
```

通过-D参数可以执行在程序中不定义DEBUG宏的情况，执行结果如下。

```
6.    root@linux:/home/linux/chapter10#    gcc -D DEBUG 10-1.c -o 10-1
7.    root@linux:/home/linux/chapter10#    ./10-1
8.    num = 60
9.    定义了 DEBUG 宏, num++
10.   num = 61
11.   root@linux:/home/linux/chapter10#
```

需要注意的是，-D参数必须在生成10-1.o文件前使用（链接前），以下是无效的。

```
1.    root@linux:/home/linux/chapter10#    gcc -c 10-1.c -o 10-1.o
2.    root@linux:/home/linux/chapter10#    gcc -D DEBUG 10-1.o -o 10-1
3.    root@linux:/home/linux/chapter10#    ./10-1
4.    num = 60
5.    未定义 DEBUG 宏, num--
6.    num = 59
```

1）应用场景一

在发布程序时，一般都会要求将程序中所有log输出去掉，如果不去掉会影响程序的执行效率，很显然删除这些打印log的源代码是一件很麻烦的事情，解决方案如下。

（1）将所有打印log的代码都写到一个宏判定中，可以模仿以上的例子。

（2）在调试程序时指定-D参数，就会有log输出。

（3）在发布程序时不指定-D参数，log就不会输出。

2）应用场景二

编写一个软件，某个付费功能只对已付费的用户A开放，对非付费用户B不开放，一种解决方法如下。

（1）每个用户对应一个维护分支，用户A对应project_1分支，包含付费功能的代码。

（2）用户B对应project_2分支，不包含付费功能的代码。

（3）当用户B付费订阅时，再将付费项目的代码复制到project_2中。

（4）如果再添加一个用户C，可以这样实现：

```
#include <stdio.h>
int main()
{
#ifdef CHARGE
    //付费用户执行流程
    printf("该用户已付费,执行付费功能\n");
#else
    //非付费用户执行流程
    printf("非付费用户,拒绝执行付费功能\n");
#endif
    printf("公共功能\n");
    return 0;
}
```

编译付费用户时，添加-D CHARGE 参数；编译非付费用户时，则不添加。这样的话，不管添加多少用户，都只维护一个分支即可。

实例 10-2 静态库编译

在 Linux 中，静态库以 lib 作为前缀，以.a 作为后缀，形如 libxxx.a。之所以称为“静态库”，是因为在链接阶段会将汇编生成的.o 目标文件与引用的库一起链接到可执行文件中，对应的链接方式称为静态链接。

1）静态库的生成

在 Linux 中，静态库由程序 ar 生成。生成静态库，需要先对源文件进行汇编操作得到二进制格式的.o 目标文件，然后再通过 ar 工具将目标文件打包，就可以得到静态库文件了。使用 ar 工具创建静态库的一般命令格式为 ar -rcs libxxx.a xxxx.o。

2）静态库的制作

在某目录中有如下源文件，用来实现一个简单的计算器。

```
//add.c
#include <stdio.h>
int add(int a, int b)
{
    return a + b;
}
//sub.c
#include <stdio.h>
int subtract(int a, int b)
{
    return a - b;
}
//mult.c
#include <stdio.h>
int multiply(int a, int b)
{
    return a * b;
}
```

具体操作步骤如下。

(1) 将源文件 add.c、sub.c、mult.c 进行汇编，得到二进制目标文件 add.o、sub.o、mult.o。

```
root@linux:/home/linux/chapter10/jingtaiku# gcc ␣-c ␣add.c ␣mult.c ␣sub.c
root@linux:/home/linux/chapter10/jingtaiku# ls
add.c add.o mult.c mult.o sub.c sub.o
```

(2) 将生成的目标文件通过 ar 工具打包生成静态库。

```
root@linux:/home/linux/chapter10/jingtaiku# ar ␣rcs ␣libcalc.a ␣add.o ␣mult.o ␣sub.o
root@linux:/home/linux/chapter10/jingtaiku# ls
add.c add.o libcalc.a mult.c mult.o sub.c sub.o2.2.4
```

3）静态库的使用

（1）定义 calc. c 和 head. h 函数。

```
//head.h
#ifndef _HEAD_H_
#define _HEAD_H_
int add(int a, int b);
int subtract(int a, int b);
int multiply(int a, int b);
#endif

//calc.c
#include <stdio.h>
#include "head.h"
int main()
{
    int a = 20;
    int b = 12;
    printf("a = %d, b = %d\n", a, b);
    printf("a + b = %d\n", add(a, b));
    printf("a - b = %d\n", subtract(a, b));
    printf("a * b = %d\n", multiply(a, b));
    return 0;
}
```

（2）将静态库 libcalc. a 置于同级目录下。

通过命令 gcc calc. c -o calc -L ./ -lcalc 编译 calc. c 文件，并链接静态库 libcalc. a。

-L 参数指定命令使用库的路径(因为在同一级目录下，所以可以直接用./，或者使用绝对路径也是可以的)。

-l 参数指定使用的库(库的名字一定要掐头去尾，如 libcalc. a 变为 calc)。

```
root@linux:/home/linux/chapter10/jingtaiku# gcc calc.c -o calc -L ./ -lcalc
root@linux:/home/linux/chapter10/jingtaiku# ls
add.c  add.o  calc  calc.c  head.h  libcalc.a  mult.c  mult.o  sub.c  sub.o
root@linux:/home/linux/chapter10/jingtaiku# ./calc
a = 20, b = 12
a + b = 32
a - b = 8
a * b = 240
```

4）ar 命令参数介绍

制作静态库时所使用的 ar 命令共有 3 个参数。

（1）-c：创建一个库，不管库是否存在，都将创建。

（2）-r：在库中插入(替换)模块。默认新的成员添加在库的结尾处，如果模块名已经在库中存在，则替换同名的模块。例如，现在有了新的需求，需要静态库 libcalc. a 提供除法运算的功能模块，该怎么操作呢？首先需要新建一个除法运算的源文件 div. c。

```
//div.c
#include
double divide(int a, int b)
{
    return (double)a / b;
}
```

通过汇编操作生成目标文件 div.o。

接下来可以通过-r 参数将除法运算的模块添加到静态库中，具体操作命令为 ar -r libcalc.a div.o。并且要在 head.h 文件中增加对除法运算的声明。

```
#ifndef _HEAD_H_
#define _HEAD_H_
//其他代码
double divide(int a, int b);
#endif
```

(3) -s：创建目标文件索引，在创建较大的库时能缩短时间。

在获取一个静态库时，可以通过 nm -s libcalc.a 命令显示库文件中的索引表。

```
root@linux:/home/linux/chapter10/jingtaiku# nm ␣- s ␣libcalc.a

归档索引:
add in add.o
multiply in mult.o
subtract in sub.o

add.o:
0000000000000000 T add

mult.o:
0000000000000000 T multiply

sub.o:
0000000000000000 T subtract
```

而索引的生成就要归功于-s 参数，如果不需要创建索引，可改成-S 参数。如果 libcalc.a 缺少索引，可以使用 ranlib libcalc.a 命令添加。

(4) 其他命令介绍。

ar t libcalc.a 命令：用于显示库文件中有哪些目标文件，只显示名称。

```
root@linux:/home/linux/chapter10/jingtaiku# ar ␣t ␣libcalc.a
add.o
mult.o
sub.o
```

ar tv libcalc.a 命令：用于显示库文件中有哪些目标文件，可显示文件名、时间、大小等详细信息。

```
root@linux:/home/linux/chapter10/jingtaiku# ar tv libcalc.a
rw-r--r-- 0/0 1232 Jan 1 08:00 1970 add.o
rw-r--r-- 0/0 1240 Jan 1 08:00 1970 mult.o
rw-r--r-- 0/0 1232 Jan 1 08:00 1970 sub.o
```

实例 10-3 动态库编译

在 Linux 中,动态库以 lib 作为前缀,以. so 作为后缀,形如 libxxx. so(其中的 xxx 是库的名字,自己指定即可)。相比于静态库,使用动态库的程序,在程序编译时并不会链接到目标代码中,而是在运行时才被载入。不同的应用程序如果调用相同的库,那么在内存中需要有一份该共享库,从而避免空间浪费问题,同时也解决了静态库对程序更新的依赖,用户只需更新动态库即可。

1) 动态库的生成

生成动态库时直接使用 gcc 命令,并且需要添加-fpic 以及-shared 参数。

-fpic 参数作用:作用于编译阶段,告诉编译器生成的代码与位置无关,使用的是相对位置,代码可以被加载器加载到内存任意位置,都可以正确执行。

-shared 参数作用:指定生成动态链接库。

2) 动态库的制作

还是以实例 10-2 中的 add. c、sub. c、mult. c 文件为例。

(1) 将源文件 add. c、sub. c、mult. c 进行汇编,得到二进制目标文件 add. o、sub. o、mult. o。

```
root@linux:/home/linux/chapter10/dongtaiku# ls
add.c mult.c sub.c
root@linux:/home/linux/chapter10/dongtaiku# gcc -c -fpic add.c sub.c mult.c
root@linux:/home/linux/chapter10/dongtaiku# ls
add.c add.o mult.c mult.o sub.c sub.o
```

(2) 将得到的目标文件打包成共享库。

```
root@linux:/home/linux/chapter10/dongtaiku# gcc -shared add.o sub.o mult.o -o 
libcalc.so
root@linux:/home/linux/chapter10/dongtaiku# ls
add.c   add.o   libcalc.so   mult.c   mult.o   sub.c   sub.o
```

3) 动态库的使用

和静态库的链接方式一样,都通过 gcc calc. c -o calc -L . / -lcalc 命令进行链接库操作。

GCC 通过指定的动态库信息生成了可执行程序,但是运行可执行程序却提示无法加载到动态库。

```
root@linux:/home/linux/chapter10/dongtaiku# ./calc
./calc: error while loading shared libraries: libcalc.so: cannot open shared object file: No
such file or directory
```

这里需要将动态库路径追加到环境变量 LD_LIBRARY_PATH 中，动态库的绝对路径为

```
root@linux:/home/linux/chapter10/dongtaiku# vim ~/.bashrc
```

在该文件最后添加一行代码：

```
export LD_LIBRARY_PATH=${LD_LIBRARY_PATH}:/home/linux/chapter10/dongtaiku
```

保存退出。

```
root@linux:/home/linux/chapter10/dongtaiku# source ~/.bashrc
root@linux:/home/linux/chapter10/dongtaiku# ./calc
a = 20, b = 12
a + b = 32
a - b = 8
a * b = 240
```

4）动态库与静态库的比较

静态库的特点如下。

（1）静态库对函数库的链接是在编译阶段完成的。

（2）静态库在程序编译时会链接到目标代码中，导致可执行文件变大。

（3）当链接好静态库后，在程序运行时就不需要静态库了。

（4）对程序的更新、部署与发布不方便，需要全量更新。

（5）如果某个静态库更新了，所有使用它的应用程序都需要重新编译、发布给用户。

动态库的特点如下。

（1）动态库把一些库函数的链接载入推迟到程序运行时期。

（2）可以实现进程之间的资源共享，因此动态库也称为共享库。

（3）将一些程序升级变得简单，不需要重新编译，属于增量更新。

使用库的目的如下。

（1）一方面，为了使程序更加简洁，不需要在项目中维护太多的源文件。

（2）另一方面，为了源代码保密，直接用库文件（动态库、静态库）中提供的 API 函数的声明。

同步练习

10-1 GCC 是 Linux 环境中常用的________。

10-2 GCC 是 GNU Compiler Collection（GNU 编译器套装）的缩写，可以编译多种语言，包括________、________和________等。

10-3 在 Linux 中，使用 GCC 编译 C 程序时，文件的扩展名通常为________；使用 GCC 编译 C++程序时，文件的扩展名通常为________。

10-4 在命令行中使用 GCC 编译 C 程序的一般语法是________;在命令行中使用 GCC 编译 C++程序的一般语法是________。

10-5 使用 GCC 时,可以通过________选项开启所有告警信息的显示。

10-6 使用 GCC 时,可以通过________选项优化程序的性能。

10-7 使用 GCC 时,可以通过________选项生成用于调试的符号表。

10-8 使用 GCC 时,可以通过________选项指定头文件的搜索路径。

10-9 如何使用 GCC 编译 C 程序?

10.2 GDB 调试工具

GDB 是 GNU 开源组织发布的一个 Linux 系统程序调试工具,可帮助工程师完成以下 4 方面的工作。

(1) 启动程序,可以按照工程师自定义的要求随心所欲地运行程序。

(2) 让被调试的程序在工程师指定的断点处停住,断点可以是条件表达式。

(3) 当程序被停住时,可以检查此时程序中所发生的事,并追溯上文。

(4) 动态地改变程序的执行环境。

10.2.1 GDB 调试器

第 29 集
微课视频

不管是调试 Linux 内核空间的驱动还是调试用户空间的应用程序,掌握 GDB 的用法都是有必要的。而且,调试内核和调试应用程序时使用的 gdb 命令是完全相同的,在软件开发过程中,调试是其中最重要的一个环节,很多时候,调试程序的时间比实际编写代码的时间要长得多。绝大部分系统默认都安装了 GDB 调试器,可以在终端输入 gdb -v 命令查看 GDB 版本,若未安装则输入 apt install gdb 命令就可以完成 GDB 的安装。

```
root@linux:/home/linux/chapter10# gdb ␣ -v
GNU gdb (Ubuntu 12.1-0ubuntu1~22.04) 12.1
Copyright (C) 2022 Free Software Foundation, Inc.
License GPLv3+: GNU GPL version 3 or later <http://gnu.org/licenses/gpl.html>
This is free software: you are free to change and redistribute it.
There is NO WARRANTY, to the extent permitted by law.
```

10.2.2 GDB 调试流程

GDB 主要调试的是 C/C++程序。要调试 C/C++程序,首先在编译时必须把调试信息加到可执行文件中,使用编译器(cc/gcc/g++)的-g 参数即可,如

```
gcc ␣ -g ␣main.c ␣ -o ␣main
```

要用 GDB 调试程序，必须在编译时加上-g 或-ggdb 参数，如果没有-g 或-ggdb 参数，将看不见程序的函数名和变量名，代替它们的全是运行时的内存地址。

-g 参数的作用是在可执行文件中加入源文件的信息，但并不是将源文件嵌入可执行文件，所以在调试时必须保证 GDB 能找到源文件。-g 和-ggdb 参数都用 GCC 生成调试信息，但是它们有如下区别。

(1) -g 参数可以利用操作系统的"原生格式(Native Format)"生成调试信息。GDB 可以直接利用这个信息，其他调试器也可以使用这个调试信息。

(2) -ggdb 参数使 GCC 为 GDB 生成专用的、更丰富的调试信息，但是此时就不能用其他的调试器进行调试。

10.2.3 GDB 调试命令

GDB 作为 GNU 开发组织发布的一个强大程序调试工具，提供了强大的调试功能。GDB 调试基本命令如表 10-5 所示。

表 10-5 GDB 调试基本命令

命令	缩写	用法	作用
help	h	h command	显示命令的帮助
run	r	r [args]	运行要调试的程序，args 为要运行程序的参数
step	s	s [n]	步进，n 为步进次数。如果调用了某个函数，会跳入函数内部
next	n	n [n]	下一步，n 为下一步的次数
continue	c	c	继续执行程序
list	l	l l -n l -函数名	列出源码，主要有 3 种方式： l：一次列出 10 行源码； l -n：从第 n 行开始查看代码； l -函数名：查看具体函数
break	b	b address	在地址 address 上设置断点
		b function	在某个函数上设置断点
		b linenum	在行号为 linenum 的行上设置断点，程序在运行到该行之前停止
		b +offset b -offset	在当前程序运行的前几行或后几行设置断点，offset 为行号
watch	w	w exp	监视表达式的值
kill	k	k	结束当前调试的程序
print	p	p exp	打印表达式的值
output	o	o exp	同 print，但是不输出下一行的语句
ptype		ptype struct	输出一个 struct 结构的定义
whatis		whatis var	显示某个变量的类型
pwd		pwd	显示当前路径

续表

命　　令	缩　写	用　　法	作　　用
delete	d	d num	删除编号为 num 的断点和监视
disable		disable n	编号为 n 的断点暂时无效
enable		enable n	与 disable 相反
display		display expr	暂停，步进时自动显示表达式的值
finish			执行程序直到当前函数返回
return			强制从当前函数返回
where			查看执行的代码在什么地方中止
backtrace	bt		显示函数调用所有栈框架的踪迹和当前函数的参数的值
quit	q		退出调试程序
shell		shell ls	执行 shell 命令
make			不退出 gdb 而重新编译生成可执行文件
disassemble			显示反汇编代码
thread		thread thread_no	在线程之间切换
set		set width 70	标准屏幕设为 70 列
		set var=54	设置变量的值
forward/search		search string	从当前行向后查找匹配某个字符串的程序行
reverse-search			forward/search 相反，向前查找字符串，使用格式同上
up/down			上移/下移栈帧，使另一函数成为当前函数
info	i	i breakpoint	显示当前断点列表
		i reg[ister]	显示寄存器信息
		i threads	显示线程信息
		i func	显示所有的函数名
		info proc all	显示 proc 命令返回的所有信息
x	x/(length)(format)(size) addr x/6 (o/d/x/u/c/t)(b/h/w)		按一定格式显示内存地址或变量的值

实例 10-4　GDB 使用演示

本例详细说明在 Linux 环境下程序调试的方法。

(1) 准备工作。

编写用于 GDB 调试的实验程序，命名为 testing. cc。

```
#include <iostream>
#include <cstring>
#include <strings.h>
using namespace std;
void Fun(int k)
{
      cout << " k = " << k << endl;
```

```
        char a[ ] = "abcde";
        cout << " a = " << a << endl;
        char * b = new char[k];
        bzero(b,k);
        for(int i = 0; i < strlen(a); i++)
        {
                b[i] = a[strlen(a) - i];}
                cout << " b = " << b << endl;
                delete [ ] b;
}
int main()
{
        Fun(100);
        return 0;
}
```

编译示例代码，终端输入命令如下。

```
root@ubuntu:/home/linux/# g++␣-g␣testing.cc␣-o␣testing
```

（2）启动 GDB 调试工具，继续输入 gdb testing 命令，终端输出信息如下。

```
root@ubuntu:/home/linux/# gdb testing
GNU gdb (Ubuntu 8.1 - 0ubuntu3) 8.1.0.20180409 - git
Copyright (C) 2018 Free Software Foundation, Inc.
License GPLv3 + : GNU GPL version 3 or later <http://gnu.org/licenses/ gpl.html>
This is free software: you are free to change and redistribute it.
There is NO WARRANTY, to the extent permitted by law. Type "show copying"
and "show warranty" for details.
This GDB was configured as "x86_64 - linux - gnu".
Type "show configuration" for configuration details.
For bug reporting instructions, please see:
<http://www.gnu.org/software/gdb/bugs/>.
Find the GDB manual and other documentation resources online at:
<http://www.gnu.org/software/gdb/documentation/>.
For help, type "help".
Type "apropos word" to search for commands related to "word"...
Reading symbols from testing...done.
(gdb)
```

（3）查看源文件信息，相关命令为 list <行号>，用于显示行号附近的源代码，操作如下。

```
(gdb) list 0
warning: Source file is more recent than executable.
1       #include <iostream>
2       #include <cstring>
3       #include <strings.h>
4       using namespace std;
```

```
5     void Fun(int k)
6     {
7         cout << " k = " << k << endl;
8         char a[] = "abcde";
9         cout << " a = " << a << endl;
10        char * b = new char[k];
(gdb)
```

(4) 单步执行程序，相关命令如下。

step：用于单步执行代码，遇到函数将进入函数内部。

next：执行下一段代码，遇到函数不进入函数内部。

finish：一直运行到当前函数返回。

until <行号>：运行到某一行。

(5) 设置断点。所谓断点，就是让程序运行到某处，暂时停下来以便查看信息的地方，相关命令如下。

break <参数>：用于在参数处设置断点。

tbreak <参数>：用于设置临时断点，如果该断点暂停了，那么该断点就被删除。

hbreak <参数>：用于设置硬件辅助断点，和硬件相关。

rbreak <参数>：参数为正则表达式，凡是具有和正则表达式相匹配的函数名称的函数处都设置断点。

通常，break <参数>是应用最多的设置断点的命令，参数可以是函数名称，也可以是行数。例如，在 main 函数和程序的第 7 行处设置断点，操作如下。

```
(gdb) break main
Breakpoint 1 at 0x400ad2: file testing.cc, line 20.
(gdb) break 7
Breakpoint 2 at 0x400991: file testing.cc, line 7.
(gdb)
```

(6) 查看断点。相关命令如下。

info break：用于查看断点信息列表，操作如下。

```
(gdb) info b
Num     Type           Disp Enb     Address               What
1       breakpoint     keep y    0x0000000000400ad2    in main() at testing.cc:20
2       breakpoint     keep y    0x0000000000400991    in Fun(int) at testing.cc:7
(gdb)
```

其中，Num 为断点号；Type 为断点类型；Disp 为断点的状态，keep 表示断点暂停后继续保持断点，del 表示断点暂停后自动删除断点，dis 表示断点暂停后中断该断点；Enb 表示断点是否是 Enabled；Address 为断点的内存地址；What 为断点在源文件中的位置。

(7) enable 和 disable。

enable < Breakpoint Number >：表示想启用的断点编号。

disable < Breakpoint Number >：表示想禁用的断点编号。

enable delete：启动断点，一旦在断点处暂停，就删除该断点。用 info break 查看时，该断点的状态为 del。

enable once：启动断点，但是只启动一次，之后就关闭该断点。用 info break 查看时，该断点的状态为 dis。

（8）条件断点，相关命令如下。

break <参数> if <条件>：条件是任何合法的 C 表达式或函数调用。注意，GDB 为了设置断点进行了函数调用，但是实际程序并没有调用该函数。

condition < Breakpoint Number > <条件>：用于对一个已知断点设置条件。操作如下。

```
(gdb) break 14   if i = 5
Breakpoint 3 at 0x400a3c: file testing.cc, line 14.
(gdb) info b
Num     Type           Disp Enb Address            What
1       breakpoint     keep y   0x0000000000400ad2 in main() at testing.cc:20
2       breakpoint     keep y   0x0000000000400991 in Fun(int) at testing.cc:7
3       breakpoint     keep y   0x0000000000400a3c in Fun(int) at testing.cc:14
        stop only if i = 5
(gdb)
```

（9）删除断点，相关命令如下。

delete break < Breakpoint Number >：删除指定断点号的断点。

delete all breakpoints：删除所有断点。相关操作如下。

```
(gdb) delete break
Delete all breakpoints? (y or n) y
(gdb) info break
No breakpoints or watchpoints.
(gdb)
```

（10）查看变量，相关命令为 print /格式<表达式>，作用是按格式打印表达式的值，相关参数如表 10-6 所示。

表 10-6　打印格式相关选项

格　式	含　义	格　式	含　义
x	按十六进制格式显示变量	t	按二进制格式显示变量
d	按十进制格式显示变量	a	以汇编指令的形式打印
u	按十六进制格式显示无符号整型	c	按字符格式显示变量
o	按八进制格式显示变量	f	按浮点数格式显示变量

查看变量操作如下。

```
(gdb) list 13
8       char a[] = "abcde";
9       cout << " a = " << a << endl;
```

```
10    char * b = new char[k];
11    bzero(b,k);
12    for(int i = 0; i < strlen(a); i++)
13    {
14        b[i] = a[strlen(a) - i];}
15        cout << " b = " << b << endl;
16        delete [] b;
17    }
(gdb) break 13
Breakpoint 4 at 0x400a3c: file testing.cc, line 13.
(gdb) run
Starting program: /home/linux/testing
  k = 100
  a = abcde

Breakpoint 4, Fun (k = 100) at testing.cc:14
14        b[i] = a[strlen(a) - i];}
(gdb) print a
$ 1 = "abcde"
(gdb) print /c a
$ 2 = {97 'a', 98 'b', 99 'c', 100 'd', 101 'e', 0 '\000'}
(gdb)
```

(11) 查看指定内存地址的值，相关命令为 x/(n,f,u 为可选参数)。

n 表示需要显示的内存单元个数，也就是从当前地址向后显示几个内存单元的内容，一个内存单元的大小由后面的 u 定义。

f 表示显示格式，可以选择 x、d、u、o、t、a、c、f 等，具体含义与表 10-6 一致。

u 表示每个单元的大小，按字节数来计算。默认是 4B。GDB 会从指定内存地址开始读取指定字节，并把其当作一个值取出来，并使用格式 f 来显示。

查看内存堆栈操作如下。

```
(gdb) x /a b
0x614280:   0x0
(gdb) x /c b
0x614280:   0 '\000'
(gdb) x /f a
0x7fffffffde80:   2.1515369746591202e - 312
(gdb)
```

(12) 查看汇编代码的相关命令为 disassemble，其作用是显示反汇编代码，操作如下。

```
(gdb) disassemble
Dump of assembler code for function _Z3Funi:
0x08048726 <_Z3Funi + 0 >: push     % ebp
0x08048727 <_Z3Funi + 1 >: mov      % esp, % ebp
0x08048729 <_Z3Funi + 3 >: push     % edi
0x0804872a <_Z3Funi + 4 >: push     % ebx
0x0804872b <_Z3Funi + 5 >: sub      $ 0x20, % esp
```

```
0x0804872e <_Z3Funi + 8 >: movl     $ 0x8048980,0x4( % esp)
0x08048736 <_Z3Funi + 16 >: movl    $ 0x8049bc8,( % esp)
0x08048742 <_Z3Funi + 28 >: mov     % eax, % edx
0x08048744 <_Z3Funi + 30 >: mov     0x8( % ebp), % eax
0x08048747 <_Z3Funi + 33 >: mov     % eax,0x4( % esp)
0x0804874b <_Z3Funi + 37 >: mov     % edx,( % esp)
0x0804874e <_Z3Funi + 40 >: call    0x804854c <_ZNSolsEi@plt >
0x08048753 <_Z3Funi + 45 >: movl    $ 0x80485ec,0x4( % esp)
0x0804875b <_Z3Funi + 53 >: mov     % eax,( % esp)
0x0804875e <_Z3Funi + 56 >: call    0x80485dc <_ZNSolsEPFRSoS_E@plt >
0x08048763 <_Z3Funi + 61 >: mov     0x8048992, % eax
0x08048768 <_Z3Funi + 66 >: mov     % eax,0xffffffea( % ebp)
0x0804876b <_Z3Funi + 69 >: movzwl  0x8048996, % eax
0x08048772 <_Z3Funi + 76 >: mov     % ax,0xffffffee( % ebp)
0x08048776 <_Z3Funi + 80 >: movl    $ 0x8048986,0x4( % esp)
--- Type < return > to continue, or q < return > to quit ---
```

(13) 查看堆栈信息，相关命令如下。

bt：查看当前堆栈 frame 情况。

frame < Frame Number >：显示堆栈执行的语句的信息。

info frame：显示当前 frame 的堆栈详细信息。

up：查看上一个 Frame Number 的堆栈具体信息。

down：查看下一个 Frame Number 的堆栈具体信息。

相关操作如下。

```
(gdb) bt
#0  Fun (k = 100) at testing.cc:13
#1  0x0804889b in main () at testing.cc:19
(gdb) frame 0
#0  Fun (k = 100) at testing.cc:13
13                          b[i] = a[strlen(a) - i];}
(gdb) info frame
Stack level 0, frame at 0xbfd52450:
eip = 0x80487d6 in Fun(int) (testing.cc:13); saved eip 0x804889b
called by frame at 0xbfd52460
source language c++.
Arglist at 0xbfd52448, args: k = 100
Locals at 0xbfd52448, Previous frame's sp is 0xbfd52450
Saved registers:
  ebx at 0xbfd52440, ebp at 0xbfd52448, edi at 0xbfd52444, eip at 0xbfd5244c
(gdb)
```

(14) 调试时调用函数的相关命令为 call <函数>，用于调用目标函数并打印返回值，操作如下。

```
(gdb) call printf("hello\n")
hello
```

```
$4 = 6
(gdb) call fflush
$5 = {<text variable, no debug info>} 0x994690 <fflush>
(gdb)
```

(15) 观察断点的相关命令为 watch <变量>,用于查看变量内容,操作如下。

```
(gdb) break 14
Breakpoint 1 at 0x80487d6: file testing.cc, line 14.
  (gdb) run
Starting program: /home/chapter3/testing
  k = 100
  a = abcde

Breakpoint 1, Fun (k=100) at testing.cc:14
14                  b[i] = a[strlen(a) - i];}
(gdb) watch b[i]
Hardware watchpoint 2: b[i]
(gdb) next
12            for(int i = 0; i < strlen(a); i++)
(gdb) next

Breakpoint 1, Fun (k=100) at testing.cc:14
14                b[i] = a[strlen(a) - i];}
(gdb)
```

同步练习

10-10 GDB 是 Linux 环境中常用的________。

10-11 GDB 是 GNU Debugger(GNU 调试器)的缩写,用于调试多种语言的程序,包括________、________和________等。

10-12 在 Linux 中,使用 GDB 调试 C 程序时,通常需要在编译时添加________选项生成调试符号表。

10-13 在命令行中使用 GDB 调试程序的一般语法是________。

10-14 使用 GDB 时,可以通过________命令设置断点。

10-15 使用 GDB 时,可以通过________命令开始程序的运行。

10-16 使用 GDB 时,可以通过________命令使程序继续执行。

10-17 使用 GDB 时,可以通过________命令打印变量的值。

10-18 使用 GDB 时,可以通过________命令逐行执行程序。

10-19 使用 GDB 时,可以通过________命令退出调试。

10-20 如何使用 GDB 调试程序?

10.3 Makefile

Makefile 是一个工程自动化构建工具，主要用于管理大型项目的编译、连接和安装等步骤。Makefile 的优点和应用场景如下。

1. 优点

(1) Makefile 可以自动化完成代码编译、构建、测试、部署等一系列烦琐的工作，从而减少手动操作，避免出现人为错误。

(2) Makefile 支持多平台构建，开发人员只需要编写一份脚本文件，就可以在不同的平台上使用。

(3) Makefile 可以自动检测代码的依赖关系，单独重新编译需要更新的文件即可，大大提高项目的构建效率。

2. 应用场景

(1) Makefile 主要用于管理大型项目的构建，如软件、应用程序、库等。

(2) Makefile 可用于自动化测试，如可以利用 Makefile 调用 GTest 对 C++代码进行单元测试。

(3) Makefile 还可用于生成文档、打包、发布等操作。

第 30 集
微课视频

3. 注意事项

(1) Makefile 脚本需要精心编写，若写得不好，可能会导致编译出错或构建效率低下。

(2) Makefile 脚本需要不断更新，随着项目的不断发展，Makefile 脚本需要同步不断更新以适应业务的变化。

(3) 在编写 Makefile 脚本前，需要先了解编写基本规则、命令等，以避免出现错误。

10.3.1 Makefile 概述

Makefile 是一种构建工具，它主要用于自动化编译代码和构建项目。其作用是根据文件的依赖关系，找到需要重新编译的源文件，并对其进行编译、链接等操作，最终生成目标文件或可执行文件。Makefile 涉及基本概念包括以下几方面。

(1) 目标(Target)：指 Makefile 需要生成的文件，可以是中间文件、目标文件或可执行文件。

(2) 依赖关系(Dependency)：指一个目标所依赖的其他文件，只有在依赖文件发生变化时才需要重新生成目标文件。

(3) 规则(Rule)：指定义目标与依赖关系之间的关系和如何生成目标的规则，包括编译命令、链接命令等。

(4) 变量(Variable)：用于定义 Makefile 中的常量，可以在规则中引用。

(5) 命令(Command)：指生成目标文件的具体操作，包括编译、链接、复制、删除等命令。

(6) Phony 目标：指不对应实际文件的虚拟目标，用于定义一些需要执行的命令，如清除中间文件等。

在 Makefile 中，通过定义目标与依赖关系、规则、变量和命令等组成的规则集管理代码构建。Makefile 通过比较目标和依赖关系的修改时间，判断是否需要重新生成目标文件，避免重复编译和链接，提高代码构建效率。

10.3.2 Makefile 基本语法

Makefile 的基本语法如下。

```
target: dependencies
    command1
    command2
    …
```

其中，target 表示目标文件名，可以是中间文件、目标文件或可执行文件；dependencies 表示目标文件所依赖的其他文件；command1、command2 等则是生成目标文件的具体操作。

除此之外，还有一些基本概念和语法，具体如下。

(1) 注释：以 # 开头的内容表示注释，不参与编译生成。

(2) 变量：使用 = 或 := 定义变量，如 CFLAGS = -Wall -g，可以在规则中使用 $ {CFLAGS}引用。

(3) 条件语句：可以使用 ifeq 和 ifneq 进行判断，如

```
ifeq␣($(OS),Windows_NT)
    # Windows 平台
else
    # 非 Windows 平台
endif
```

(4) 函数：包括字符串处理、文件处理等功能，如 patsubst，可以替换字符串中的字符，如

```
objects␣=␣$(patsubst %.c, %.o, $(wildcard *.c))
```

(5) 内置变量：如 $@表示目标文件，$^表示所有依赖文件。

这些语法可以组合使用，形成复杂的规则集，实现自动化编译和构建。

实例 10-5 **利用 Makefile 编译代码**

假设有两个源文件 main.c 和 func.c，以及对应的头文件 main.h 和 func.h。需要使用 gcc 编译器将这两个源文件编译成可执行文件 program。下面是一个简单的 Makefile 示例。

```
CC := gcc           # 定义 C 编译器
CFLAGS := -Wall     # 定义编译选项

# 目标文件
TARGET := program

# 源文件和依赖关系
SRCS := main.c func.c
DEPS := main.h func.h

# 生成目标文件
$(TARGET): $(SRCS) $(DEPS)
	$(CC) $(CFLAGS) -o $@ $^
```

在这个 Makefile 中，定义了编译器 CC 和编译选项 CFLAGS，以及生成的目标文件 TARGET、源文件 SRCS 和依赖关系 DEPS。接着是规则的定义：依赖于源文件和头文件，生成目标文件。规则如下。

```
$(TARGET): $(SRCS) $(DEPS)
	$(CC) $(CFLAGS) -o $@ $^
```

其中，$@表示目标文件；$^表示所有依赖文件。所以对于上面的规则，相当于执行以下命令。

```
gcc -Wall -o program main.c func.c main.h func.h
```

为了执行这个规则，可以在终端中执行 make 命令，它会自动读取当前目录下的 Makefile 文件，并按照指定的规则生成目标文件。

注意：这里的头文件 main.h 和 func.h 为空，仅包含了预处理指令，没有具体的代码实现。这是因为这两个头文件的作用仅仅是声明函数和保护函数名不被重复定义。具体的函数定义在对应的.c 文件中实现。

```
//main.c:
#include "main.h"
#include "func.h"
#include <stdio.h>

int main() {
int a = 1;
int b = 2;
int c = add(a, b);
printf("%d + %d = %d", a, b, c);
return 0;
}

//func.c:
```

```
#include "func.h"

int add(int a, int b) {return a + b;}
//main.h:

#ifndef MAIN_H
#define MAIN_H
#endif

//func.h:

#ifndef FUNC_H
#define FUNC_H
int add(int a, int b);
#endif
```

当执行 make 命令时,它会按照 Makefile 文件中定义的规则去执行。具体过程如下。

(1) 读取 Makefile 文件,解析出各个规则。

(2) 检查每个规则的依赖关系,判断是否需要更新目标文件。如果依赖文件的修改时间比目标文件的修改时间要晚,或者目标文件不存在,就需要执行规则。

(3) 在生成目标文件的过程中,make 命令会根据规则中定义的命令,执行相应操作,生成目标文件。

(4) 如果所有目标文件都已经生成,那么 make 命令就会退出。如果依赖文件有更新,那么就需要重新执行规则。

在本例中,执行完 make 命令后,就会在当前目录下生成可执行文件 program。

```
root@linux:/home/linux/chapter10/makefile# make
gcc  -Wall  -o program main.c func.c main.h func.h
root@linux:/home/linux/chapter10/makefile# ls
func.c  func.h  main.c  main.h  makefile  program
root@linux:/home/linux/chapter10/makefile# ./program
1 + 2 = 3
```

10.3.3 Makefile 高级应用

Makefile 是一种用于自动化构建和编译程序的工具。通过 Makefile 可以方便地管理源代码和目标程序之间的依赖关系,提高软件开发的效率。

1. 自动化依赖关系

在 Makefile 中,可以通过"依赖关系"说明源文件和目标文件之间的依赖关系,以便 make 命令自动判断是否需要重新编译某个文件。例如:

```
main: main.o func1.o func2.o
    gcc -o main main.o func1.o func2.o
```

```
main.o: main.c func1.h func2.h
    gcc -c main.c

func1.o: func1.c func1.h
    gcc -c func1.c

func2.o: func2.c func1.h func2.h
    gcc -c func2.c
```

在上述 Makefile 中，目标 main 依赖于 main.o、func1.o 和 func2.o，如果这 3 个源文件中有任何一个被修改，就会重新编译生成目标程序 main。

2. 多目标

Makefile 还支持同时构建多个目标。例如：

```
prog1 prog2 : libs
    gcc -o prog1 prog1.c lib1.a
    gcc -o prog2 prog2.c lib2.a

libs : lib1.a lib2.a

lib1.a : lib1.o
    ar r lib1.a lib1.o

lib2.a : lib2.o
    ar r lib2.a lib2.o

lib1.o : lib1.c
    gcc -c -o lib1.o lib1.c

lib2.o : lib2.c
    gcc -c -o lib2.o lib2.c
```

在上述 Makefile 中，prog1 和 prog2 分别是两个目标，它们都依赖于 libs，在完成 libs 的构建之后才能开始编译目标程序。

3. 伪目标

有时需要定义一些没有实际输出文件的目标，如 clean 等，这些目标称为伪目标。在 Makefile 中，可以使用.PHONY 关键字声明伪目标。例如：

```
.PHONY: clean all

all: main

main: main.o func.o
    gcc -o main main.o func.o

main.o: main.c
```

```
    gcc -c main.c

func.o: func.c
    gcc -c func.c

clean:
    rm -f main *.o
```

在上述 Makefile 中，clean 是一个伪目标，它没有实际输出文件，只是用来清除编译生成的所有文件，可以通过 make clean 命令执行它。

4. 条件语句

在 Makefile 中，可以使用条件语句根据不同的条件执行不同的操作。例如：

```
ifeq ($(shell uname),Linux)
    CC = gcc
else
    CC = clang
endif

main: main.c
    $(CC) -o main main.c
```

在上述 Makefile 中，如果当前系统是 Linux，那么编译器 CC 就是 gcc，否则就是 clang。

5. 函数

Makefile 还支持定义和使用函数。例如：

```
define run
    @echo "running $1"
    ./$1
endef

main: main.c
    gcc -o main main.c

test: main
    $(call run,main)
```

在上述示例中，定义了一个名为 run 的函数运行程序，并在 test 目标中调用它。以上是 Makefile 的一些高级用法，这些功能可以帮助工程人员更加方便地管理和构建软件项目。

10.3.4 make 命令

make 是 Linux 非常常用的编译工具，它通过读取 Makefile 文件中的规则，自动分析依赖关系，编译出最终的可执行文件。

常用的 make 命令如下。

(1) make：编译程序，根据 Makefile 文件自动编译（如果修改了源文件，则会自动重新编译)。

(2) make clean：删除所有生成的文件(目标文件和可执行文件)。

(3) make install：将编译生成的可执行文件安装到系统目录中。

除此之外,还有其他常用的 make 命令。

(1) make target_name：编译指定目标文件。如果 Makefile 中有多个目标文件,则需要明确指定目标文件名。

(2) make -C dir：指定 Makefile 所在的目录,然后执行 make 命令。

(3) make -f makefile_name：指定 Makefile 文件名,并执行 make 命令。

通过以上命令的灵活组合应用,可以使 make 工具非常方便地管理程序的编译及相关操作。

10.3.5 make 工具

除了 make 命令之外,还有一些衍生的 Makefile 工具可以辅助开发人员更方便地管理和组织工程文件。一些常用的工具如下。

(1) Automake：GNU 自动化工具套件中的一员,是一个 Makefile 自动生成工具。Automake 可以根据 package 的特性、代码存放的目录结构等信息,自动生成 Makefile.in 文件以供./configure 使用,最终生成 Makefile 文件,从而加快大型软件开发的过程。

(2) CMake：一个跨平台的自动生成 Makefile 工具,将项目的配置和构建过程分离,可以生成不同的 Makefile,如 UNIX、Windows 等平台的 Makefile 生成。CMake 支持多种编译器和多种平台,可以使用 CMake 语言指定构建过程,比写原生 Makefile 更简洁、易于理解和维护。

(3) SCons：另一个跨平台的构建工具,使用 Python 语言编写,将构建过程看作一系列的操作过程,可以更加灵活地控制编译、链接、安装等过程。

这些工具可以大大提高项目的管理和构建效率,选择哪种工具取决于具体的需求和使用者的喜好。

同步练习

10-21 在 Linux 中,Makefile 是一种用于自动化构建程序的________。

10-22 Makefile 文件以________或________的文件名保存在项目目录中。

10-23 Makefile 文件用________描述如何从源代码生成可执行文件。

10-24 在 Makefile 文件中,使用________表示要生成的文件或执行的操作。

10-25 在 Makefile 文件中,使用________表示目标所依赖的文件或操作。

10-26 在 Makefile 文件中,可以使用________存储和引用数据,简化编译规则中的重复内容。

10-27 在 Makefile 文件中,可以使用________指定生成目标的具体操作步骤。

10-28 在 Makefile 文件中,可以使用________定义不产生实际文件的操作。

10-29 在 Makefile 文件中,可以使用________控制编译规则的执行流程。

10-30 在 Makefile 文件中,可以用________解释和说明 Makefile 的内容。

10-31 什么是 Makefile?

10-32 Makefile 有什么作用?

10-33 Makefile 文件的命名和位置有什么要求?

10-34 欧几里得算法也称为辗转相除法,用于计算两个非负整数的最大公约数(GCD)。以下是使用 C 语言编写的欧几里得算法示例代码,为下面的代码编写 Makefile 文件,用 GDB 调试该代码。

```
#include <stdio.h>
int gcd(int a, int b) {
    while (b != 0) {
        int temp = b;
        b = a % b;
        a = temp;
    }
    return a;
}
int main() {
    int num1, num2;
    printf("请输入两个非负整数: \n");
    scanf("%d %d", &num1, &num2);
    int result = gcd(num1, num2);
    printf("最大公约数为: %d\n", result);
    return 0;
}
```

第 11 章

Java 编程

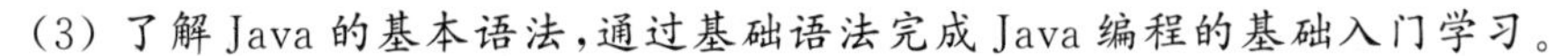

Java 是一种高级编程语言，由 Sun Microsystems 公司于 1995 年推出，以其具有简单性、可移植性和面向对象的特性而闻名。

目前 Java 已广泛应用于各个领域，主要包括企业级应用程序开发、移动应用程序开发、Web 应用程序开发、嵌入式系统开发等。Java 是一门强大而灵活的编程语言，适用于各种不同规模和类型的项目开发。通过本章的学习，读者主要掌握以下学习内容。

（1）了解 Java 优势和 Java 体系。

（2）掌握 Java 开发工具的安装和配置，包括两种安装方法：命令行安装和 Eclipse 软件安装。

第 31 集
微课视频

（3）了解 Java 的基本语法，通过基础语法完成 Java 编程的基础入门学习。

（4）学习常用的 Java 调试技巧。

11.1 Java 简介

Java 是一门广泛应用的编程语言，由 Sun Microsystems 公司（现已被 Oracle 收购）于 1995 年推出。Java 以其具备跨平台、面向对象和安全性等特点而闻名。

Java 主要特点和优势如下。

（1）简单易学。Java 的语法相对简单，易于理解和学习，采用了 C 和 C++语言的语法风格，许多程序员能够快速上手。

（2）面向对象。Java 是一种纯粹的面向对象编程语言，支持封装、继承和多态等面向对象的概念，使代码具备模块化、可重用和易于维护等特点。

（3）跨平台性。Java 的一大优势是它的可移植性。用 Java 语言编写的程序可以在不同的操作系统上运行，只需编译一次即可在任何支持 Java 虚拟机的平台上执行。这使得 Java 成为开发跨平台应用程序的理想选择。

（4）安全性。Java 具有内置的安全机制，可以预防常见的安全漏洞，如缓冲区溢出和指针操作。Java 的安全模型包括类加载器、字节码验证和安全管理器等，因此可以提供强大的安全性保证。

(5) 大型生态系统。Java 拥有庞大的开发者社区和丰富的类库、框架和工具。这些资源可以帮助开发者快速构建复杂的应用程序，并提供各种解决方案和技术支持。

Java 体系可以概括为以下几个主要部分。

1. Java 语言

Java 是一门面向对象的编程语言，支持封装、继承和多态等特性。Java 语言的语法与 C 和 C++语言相似，但对内存管理进行了抽象，程序员无须过多关注内存分配与回收的细节。

2. Java 虚拟机

Java 程序在 Java 虚拟机(Java Virtual Machine，JVM)上运行，使 Java 程序具有跨平台的特性。JVM 将 Java 字节码(.class 文件)解释执行或通过即时编译(JIT)技术编译为机器码执行。常见的 JVM 有 Oracle 的 HotSpot 和 Eclipse 的 OpenJ9。

3. Java 类库

Java 提供了丰富的类库(Java API)，涵盖了基本的数据结构、文件 I/O、网络编程、图形用户界面(GUI)等领域。该类库主要分为以下几个模块。

(1) java.base：包含 Java 核心类库，如 java.lang、java.util 等。

(2) java.desktop：包含图形用户界面相关类库，如 Swing 和 AWT。

(3) java.sql：提供数据库编程支持。

(4) java.xml：提供 XML 处理能力。

4. 开发工具

Java 生态系统中有许多开发工具，如集成开发环境(IDE)IntelliJ IDEA 和 Eclipse、构建工具 Maven 和 Gradle，以及版本控制工具 Git 等。这些工具可以提高开发效率，简化项目管理。

5. Java 平台

Java 平台分为以下几个版本。

(1) Java SE(Java Standard Edition)：提供标准的 Java 开发环境，包括核心 API、JVM 和开发工具等。

(2) Java EE(Java Enterprise Edition，目前称为 Jakarta EE)：在 Java SE 的基础上，增加了企业级应用开发相关的 API，如 Java Servlet、Java Server Pages、Java Message Service 等。

(3) Java ME(Java Micro Edition)：该平台属于面向嵌入式设备和移动设备开发的轻量级 Java 平台。

6. Java 社区

Java 拥有庞大的开发者社区，具备许多开源项目和框架，如 Spring、Hibernate、Apache Tomcat 等。这些项目和框架为 Java 开发者提供了丰富的功能和灵活性。

总之，Java 体系包含语言、虚拟机、类库、开发工具、平台和社区等多个方面。Java 语言可广泛应用于各种领域的应用开发，如企业级应用、Web 开发、移动开发、大数据处理和云计算等。

11.2 JDK 安装和配置

本书以 Java ME 安装为例。Java ME(Java Micro Edition)是 Java 平台的微型版,它是专门为嵌入式设备和移动设备开发而设计的。

Java ME 主要特点和优势如下。

(1) 轻量级。Java ME 使用了一套轻量级的 Java 运行环境和类库,可以在嵌入式设备和移动设备上运行 Java 应用程序,而不需要过多的资源。

(2) 可移植性。Java ME 的应用程序可以在不同的嵌入式设备和移动设备上运行,不需要针对不同的硬件和操作系统进行修改。

(3) 安全性。Java ME 提供了一些安全机制,可以保证 Java 应用程序的安全性,如代码签名、权限管理等。

(4) 易开发。Java ME 提供了一些易用的工具和 API,可以帮助开发者快速开发各种类型的 Java 应用程序。

Java ME 凭借其突出的特点和优势,被广泛应用于各种类型的嵌入式设备和移动设备中,如智能手机、平板电脑、智能手表、汽车导航系统等,以及为这些设备提供各种类型的应用程序,如游戏、社交网络、移动支付等。

11.2.1 命令行方式安装

1. 检查 JDK 安装情况

```
root@linux:/home/linux# java ␣ - version
找不到命令 "java",但可以通过以下软件包安装它:
apt install openjdk - 11 - jre - headless        # version 11.0.18 + 10 - 0ubuntu1～22.04, or
apt install default - jre                        # version 2:1.11 - 72build2
apt install openjdk - 17 - jre - headless        # version 17.0.6 + 10 - 0ubuntu1～22.04
apt install openjdk - 18 - jre - headless        # version 18.0.2 + 9 - 2～22.04
apt install openjdk - 19 - jre - headless        # version 19.0.2 + 7 - 0ubuntu3～22.04
apt install openjdk - 8 - jre - headless         # version 8u362 - ga - 0ubuntu1～22.04
```

2. 安装 jre

```
root@linux:/home/linux#  apt - get ␣update
root@linux:/home/linux#  apt install openjdk - 19 - jre - headless
root@linux:/home/linux#  java  - version
openjdk version "19.0.2" 2023 - 01 - 17
OpenJDK Runtime Environment (build 19.0.2 + 7 - Ubuntu - 0ubuntu322.04)
OpenJDK 64 - Bit Server VM (build 19.0.2 + 7 - Ubuntu - 0ubuntu322.04, mixed mode, sharing)
```

注意,为避免出现安装中断,首选更新已安装的软件包,输入命令 apt-get update,不同的系统更新时间不同,更新后安装 jre。

3. 安装 JDK

```
root@linux:/home/linux# apt install openjdk-19-jdk-headless
```

当软件安装结束后,即可编写一段 Java 代码,用于测试软件安装是否成功。测试代码为

```
class hello{
    public static void main(String[] args){
        System.out.println("hello world");
    }
}
```

在终端编译、运行代码,根据程序运行结果,软件安装成功。

```
root@linux:/home/java#  javac hello.java
root@linux:/home/java#  ls
hello.class hello.java
root@linux:/home/java#  java hello
hello world
```

11.2.2 Eclipse 下载与启动

可以使用任何无格式的纯文本编辑器编辑 Java 源代码,如 Windows 操作系统中记事本软件或 Linux 平台的 vi 编辑器。但是为了提高开发者效率,建议使用专业集成开发环境。

Eclipse 是一款应用广泛的开发软件,特别适用于 Java 程序开发和代码调试。它提供了强大的集成开发环境(IDE),具有许多实用功能,如自动代码补全、调试器、版本控制、代码重构等。Eclipse 还支持插件系统,使得开发者可以很轻松地添加新的功能和工具。与此同时,Eclipse 拥有庞大的社区支持者和活跃的开发者社区,具有很多开源项目。由于其高度可定制性和可扩展性,Eclipse 已成为许多 Java 开发者的首选开发工具。

在 Ubuntu 操作系统上安装 Eclipse 的方法如下。

(1) 通过官网(https://www.eclipse.org/downloads)下载所需软件版本,本书使用的版本为 eclipse-java-2023-03-R-linux-gtk-x86_64.tar.gz。

(2) 解压缩到 Ubuntu 操作系统某目录下,如/home/java,如图 11-1 所示。

(3) 进入/home/java/eclipse 目录,双击 Eclipse 可执行文件,启动 Eclipse,如图 11-2 所示。

(4) Eclipse 启动后,会弹出一个对话框,提示选择工作空间(Workspace),如图 11-3 所示。

工作空间用于保存 Eclipse 创建的项目和相关设置。可以使用 Eclipse 提供的默认路径为工作空间,也可以单击 Browse 按钮更改路径。需要注意的是,Eclipse 每次启动都会弹出选择工作空间的对话框,如果不想每次都选择工作空间,可以勾选 Use this as the default and do not ask again 复选框,这就相当于为 Eclipse 工具选择默认的工作空间,下次启动时不会再弹出提示对话框。

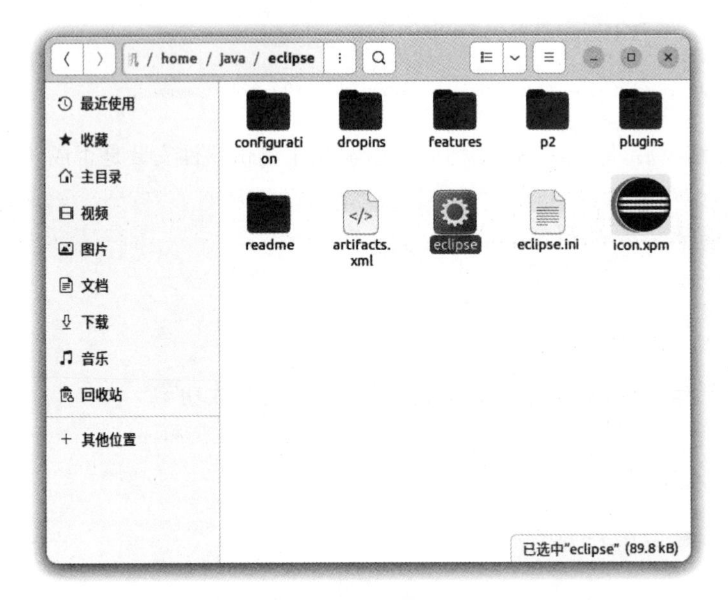

/ home / java / eclipse
最近使用
收藏
主目录
视频
图片
文档
下载
音乐
回收站
其他位置
configuration
dropins
features
p2
plugins
readme
artifacts.xml
eclipse
eclipse.ini
icon.xpm
已选中"eclipse" (89.8 kB)

图 11-1 Eclipse 文件夹

eclipse
2023-03
Starting Eclipse IDE

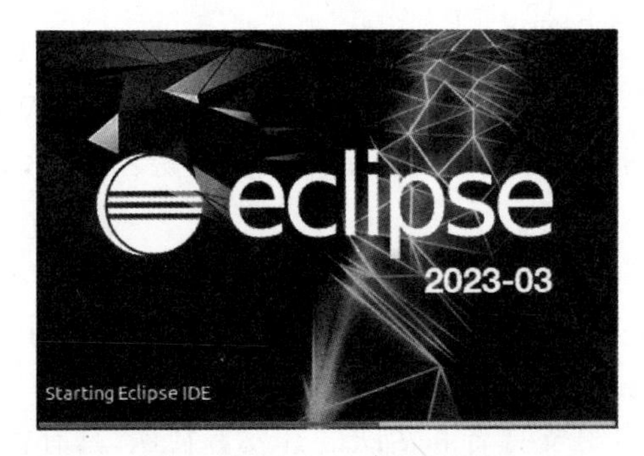

图 11-2 Eclipse 启动界面

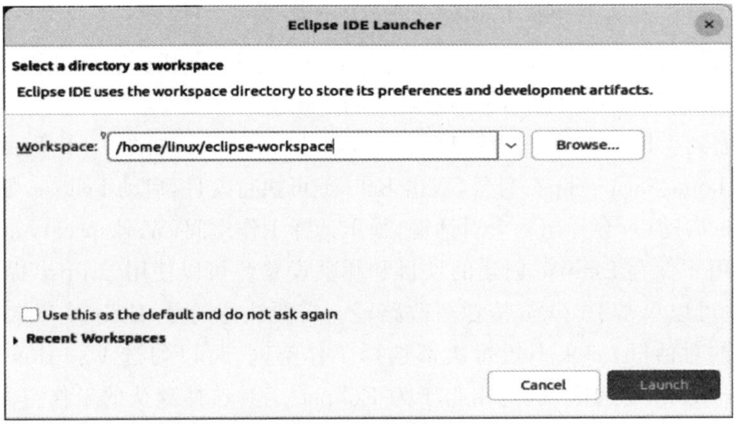

Eclipse IDE Launcher
Select a directory as workspace
Eclipse IDE uses the workspace directory to store its preferences and development artifacts.
Workspace: /home/linux/eclipse-workspace
Browse...
Use this as the default and do not ask again
Recent Workspaces
Cancel
Launch

图 11-3 选择工作空间

(5) 设置完工作空间后,单击 Launch 按钮,进入 Eclipse 欢迎界面,如图 11-4 所示。

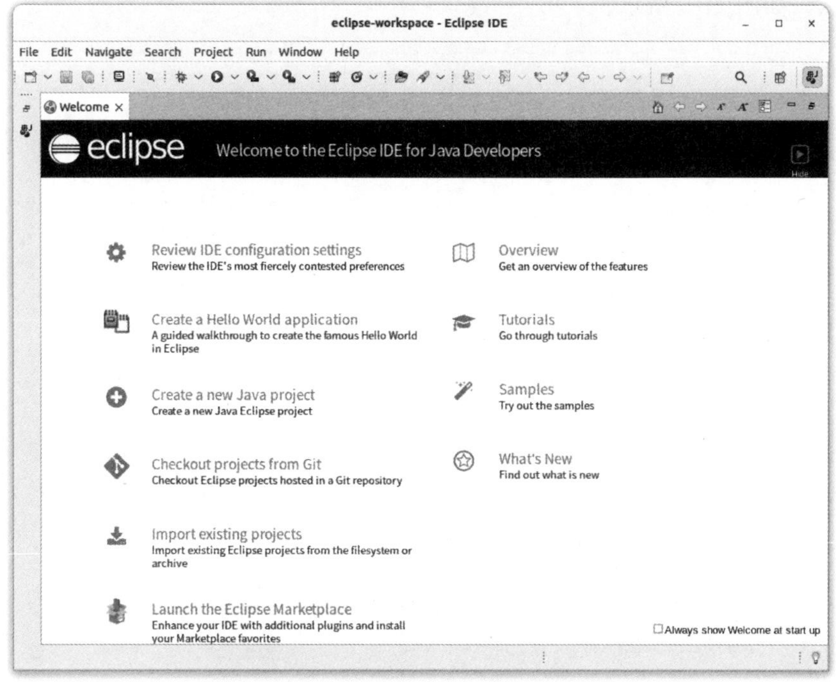

图 11-4　Eclipse 欢迎界面

11.2.3　使用 Eclipse 开发程序

1. 创建 Java 项目

(1) 启动 Eclipse,执行 File→New→Java Project 菜单命令,如图 11-5 所示。

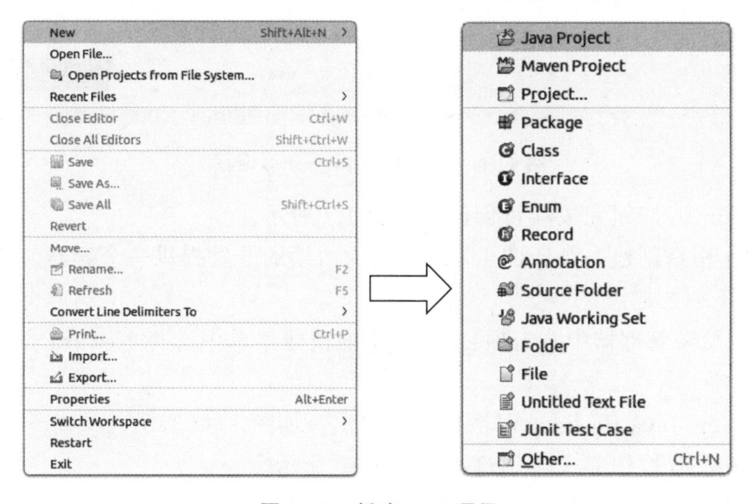

图 11-5　新建 Java 项目

（2）弹出 New Java Project 对话框，输入项目名称（test1）并选择所需的 JRE 版本（其他设置为默认），如图 11-6 所示。

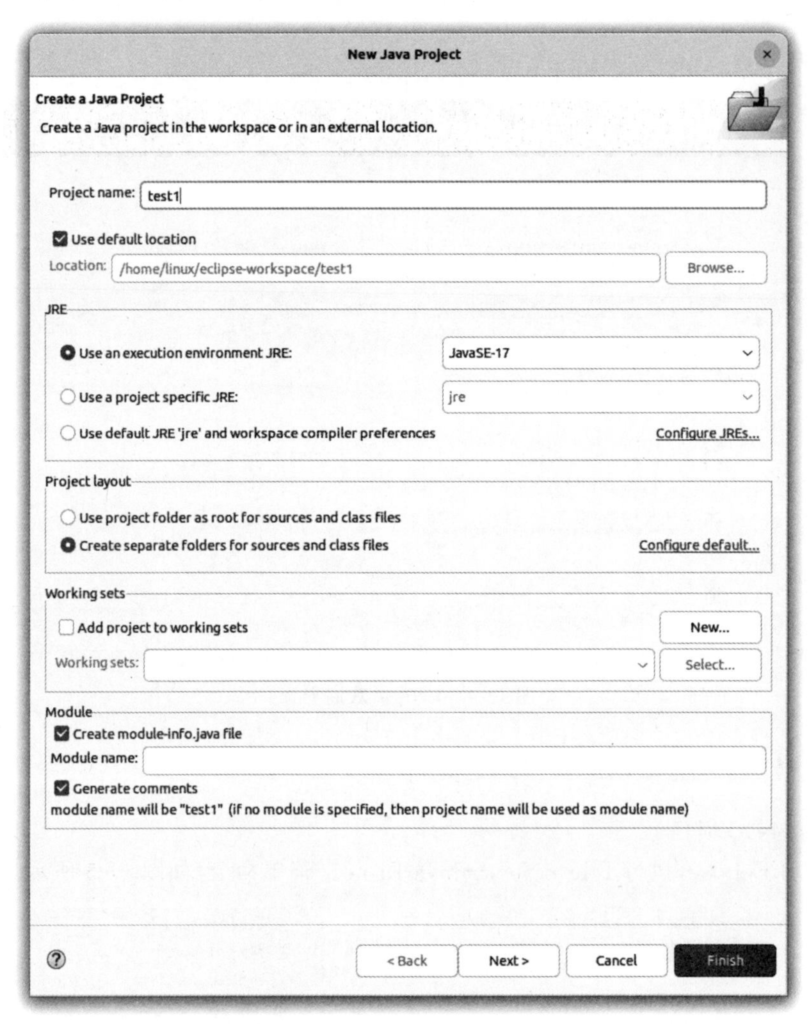

图 11-6　New Java Project 对话框

（3）单击 Finish 按钮完成项目创建，如图 11-7 所示。

这一步的作用是创建一个新的 Java 项目，为后续的开发提供一个容器。

2. 在项目下创建包

（1）在项目资源管理器中右击项目，在弹出的快捷菜单中选择 New→Package，如图 11-8 所示。

（2）弹出 New Java Package 对话框，输入包名，如图 11-9 所示。

（3）单击 Finish 按钮完成包创建，如图 11-10 所示。

这一步的作用是组织代码结构，将相关的类放在同一个包中。

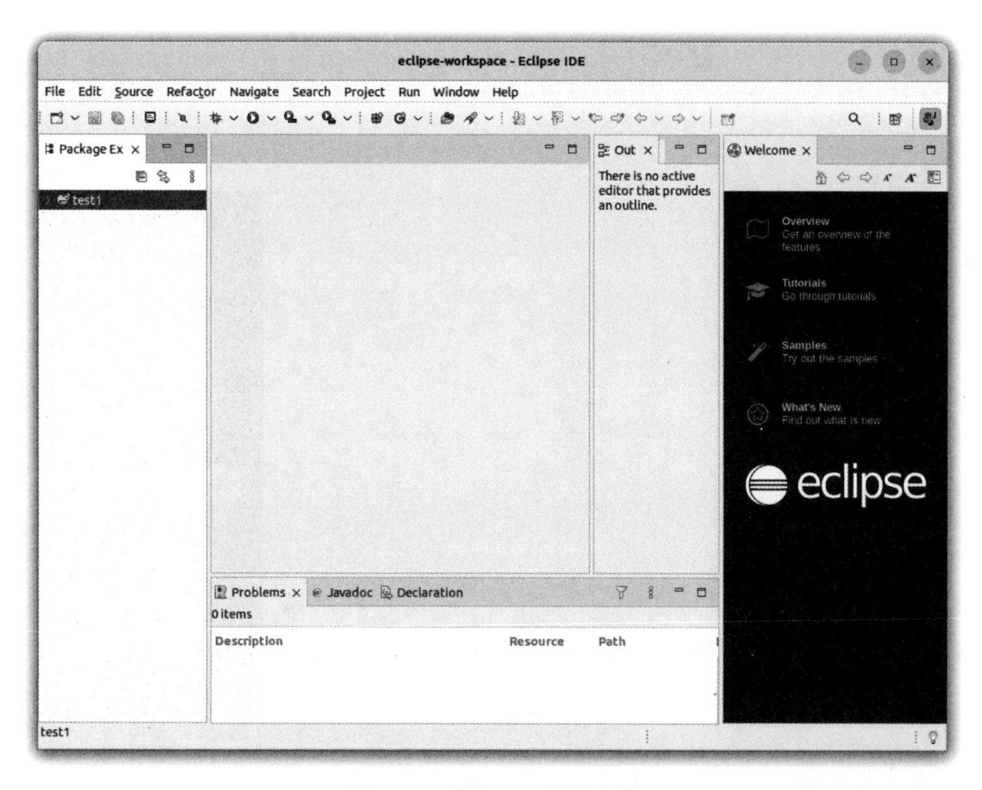

图 11-7 创建 test1 项目完成

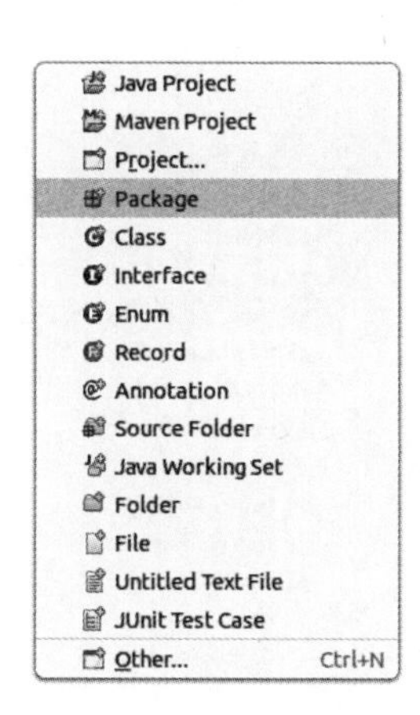

图 11-8 创建包

图 11-9 New Java Package 对话框

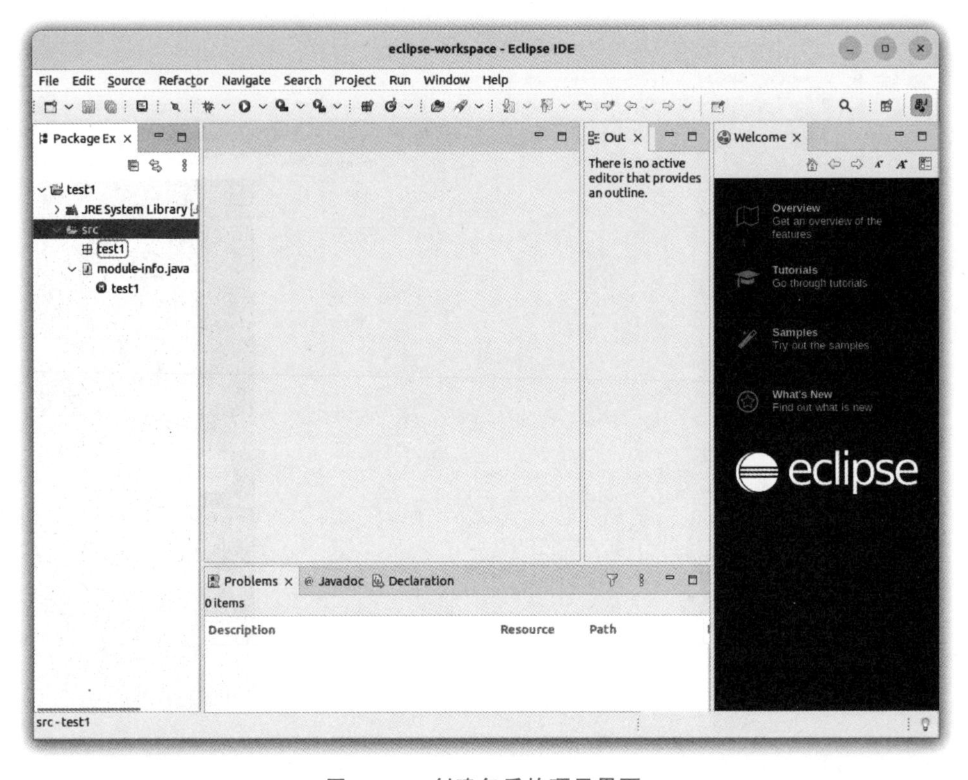

图 11-10 创建包后的项目界面

3. 创建 Java 类

(1) 在包资源管理器中右击包,在弹出的快捷菜单中选择 New→Class,如图 11-11 所示。

(2) 弹出 New Java Class 对话框,输入类名,如图 11-12 所示,可选择继承的父类和实现的接口(可选)。

(3) 单击 Finish 按钮完成类创建,如图 11-13 所示。

这一步的作用是创建一个新的 Java 类,用于编写程序代码。

4. 编写程序代码

(1) 在打开的 Java 类文件中即可开始编写程序代码,如图 11-14 所示,编写一段简单代码。

(2) 根据需求,可以定义类的属性、方法等,并编写具体的代码逻辑。

这一步的作用是实现具体的功能,根据需求编写程序代码。

5. 运行程序

(1) 执行 Run→Run 菜单命令,或按快捷键 Ctrl+F11,Eclipse 将自动编译并运行程序。

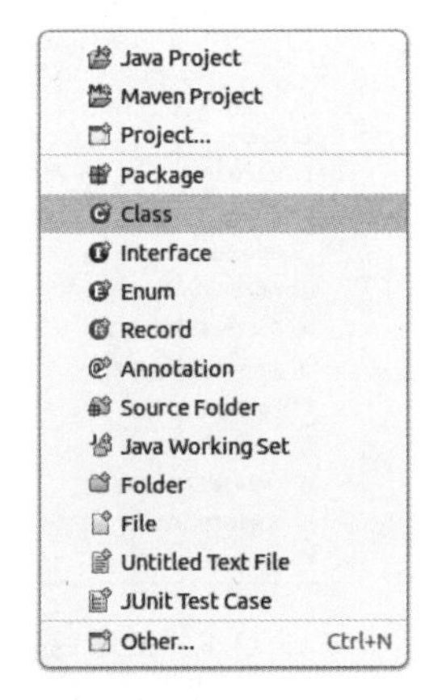

图 11-11 创建 Java 类

图 11-12　New Java Class 对话框

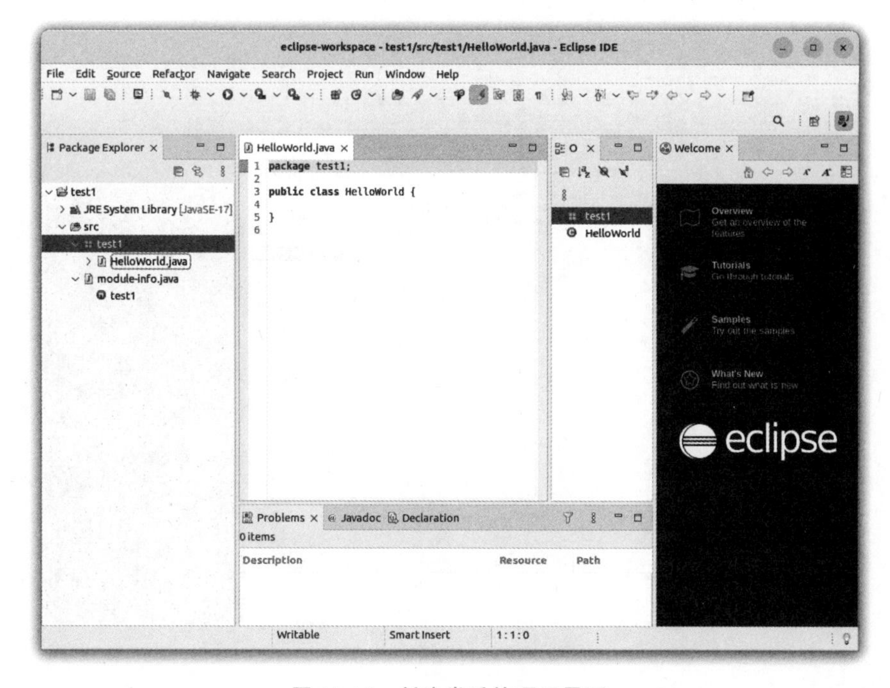

图 11-13　创建类后的项目界面

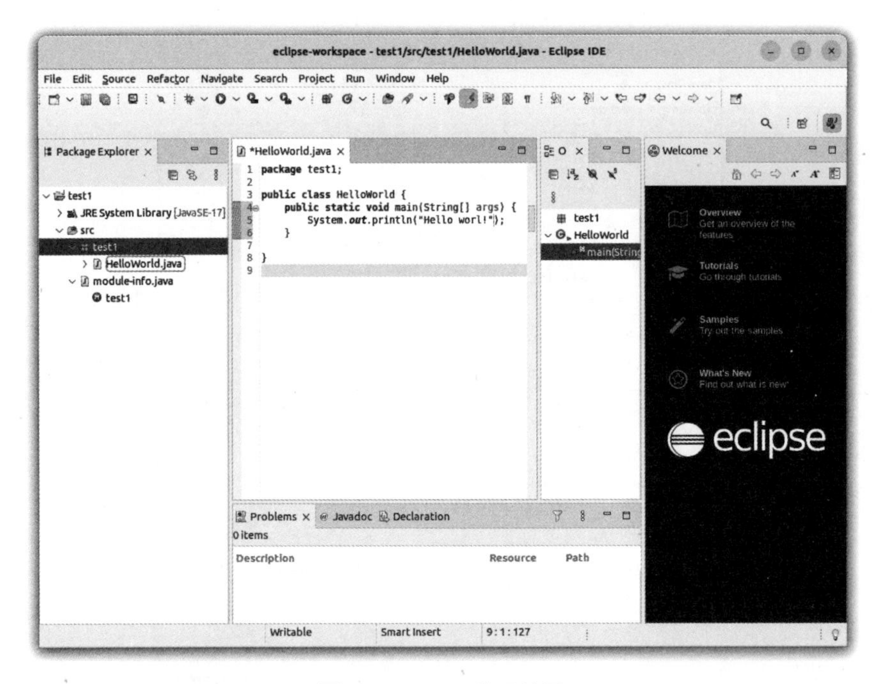

图 11-14 Java 代码编写

(2) 在控制台视图中可以查看程序的输出结果,如图 11-15 所示,显示"Hello world!"。这一步的作用是运行程序,测试代码的正确性和功能实现情况。

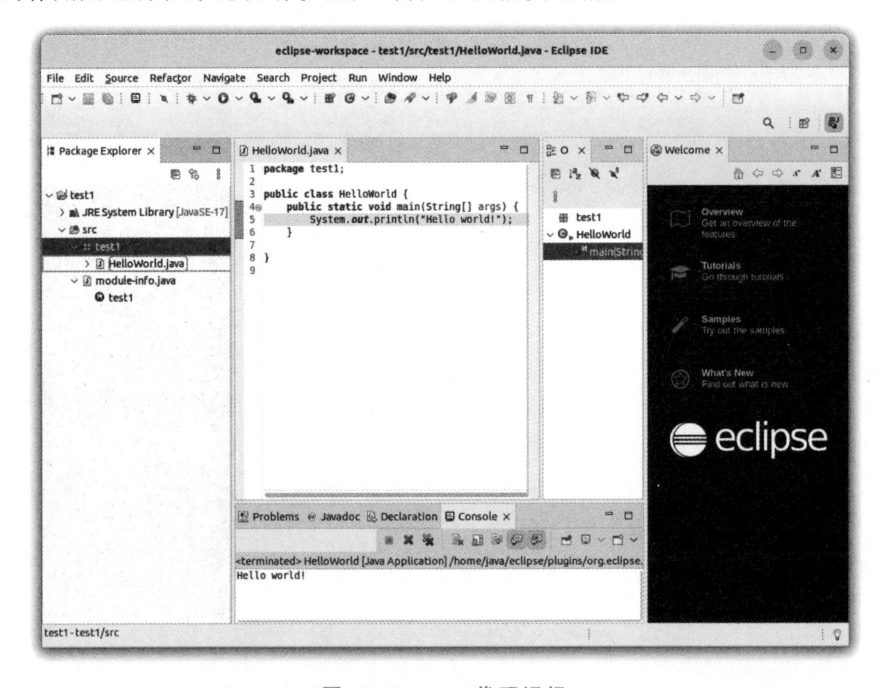

图 11-15 Java 代码运行

通过以上步骤，可以在 Eclipse 中进行 Java 程序的开发。创建项目、包和类的目的是组织代码结构，方便管理和维护。编写程序代码是实现具体功能的过程，而运行程序则是验证代码的正确性和功能实现情况。

同步练习

11-1 Java 是一种________的编程语言，广泛用于跨平台应用程序开发。

11-2 Java 具有________、________、________、________等特性。

11-3 Java 程序运行在 Java 虚拟机(JVM)上，实现了________。

11-4 在 Linux 中，使用________或________可以进行 Java 程序开发和运行。

11-5 Java 调试工具中常用的是________和________。

11-6 Java Debugger(jdb)是一个________，可用于调试 Java 程序。

11-7 Java 程序是如何运行的？

11-8 Eclipse 是什么？如何启动它？

11.3 Java 编程入门

11.3.1 基本数据类型

Java 的基本数据类型包括以下几种。

1. 整型(Integer Type)

(1) byte：1B，取值范围为－128～127。

(2) short：2B，取值范围为－32768～32767。

(3) int：4B，取值范围为－2147483648～2147483647。

(4) long：8B，取值范围为－9223372036854775808～9223372036854775807。

2. 浮点型(Floating-Point Type)

(1) float：4B，取值范围为 1.4E－45～3.4028235E＋38，精度约为 6～7 位小数。

(2) double：8B，取值范围为 4.9E－324～1.7976931348623157E＋308，精度约为 15 位小数。

3. 字符型(Character Type)

char：2B，表示单个字符，取值范围为 0～65535。

4. 布尔型(Boolean Type)

boolean：表示真或假，取值为 true 或 false。

这些基本数据类型在 Java 中用于存储不同类型的数据。每种类型都有其特定的取值范围和内存占用大小。在编程过程中，可以使用这些数据类型声明变量、传递参数和返回值等。根据需要选择合适的数据类型可以提高程序的效率和准确性。

11.3.2 运算符

Java 提供了以下几种常见的运算符。

1. 算术运算符

(1) 加法运算符(+)：用于执行加法操作。

(2) 减法运算符(-)：用于执行减法操作。

(3) 乘法运算符(*)：用于执行乘法操作。

(4) 除法运算符(/)：用于执行除法操作。

(5) 取余运算符(%)：用于获取除法操作的余数。

2. 赋值运算符

(1) 简单赋值运算符(=)：用于将运算符右侧的值赋给左侧的变量。

(2) 复合赋值运算符(+=、-=、*=、/=、%=等)：用于将运算符右侧的值和左侧的变量进行运算，并将结果赋给左侧的变量。

3. 比较运算符

(1) 相等运算符(==)：用于比较两个值是否相等。

(2) 不等运算符(!=)：用于比较两个值是否不相等。

(3) 大于运算符(>)：用于判断左侧的值是否大于右侧的值。

(4) 小于运算符(<)：用于判断左侧的值是否小于右侧的值。

(5) 大于或等于运算符(>=)：用于判断左侧的值是否大于或等于右侧的值。

(6) 小于或等于运算符(<=)：用于判断左侧的值是否小于或等于右侧的值。

4. 逻辑运算符

(1) 与运算符(&&)：用于判断多个条件是否同时成立。

(2) 或运算符(‖)：用于判断多个条件是否至少有一个成立。

(3) 非运算符(!)：用于对条件进行取反操作。

每种运算符都有不同的功能和优先级。在表达式中，可以使用括号改变运算符的优先级。例如，使用括号可以确保先进行加法运算，然后再进行乘法运算。使用运算符时需要注意以下几点。

(1) 确保操作数的类型匹配，否则可能会导致编译错误或意外的结果。

(2) 注意除法运算符的行为，整数相除会截断小数部分。

(3) 在逻辑运算中，短路求值是一种常见的优化技术，只有在必要时才会计算后续的条件。

通过合理使用运算符，可以实现各种复杂的计算和逻辑操作。根据具体的需求和情况，选择合适的运算符可以提高程序的效率和可读性。

11.3.3 流程控制

Java 语言提供了以下几种流程控制语句。

1. 条件语句

（1）if-else 语句：用于根据给定的条件执行不同的代码块。

```
if (条件) {
    // 如果条件为真,执行此处的代码
} else {
    // 如果条件为假,执行此处的代码
}
```

（2）switch 语句：根据给定的表达式的值选择执行不同的代码块。

```
switch (表达式) {
  case 值 1:
    // 如果表达式等于值 1,执行此处的代码
    break;
  case 值 2:
    // 如果表达式等于值 2,执行此处的代码
    break;
  default:
    // 如果表达式不等于任何一个值,执行此处的代码
}
```

2. 循环语句

（1）for 循环：在指定条件成立时重复执行一段代码块。

```
for (初始化; 条件; 更新) {
  // 循环体代码
}
```

（2）while 循环：在指定条件成立时重复执行一段代码块,先判断条件再执行循环体。

```
while (条件) {
  // 循环体代码
}
```

（3）do-while 循环：在指定条件成立时重复执行一段代码块,先执行循环体再判断条件。

```
do {
  // 循环体代码
} while (条件);
```

3. 跳转语句

（1）break 语句：用于终止当前循环或 switch 语句的执行。

（2）continue 语句：用于跳过当前(本次)循环,并进行下一轮循环。

（3）return 语句：用于结束方法的执行,并返回一个值(如果有)。

在使用流程控制语句时,需要注意以下几点。

（1）在 if-else 语句中,只有当条件为真时,才会执行 if 块中的代码；否则,会执行 else

块中的代码。

(2) 在 switch 语句中,每个 case 分支后面需要加上 break 语句,以避免出现“穿透”效果。

(3) 循环语句中的条件表达式应该能够在循环执行期间得到改变,以避免无限循环。

(4) 使用跳转语句时,需要合理使用,以免导致代码难以理解或出现逻辑错误。

通过合理使用这些流程控制语句,可以根据具体的需求来控制程序的执行流程,实现各种复杂的逻辑操作。

11.3.4 方法

在 Java 中,方法是一段可重复使用的代码块,用于执行特定的任务。方法可以接收参数(输入)和返回值(输出)。下面对方法的定义、调用、参数传递和返回值进行详细介绍。

1. 方法的定义

(1) 方法由方法名、参数列表和方法体组成。

(2) 方法名用于标识方法,在调用方法时使用。

(3) 参数列表包含方法的输入参数,可以有零个或多个参数。

(4) 方法体是一段包含具体执行逻辑的代码块。

语法如下。

```
修饰符  返回类型  方法名(参数列表) {
        // 方法体代码
}
```

2. 方法的调用

(1) 方法调用是通过方法名加上括号来实现的。

(2) 在调用方法时,可以传递参数给方法,以提供所需的输入。

语法如下。

```
方法名(参数 1, 参数 2, ...)
```

3. 参数传递

(1) 方法可以接收多个参数。

(2) 参数是在方法定义中声明的局部变量,用于接收调用者传递的值。

(3) 参数可以是基本数据类型或对象类型。

4. 返回值

(1) 方法可以返回一个值给调用者。

(2) 返回值的类型在方法定义中声明,并且必须与实际返回的值类型匹配。

(3) 使用 return 关键字将结果返回给调用者。

(4) 如果方法没有返回值,可以使用 void 关键字来表示。

语法如下。

```
返回类型 方法名(参数列表) {
    // 方法体代码
    return 返回值;
}
```

在方法中,可以根据需求将代码封装为一个可重复使用的单元。通过传递参数,向方法提供所需的输入。方法的返回值将执行结果传递给调用者。这样使代码更加模块化,可读性更高,并且提高了代码的复用性。

注意事项:

(1) 方法的名称应该具有描述性,以便于理解方法的功能。

(2) 方法的参数和返回值应该与实际需求匹配,确保类型的一致性。

(3) 在方法调用时,需要确保提供正确的参数数量和类型,否则可能会导致编译错误或运行时异常。

通过合理定义、调用、传递参数和返回值的使用,可以在 Java 中创建灵活而强大的方法,实现特定任务的重复使用。

11.3.5 数组

在 Java 中,数组是一种用于存储多个相同类型元素的数据结构。数组可以是一维的或多维的。下面对数组的定义、初始化、访问和操作进行详细介绍。

1. 数组的定义

(1) 数组是一个固定长度的、连续的内存块,用于存储相同类型的元素。

(2) 数组的长度在创建时确定,并且不能改变。

语法如下。

```
数据类型[] 数组名;
```

2. 数组的初始化

(1) 在声明数组时,可以直接初始化数组元素。

(2) 初始化时,需要指定数组的长度,并为每个元素赋初值。

语法如下。

```
数据类型[] 数组名 = new 数据类型[数组长度];
```

3. 数组的访问

(1) 数组的元素通过索引访问,索引从 0 开始。

(2) 使用方括号[]和索引值访问数组元素。

语法如下。

```
数组名[索引值]
```

4. 数组的操作

(1) 遍历数组：使用循环结构(如 for 循环)逐个访问数组的元素。

(2) 修改数组元素：通过索引值找到要修改的元素，并赋予新的值。

(3) 获取数组长度：使用数组的 length 属性获取数组的长度。

(4) 可以创建多维数组，如二维数组、三维数组等。

语法如下。

```
数据类型[][] 数组名 = new 数据类型[行数][列数];
```

在使用数组时，需要注意以下几点。

(1) 数组的索引从 0 开始，最大索引为长度减 1。

(2) 访问数组元素时，要确保索引值在有效范围内，否则会导致数组越界异常。

(3) 数组的长度是不可变的，一旦确定后，无法改变。

通过定义、初始化、访问和操作数组，可以在 Java 中方便地存储和处理多个相同类型的元素。数组是一种常见且重要的数据结构，在编写程序时经常被使用。

11.3.6 面向对象编程

面向对象编程(Object-Oriented Programming，OOP)是 Java 的核心思想，它将数据和操作封装在对象中，并通过对象之间的交互来实现程序的功能。下面对面向对象编程的基本概念进行详细介绍。

1. 类(Class)

(1) 类是面向对象编程的基本单位，它是一种用于描述具有相同属性和行为的对象的模板。

(2) 类定义了对象的属性(成员变量)和行为(方法)，并提供了创建对象的蓝图。

实例 11-1 类的应用

本例实现定义一个名为 Person 的类，用于表示人的属性和行为。

```java
public class Person {
    // 成员变量
    private String name;
    private int age;

    // 构造方法
    public Person(String name, int age) {
        this.name = name;
        this.age = age;
    }
```

```
    // 方法
    public void sayHello() {
        System.out.println("Hello, my name is " + name + ", and I am " + age + " years old.");
    }
}
```

2. 对象(Object)

(1) 对象是类的实例,是具体的、具有状态和行为的实体。

(2) 在程序中,通过创建类的对象来使用类定义的属性和方法。

实例 11-2 对象的应用

创建一个名为 person1 的对象,在 main 方法中使用 Person 类的构造方法初始化对象的属性。

```
Person person1 = new Person("Alice", 25);
```

3. 封装(Encapsulation)

(1) 封装是指将数据和操作封装在一个单元中,以实现信息隐藏和安全性。

(2) 类通过访问修饰符(如 private、public 等)限制对成员变量和方法的访问。

实例 11-3 封装的应用

在 Person 类中使用 private 修饰成员变量,并提供公共的访问方法(getter 和 setter)控制对这些变量的访问。

```
public class Person {
    private String name;
    private int age;
    // getter 方法
    public String getName() {
        return name;
    }
    // setter 方法
    public void setName(String name) {
        this.name = name;
    }
    // ...
}
```

4. 继承(Inheritance)

(1) 继承是一种机制,允许一个类继承另一个类的属性和方法。

(2) 继承能够提高代码的重用性和可扩展性,通过创建子类继承父类的特性。

实例 11-4　继承的应用

创建一个名为 Student 的子类，继承自 Person 类，并添加特定于学生的属性和行为。

```
public class Student extends Person {
    private String major;
    public Student(String name, int age, String major) {
        super(name, age);
        this.major = major;
    }
    public void study() {
        System.out.println("I am studying " + major + ".");
    }
}
```

5. 多态（Polymorphism）

（1）多态是指同一个方法在不同的对象上可以有不同的行为。

（2）多态性通过继承和方法重写实现，提供了代码的灵活性和可扩展性。

实例 11-5　多态的应用

使用多态性，将 Student 对象赋值给 Person 类型的变量，以实现不同对象的同一方法具有不同行为的效果。

```
Person person2 = new Student("Bob", 20, "Computer Science");
person2.sayHello();        // 调用的是 Student 类中重写的 sayHello()方法
```

面向对象编程的基本思想是将复杂的问题分解为一系列相互关联的对象，通过对象之间的交互实现程序的功能。通过封装、继承和多态等特性，可以降低代码的耦合性，提高代码的可读性和可维护性。

在 Java 中，类是面向对象编程的基本单位，通过创建类的对象使用类定义的属性和方法。通过继承，可以创建子类继承父类的属性和方法，并通过多态性实现同一个方法在不同对象上的不同行为。

面向对象编程是 Java 编程的核心概念，它提供了一种结构化的方式组织和管理代码，使代码更加模块化、可重用和易于维护。

11.3.7　常用类

Java 提供了许多常用的类和库，其中 String 类和 Math 类是经常使用的两个类。下面对这两个类的功能和使用方法进行详细介绍。

1. String 类

String 类用于处理字符串，提供了丰富的字符串操作方法。常用方法如下。

（1）length()：返回字符串的长度。

（2）charAt(int index)：返回指定索引处的字符。

（3）substring(int beginIndex)：返回从指定索引开始到字符串末尾的子字符串。

（4）substring(int beginIndex，int endIndex)：返回从指定的开始索引到结束索引之间的子字符串。

（5）equals(Object obj)：比较字符串与指定对象是否相等。

（6）equalsIgnoreCase(String anotherString)：比较字符串与另一个字符串(忽略大小写)是否相等。

（7）toUpperCase()：将字符串转换为大写。

（8）toLowerCase()：将字符串转换为小写。

（9）indexOf(String str)：返回指定字符串在原字符串中第1次出现的索引。

（10）replace(char oldChar，char newChar)：将字符串中的旧字符替换为新字符。

实例 11-6 String 类应用

```
String str = "Hello, World!";
System.out.println(str.length());                          // 输出: 13
System.out.println(str.charAt(0));                         // 输出: H
System.out.println(str.substring(7));                      // 输出: World!
System.out.println(str.equals("hello, world!"));           // 输出: false
System.out.println(str.toUpperCase());                     // 输出: HELLO, WORLD!
System.out.println(str.indexOf("o"));                      // 输出: 4
System.out.println(str.replace("o", "e"));                 // 输出: Helle, Werld!
```

2. Math 类

Math 类提供了数学运算方法，如绝对值、三角函数、指数函数等。常用方法如下。

（1）abs(int a) / abs(double a)：返回一个数的绝对值。

（2）sqrt(double a)：返回一个数的平方根。

（3）pow(double a，double b)：返回 a 的 b 次幂。

（4）sin(double a)/cos(double a)/tan(double a)：返回一个角度的正弦值/余弦值/正切值。

（5）random()：返回一个大于或等于 0 且小于 1 的随机数。

实例 11-7 Math 类应用

```
int num1 = -5;
double num2 = 9.0;
System.out.println(Math.abs(num1));                   // 输出: 5
System.out.println(Math.sqrt(num2));                  // 输出: 3.0
System.out.println(Math.pow(2, 3));                   // 输出: 8.0
```

```
System.out.println(Math.sin(Math.PI / 2));            // 输出: 1.0
System.out.println(Math.random());                    // 输出: 随机数
```

通过使用String类和Math类提供的方法,可以简化字符串处理和数学运算的过程。这些常用类提供了丰富的功能和方法,可以在开发过程中提高效率和准确性。除了String类和Math类,Java还提供了许多其他常用类和库,如日期时间类、集合类等,可以根据具体需求选择合适的类简化开发工作。

同步练习

11-9 在Java中,int、float、boolean等是________。

11-10 在Java中,条件判断可以使用________关系运算符进行比较。

11-11 在Java中,方法是一种________,可以通过方法名来调用。

11-12 在Java中,可以使用________关键字声明类。

11-13 在Java中,数组是一种________,可以通过索引访问数组元素。

11-14 在Java中,面向对象编程的特性包括________。

11-15 在Java中,可以使用________关键字控制类成员的访问权限。

11-16 在Java中,常用的类包括________等。

11-17 什么是基本数据类型?

11-18 如何进行数值计算?

11-19 Java中的流程控制语句有哪些?

11-20 什么是方法?如何调用一个方法?

11-21 什么是封装、继承和多态?

11.4 Java调试技巧

使用Eclipse调试Java代码时,有许多技巧可以帮助用户更好地理解和解决问题。以下是一些常用的技巧。

1. 设置断点

在Eclipse中调试Java代码时,用户可以通过以下方法设置断点。

(1) 打开需要调试的Java文件。用户可以在Eclipse的Package Explorer或Project Explorer视图中找到相应的Java文件并双击打开。

(2) 在代码行号旁边的空白区域单击,即可设置断点。设置断点后,行号的背景色将变为深色,表示已成功设置断点,如图11-16所示。

(3) 用户还可以通过右击已设置的断点编辑、禁用或删除它。在弹出的快捷菜单中选择Disable Breakpoint可临时禁用断点,如图11-17所示。双击断点可永久删除断点。

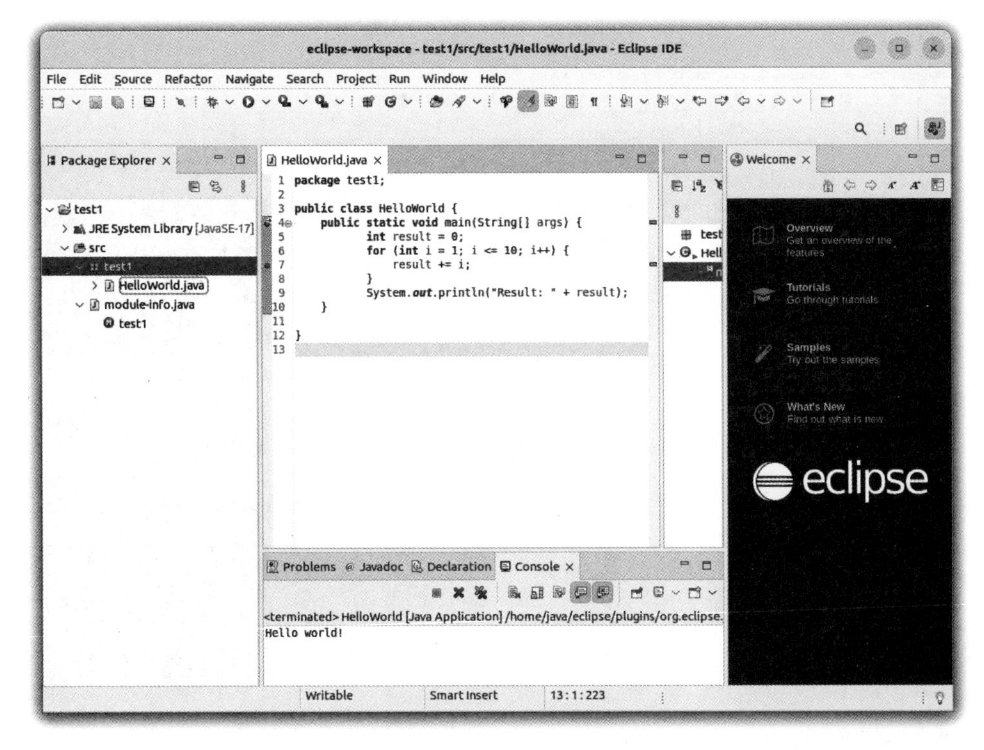

图 11-16 设置断点

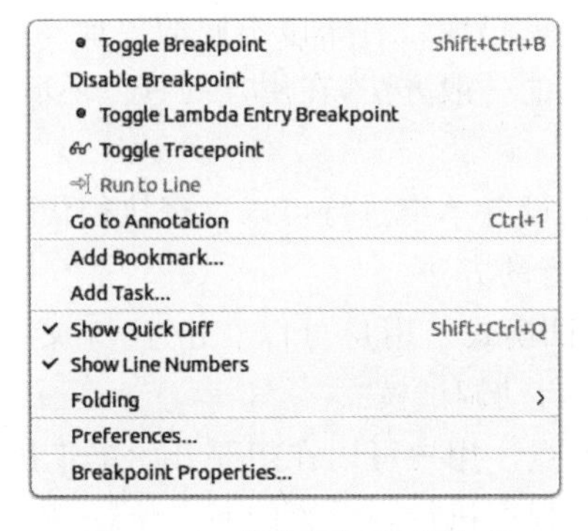

图 11-17 断点设置相关选项

(4) 程序运行到设置的断点位置时将暂停，并自动切换到 Eclipse 的调试视图。通过调试视图，用户可以查看变量的值、观察堆栈信息以及进行其他调试操作，如图 11-18 所示。

(5) 当程序执行到断点时，可以使用 Eclipse 的调试工具栏控制调试过程。例如，用户可以单击 Resume 按钮继续执行程序，单击 Step Over 按钮逐过程执行代码，或单击 Step Into 按钮进入方法调用。

通过设置断点，用户可以在关键位置上暂停程序的执行，进而对变量、方法调用等进行观察、分析和调试。这样，用户可以更好地理解程序的执行流程，并找出潜在的问题或错误。

图 11-18 断点调试

请注意，不同版本的 Eclipse 可能会有略微不同的界面布局和选项名称，但大致操作思路是相同的。以上是设置断点的一般方法，在用户的具体环境中可能会有所不同。

2. 单步执行

在 Eclipse 中调试代码时，设置单步执行可以逐行执行代码并观察每个步骤的结果。以下是在 Eclipse 中进行单步执行的方法。

(1) 在 Eclipse 中启动调试模式。用户可以右击 Java 文件，在弹出的快捷菜单中选择 Debug As→Java Application 启动调试模式。

(2) 在程序执行前设置断点。用户可以在想要开始单步执行的代码行设置断点。

(3) 开始执行程序。一旦程序执行到设置的断点位置，程序将会暂停，控制台输出将会停止更新。

(4) 使用单步执行命令。在 Eclipse 的调试视图中，用户可以使用以下按钮进行单步执行。

Step Over(F6)：执行当前行，如果有方法调用，则跳过方法内部逐行执行。

Step Into(F5)：执行当前行，如果有方法调用，则进入方法内部逐行执行。

Step Return(F7)：在方法执行后，返回到上一级调用处并继续执行。

(5) 观察变量和执行路径。在单步执行期间，用户可以打开 Variables 视图，以查看当前变量的值。用户还可以查看调用堆栈视图，以查看程序执行路径。

通过设置断点并使用单步执行方法，用户可以逐行跟踪程序的执行，观察变量值和调用路径，帮助发现潜在的问题并理解程序的执行流程。

3. 监视变量

在Eclipse中调试Java代码时，用户可以设置监视变量实时观察变量的值变化。以下是在Eclipse中设置监视变量的方法。

(1) 在Eclipse中启动调试模式。

(2) 在用户想要观察变量值的位置设置相应的断点。

(3) 开始执行程序。一旦程序执行到设置的断点位置，程序将会暂停。

(4) 在调试视图中打开Variables视图。在Eclipse的下方面板中，可以选择Variables选项卡，以显示当前的变量。如果没有手动隐藏它，该视图默认是可见的。

(5) 添加变量到监视列表。在Variables视图中，找到所需变量，并右击该变量，选择添加到Watch或Expressions(监视)列表。

(6) 观察变量值变化。一旦用户将变量添加到监视变量列表中，则可以看到它们的当前值。当程序继续执行时，每次断点暂停时，变量的值都会实时更新。

通过设置监视变量，用户可以跟踪所选变量的值，并在程序执行期间实时观察其变化。这对于识别问题、了解程序状态以及验证逻辑很有帮助。

4. 条件断点

在Eclipse中调试Java代码时，用户可以设置条件断点，只有满足特定条件的情况，断点才会触发暂停执行。以下是在Eclipse中设置条件断点的方法。

(1) 在Eclipse中启动调试模式。

(2) 打开需要调试的Java文件，并在代码行上设置断点。

(3) 右击断点，在弹出的快捷菜单中选择Properties(属性)或Breakpoint Properties(断点属性)选项，弹出如图11-19所示对话框。

(4) 在Breakpoint Properties(断点属性)界面中找到Condition(条件)部分，在文本框中输入要设置的条件表达式。常用的条件表达式如下。

① 简单比较：variable==10。

② 含有逻辑运算符的条件：value1 > 0 && value2 < 5。

③ 使用方法调用的条件：list.size()==0。

④ 使用函数调用的条件：isEven(number)。

⑤ 自定义布尔表达式：isValid && isReady || isActive。

(5) 单击Apply and Close按钮保存设置。

一旦设置了条件断点，当程序执行到断点位置时，Eclipse会评估该条件表达式。只有在满足条件的情况下，断点才会触发暂停执行。

请注意，条件断点的使用可以帮助用户在特定条件下调试代码，更准确地捕捉问题。用户要确保提供的条件表达式是正确且满足实际需求的。

以上这些技巧可以帮助用户更好地理解程序的执行过程并找出潜在的错误。根据需要，

图 11-19 条件断点设置

结合调试工具的其他功能，如查看堆栈信息、修改变量值等，可以更加高效地调试Java代码。

同步练习

11-22 在Java调试中，可以使用________暂停程序的执行。

11-23 在调试过程中，可以使用单步调试命令________在当前行执行并跳到下一行。

11-24 想要查看变量的值，可以使用________功能监视特定变量。

11-25 在调试过程中，可以使用________设置断点在满足条件时触发。

11-26 使用________可以将变量的值输出到控制台进行调试。

11-27 在Java调试中，通过________可以获取详细的异常信息和调用堆栈。

11-28 使用________可以将程序运行过程中的关键信息输出到日志文件中进行调试。

11-29 在调试过程中，可以使用________查看和修改变量的值。

11-30 调试时可以使用________根据特定的条件设置断点。

11-31 在Java调试中,可以使用________计算并查看表达式的值。

11-32 什么是断点?

11-33 什么是单步调试命令Step Over?

11-34 如何使用Watch Expression监视变量的值?

11-35 如何使用打印语句进行调试?

11-36 用Java语言编写Hello World程序。

11-37 编写计算圆的面积的程序。

11-38 编写判断一个数是否为质数的程序。

参考文献

[1] 冯新宇. 嵌入式 Linux 系统开发：基于 ARM 处理器通用平台[M]. 北京：清华大学出版社，2017.

[2] 张平. Ubuntu Linux 操作系统案例教程[M]. 北京：人民邮电出版社，2021.

[3] 达内教育集团. Linux 系统入门与实战：Ubuntu 版[M]. 北京：清华大学出版社，2020.

[4] 朱维刚. Ubuntu Linux 轻松入门[M]. 北京：化学工业出版社，2010.

[5] 张金石. Ubuntu Linux 操作系统[M]. 北京：人民邮电出版社，2016.